高等学校土木建筑专业应用型本科系列规划教材

土力学

主　编　黄春霞　王照宇

副主编　贾彩虹　刘子彤　徐玉芬

参　编　（以拼音为序）

陈葶葶　陈亚东　李富荣

李明东　刘　颖　王艳霞

张国生　张振东　钟定兰

邹玉广

东南大学出版社

·南京·

内 容 提 要

本书系统地介绍了土力学的基本概念、基本原理和土工问题的分析计算方法。内容包括：土的物理性质与工程分类、土的渗透性与渗流、地基中的应力计算、土的压缩性与地基沉降计算、土的抗剪强度、土压力理论、地基承载力理论和土坡稳定分析。

本书可作为高等院校土木工程专业的教材，也可以作为勘查技术与工程、公路与城市道路、桥梁工程、地下建筑工程等专业的教材或教学参考书，也可供土建类工程技术人员阅读参考。

图书在版编目(CIP)数据

土力学 / 黄春霞,王照宇主编.—南京:东南大学出版社,2012.3（2020.8 重印）
ISBN 978-7-5641-2820-3

Ⅰ.①土… Ⅱ.①黄…②王… Ⅲ.①土力学—高等学校—教材 Ⅳ.①TU43

中国版本图书馆 CIP 数据核字(2011)第 102640 号

土力学

出版发行：东南大学出版社
社　　址：南京市四牌楼 2 号　邮编:210096
出 版 人：江建中
责任编辑：史建农　戴坚敏
网　　址：http://www.seupress.com
电子邮件：press@seupress.com
经　　销：全国各地新华书店
印　　刷：南京四彩印刷有限公司
开　　本：787mm×1092mm　1/16
印　　张：12
字　　数：310 千字
版　　次：2012 年 3 月第 1 版
印　　次：2020 年 8 月第 6 次印刷
书　　号：ISBN 978-7-5641-2820-3
印　　数：11001~12000 册
定　　价：36.00 元

本社图书若有印装质量问题,请直接与营销部联系。电话:025-83791830

高等学校土木建筑专业应用型本科系列
规划教材编审委员会

总前言

国家颁布的《国家中长期教育改革和发展规划纲要(2010—2020年)》指出，要“适应国家和区域经济社会发展需要，不断优化高等教育结构，重点扩大应用型、复合型、技能型人才培养规模”；“学生适应社会和就业创业能力不强，创新型、实用型、复合型人才紧缺”。为了更好地适应我国高等教育的改革和发展，满足高等学校对应用型人才的培养模式、培养目标、教学内容和课程体系等的要求，东南大学出版社携手国内部分高等院校组建土木建筑专业应用型本科系列规划教材编审委员会。大家认为，目前适用于应用型人才培养的优秀教材还较少，大部分国家级教材对于培养应用型人才的院校来说起点偏高，难度偏大，内容偏多，且结合工程实践的内容往往偏少。因此，组织一批学术水平较高、实践能力较强、培养应用型人才的教学经验丰富的教师，编写出一套适用于应用型人才培养的教材是十分必要的，这将有力地促进应用型本科教学质量的提高。

经编审委员会商讨，对教材的编写达成如下共识：

一、体例要新颖活泼。学习和借鉴优秀教材特别是国外精品教材的写作思路、写作方法以及章节安排，摒弃传统工科教材知识点设置按部就班、理论讲解枯燥无味的弊端，以清新活泼的风格抓住学生的兴趣点，让教材为学生所用，使学生对教材不会产生畏难情绪。

二、人文知识与科技知识渗透。在教材编写中参考一些人文历史和科技知识，进行一些浅显易懂的类比，使教材更具可读性，改变工科教材艰深古板的面貌。

三、以学生为本。在教材编写过程中，“注重学思结合，注重知行统一，注重因材施教”，充分考虑大学生人才就业市场的发展变化，努力站在学生的角度思考问题，考虑学生对教材的感受，考虑学生的学习动力，力求做到教材贴合学生实际，受教师和学生欢迎。同时，考虑到学生考取相关资格证书的需要，教材中还结合各类职业资格考试编写了相关习题。

四、理论讲解要简明扼要，文例突出应用。在编写过程中，紧扣“应用”两字创特色，紧紧围绕着应用型人才培养的主题，避免一些高深的理论及公式的推导，大力提倡白话文教材，文字表述清晰明了、一目了然，便于学生理解、接受，能激起学生的学习兴趣，提高学习效率。

五、突出先进性、现实性、实用性、操作性。对于知识更新较快的学科，力求将最新最前沿的知识写进教材，并且对未来发展趋势用阅读材料的方式介绍给学生。同时，努力将教学改革最新成果体现在教材中，以学生就业所需的专业知识和操作技能为着眼点，在适度的基础知识与理论体系覆盖下，着重讲解应用型人才培养所需的知识点和关键点，突出实用性和可操作性。

六、强化案例式教学。在编写过程中，有机融入最新的实例资料以及操作性较强的案例素材，并对这些素材资料进行有效的案例分析，提高教材的可读性和实用性，为教师案例教学提供便利。

七、重视实践环节。编写中力求优化知识结构，丰富社会实践，强化能力培养，着力提高学生的学习能力、实践能力、创新能力，注重实践操作的训练，通过实际训练加深对理论知识的理解。在实用性和技巧性强的章节中，设计相关的实践操作案例和练习题。

在教材编写过程中，由于编写者的水平和知识局限，难免存在缺陷与不足，恳请各位读者给予批评斧正，以便教材编审委员会重新审定，再版时进一步提升教材的质量。本套教材以“应用型”定位为出发点，适用于高等院校土木建筑、工程管理等相关专业，高校独立学院、民办院校以及成人教育和网络教育均可使用，也可作为相关专业人士的参考资料。

高等学校土木建筑专业应用型
本科系列规划教材编审委员会
2010 年 8 月

前　言

土力学是高等学校土木工程专业的一门必修课程。本教材编写遵循高校土木工程专业培养方案，在教学改革和实践的基础上，对教学内容进行了拓宽，包括建筑工程、公路与城市道路、桥梁工程、地下建筑工程等的专业知识。

作为大学教材，不宜包罗万象，而应当选用那些成熟的理论与典型的经验，使教材体现少而精。本书的内容参照教学计划和教学大纲，选择了土力学中基本理论，分绪论和8章分别进行阐述，各章还附有思考题和习题。本书附录中收录了近年来与土力学有关的国家注册土木（岩土）和注册结构工程师考试真题，这也是本书的特点之一，注重应用型人才的培养，让学生在学习中了解相关执业资格认证考试对本门课程的具体要求。

本书由黄春霞、王照宇主编。全书由黄春霞拟定大纲并统稿。南京工业大学黄春霞编写了绪论、附录A、附录B；盐城工学院王照宇编写了第1章；南京工程学院贾彩虹编写了第2章；金陵科技学院陈葶葶编写了第3章3.1～3.2节，无锡南洋职业技术学院刘颖编写了3.3～3.4节；淮海工学院张振东编写了第4章4.1～4.2节，李明东编写了4.3～4.5节；东南大学钟定兰、南京理工大学泰州科技学院邹玉广共同编写了第5章；淮阴工学院陈亚东编写了第6章6.1～6.3节，安徽新华学院张国生编写了6.4节；南京工业大学黄春霞、刘子彤共同编写了第7章；盐城工学院李富荣、南京工业大学王艳霞共同编写了第8章。三江学院徐玉芬为本书做了配套的教学课件。

在编写过程中参阅了大量文献与资料，在此向原作者表示感谢。限于编者水平和经验，书中难免存在不足之处，敬请广大读者对本书提出批评和改进意见，以便进一步提高质量，使本书在应用型人才培养工作中发挥更好的作用。

编者

2012年1月于南京

目　录

0 绪 论

0.1 土力学的研究对象

所有建筑物(房屋、桥梁、道路和水工结构等)无不是修建在地壳之上的,建筑物的全部重量都是由地壳支承。以房屋建筑为例,房屋上的所有荷载都作用在基础上,通过基础把全部荷载传递给地壳。由于建筑物的修建,使地壳一定范围内地层的应力状态发生变化,这一范围内的地层称为地基。组成地基的介质为分散成颗粒状的土,或连成整体的岩石。土力学所研究的对象是前者的"土",而后者"岩石"属于"工程地质"和"岩石力学"课程所涉及的内容。

土具有广泛的工程应用,除了上述作为建筑物的地基外,还作为建筑材料(路基材料和土坝材料)和建筑物周围介质或环境(隧道、挡土墙、地下建筑和滑坡问题等)。无论是哪种工程应用,工程技术人员最关心的都是土的力学性质,即土的强度和变形特性,以及这些特性随时间过程、应力历史和环境条件改变而变化的规律。土力学就是以力学为基础,研究土的渗流、变形和强度特性,并据此进行土体的变形和稳定计算的学科。土力学也是一门实用的学科,它是土木工程的一个分支,主要研究土的工程性质,解决工程问题。

土是地球表面的整体岩石在大气中经受长期的风化作用而形成的、覆盖在地表上碎散的、没有胶结或胶结很弱的颗粒堆积物。与其他材料相比,土具有以下特点:

1) 土的碎散性

土是岩石风化后的产物,和岩石有一个很大的不同就是颗粒间没有胶结或弱胶结,因此具有碎散性,属于非连续介质。与我们常见的钢材、混凝土等连续介质的力学性质有较大的差异。

土的碎散性使土受力后容易变形,具有很高的压缩性。土粒间的相对移动性和很大的渗透性,直接影响土的强度和变形特征。例如土的剪切破坏主要是土颗粒间联系的破坏,土的变形主要是土孔隙体积的变化,土中水是在土的孔隙中流动的,对土的强度和变形有极大的影响,这是与连续介质完全不同的。

在土力学中也常常利用连续体力学的规律,例如土中应力的计算、渗流方程、本构关系等,但在具体应用中应结合土的分散特性,还要用专门的土工试验技术研究土的物理化学特性,以及强度、变形、渗透等特殊的力学性能。

2) 土的三相性

一般认为土由三相物质(土粒、水、气)组成,饱和土则是两相(土粒、水)。松散的土颗粒堆积成土骨架,水和气体充塞在骨架间的孔隙中。三相物质同时存在,其成分、相对含量和相互作用决定了土的物理力学性质。

土体受力后由土骨架、孔隙介质共同承担。土中水是在土的孔隙中流动的，对土的强度和变形有极大影响。土的三相之间存在着复杂的相互作用，使得土的力学特性更加复杂。

3）土的天然性

首先，土不是人工制造的，而是自然界的产物。不像钢材、砖、混凝土等材料那样可以按需要制造和使用，只能适应它的特性并合理地加以利用。例如选择合适的地基持力层和基础形式，增加上部结构对土变形的适应性，设计合理的挡土结构等。在某些情况下可以对土进行改造（地基处理），目的是更好地加以利用。但地基处理方法必须适合土的特性，并符合土力学的基本原理，其应用也有一定的范围。

其次，土的性质与其自然历史（包括起源和形成后的变化过程）有很大关系。母岩及其风化过程，搬运碎屑的介质与途径，沉积的环境及其变化，沉积物受到的压力、温度、干燥、风化、淋滤、胶结、生物活动等作用都会影响土的性质。不同的母岩风化后形成的土不同，静水中沉积的土与流水中沉积的土不同，干燥寒冷环境中形成的土与温暖潮湿环境中形成的土不同，沉积年代久远的和新近沉积的土不同，超固结土与正常固结土不同等。

为了更好地利用土，必须对土的自然历史以及它的特性有更深入的了解和研究。

0.2 土力学的发展简史

土力学与其他技术科学一样，是人类长期生产实践的产物。由于生产的发展和生活的需要，人类很早就广泛利用土作为建筑物地基和建筑材料。我国西安半坡村新石器时代遗址中发现的土台和石础，就是古代的地基基础。“水来土挡”是我国自古以来用土防御洪水的真实写照。公元前 2 世纪修建的万里长城，以及随后修建的南北大运河、黄河大堤等，都需要丰富的土的知识。隋朝修建的赵州石拱桥，桥台砌置在密实粗砂层上，基底压力约 500～600 kPa，1 300 多年来沉降很小。公元 898 年建造开宝寺木塔时，预见塔基土质不均会引起不均匀沉降，施工时特意做成倾斜塔，在沉降稳定后自动复正，说明当时对地基基础的变形问题已有了相当成熟的施工经验。意大利的比萨斜塔、埃及的金字塔，以及我国的一些宏伟的宫殿庙宇，由于坚实的地基基础，历经数千载至今仍巍然屹立。可见古代劳动人民已积累了丰富的土力学知识。但由于社会生产力和技术条件的限制，在 18 世纪中叶以前的很长一段时期，土力学的知识仍停留在经验积累的感性认识阶段。

18 世纪欧洲工业革命开启了土力学的理论研究。太沙基（Terzaghi）认为，库仑（Coulomb，1776）发表的挡土墙土压力理论是土力学的开始。19 世纪，欧洲出现了不少著名的研究成果，例如朗肯（Rankine，1857）借助土的极限平衡分析建立的朗肯土压力理论，达西（Darcy，1856）根据对两种均匀砂土渗透试验结果提出的渗透定律，布辛奈斯克（Boussinesq，1885）提出的表面竖向集中力在弹性半无限体内部应力和变形的理论解答，如今仍在土力学有关课题中广泛使用。20 世纪初，出现了一些重大的工程事故，例如德国的桩基码头大滑坡、瑞典的铁路坍方、美国的地基承载力问题等，因此对地基问题提出了新的要求，从而推动了土力学的发展。普朗特尔（Prandtl，1920）发表了地基滑动面的数学公式，彼德森（Peterson，1915）提出，以后又由费伦纽斯（Fellenius，1936）、泰勒（Taylor，1937）等发展了的计算边坡稳定性的圆弧滑动法等，就是这一时期的重要成果。土力学作为一门独立的学科一般认为从太沙基(Terzaghi)1925 年发表的第一本《土力学》著作开始。太沙基把当时零散的有关定律、原理、理论等按土的特性加以系统化，从而形成了一门独立的学科。他指出土具有黏性、弹性和渗透性，按物理性质把土分成黏土和砂土，并探讨了它们的强度机理，提出了一维固结理论，建立了有效应力原理。有效应力原理真实地反映了土的力学性质和本质，使土力学确立了自己的特色，成为土力学学科的一个重要指导原理，极大地推动了土力学的发展。

自土力学作为一门独立学科以来，大致可以分为两个发展阶段。第一阶段从 20 世纪 20 年代到 60 年代，称古典土力学阶段。这一阶段的特点是在不同的课题中分别把土看作线弹性体或刚塑性体，又根据课题需要把土视为连续介质或分散体。这一阶段的土力学研究主要在太沙基理论基础上，形成以有效应力原理、渗透固结理论、极限平衡理论为基础的土力学理论体系，研究土的强度与变形特性，解决地基承载力和变形、挡土墙土压力、土坡稳定等与工程密切相关的土力学课题。这一阶段的重要成果有关于黏性土抗剪强度、饱和土性状、有效应力法和总应力法、软黏土性状、孔隙压力系数等方面的研究，以及钻探取不扰动土样、室内试验(尤其是三轴试验)技术和一些原位测试技术的发展，对弹塑性力学的应用也有了一定认识。值得一提的是，1936 年成立了国际土力学基础工程学会，并举行第一次国际学术会议，这就推动了这门学科在世界范围的发展。第二发展阶段从 20 世纪 60 年代开始，称为近代土力学阶段。这是以在美国科罗拉多州波德尔(Boulder, Colorado)举行的黏土抗剪强度学术会议以及英国正在开展的土应力—应变性质研究作为时代的标志。其最重要的特点是把土的应力、应变、强度、稳定等受力变化过程统一用一个本构关系加以研究，改变了古典土力学中把各受力阶段人为割裂开来的情况，从而更符合土的真实性。这一阶段的出现依赖于数学力学的发展和计算机技术的突飞猛进。较为著名的本构关系有邓肯的非线性弹性模型和剑桥大学的弹塑性模型。国内学者在这方面也做了不少工作，例如南京水利科学研究院所提出的弹塑性模型。由于本构关系对计算参数的种类和精度要求更高，因此也推动了测试和取样技术的发展。虽然这种方法目前还未广泛在工程中应用，也无法替代简化的和经验的传统方法。但它代表土工研究的发展趋势，促使土力学发生重大变革，使土工设计和研究达到新的水平。

0.3 本课程的内容和学习要求

本课程共分 8 章，学习土力学的基本理论。

第 1 章“土的物理性质与工程分类”：了解土的三相组成，掌握土的物理性质和土的物理状态指标的定义、物理概念、计算公式和单位。要求熟练地掌握物理性质指标三相换算。了解地基土的工程分类的依据与定名。

第 2 章“土的渗透性与渗流”：掌握土的层流渗透定律及渗透性指标。熟悉渗透性指标的测定方法及影响因素，渗流时渗水量的计算，渗透破坏与渗流控制问题。了解土中二维渗流及流网的概念和应用。

第 3 章“地基中的应力计算”:掌握土中自重应力、基底压力和地基附加应力的概念及其计算方法。熟悉非均质或各向异性地基的附加应力分布规律及其与均质各向同性地基的差别。

第 4 章“土的压缩性与地基沉降计算”:掌握土的压缩性指标的测定方法和两种常用的地基沉降计算方法。了解饱和土的单向固结理论和地基沉降与时间的关系,了解地基变形值的概念和影响因素以及防止有害沉降的措施。

第 5 章“土的抗剪强度”:了解地基强度的意义与土的强度在工程中的应用。了解土的抗剪强度的来源与影响因素。掌握测定土的抗剪强度的各种方法与应用,掌握土的极限平衡条件的概念。

第 6 章“土压力”:了解影响土压力大小的因素,掌握静止土压力、主动土压力和被动土压力产生的条件、计算方法和工程应用。掌握各种土压力理论的原理与计算方法。

第 7 章“地基承载力”:掌握地基的临塑荷载、临界荷载和极限荷载,并掌握这三种荷载的物理意义和工程应用。了解极限承载力的求解方法和常用计算公式。

第 8 章“土坡稳定分析”:掌握各种黏性土坡稳定分析方法。熟悉无黏性土坡的稳定性,土体抗剪强度指标及稳定安全系数的选择。

1 土的物理性质与工程分类

1.1 概述

土是由连续、坚固的岩石在风化作用下形成的大小悬殊的颗粒，经过不同的搬运方式，在各种自然环境中生成的没有胶结或弱胶结的沉积物。土是由固体颗粒、水和气体组成的三相体系。土的三相组成物质的性质、相对含量以及土的结构构造等各种因素，必然在土的轻重、松密、干湿、软硬等一系列物理性质上有不同的反映。土的物理性质又在一定程度上决定了它的力学性质，所以物理性质是土的最基本的工程特性。

在处理与土相关的工程问题和进行土力学计算时，不但要知道土的物理特性指标及其变化规律，了解各类土的特性，还必须掌握各物理特性指标的测定方法以及指标间的相互换算关系，并熟悉土的分类方法。

本章主要介绍土的组成、土的三相比例指标、无黏性土和黏性土的物理特征、土的结构性及工程分类。

1.2 土的组成

在一般情况下，土是由三相组成的：固相——矿物颗粒和有机质；液相——水；气相——空气。矿物颗粒构成土的骨架，空气与水则填充骨架间的孔隙。土的性质取决于各相的特征及其相对含量与相互作用。

1.2.1 土的固体颗粒

土的固相主要由矿物颗粒组成，有时除矿物颗粒外还含有有机质。矿物颗粒以单粒或集合体的形式存在。其对土的性质的影响可从颗粒级配、矿物成分等方面来看。

1）颗粒级配

在自然界中存在的土，都是由大小不同的土粒组成的。土粒的粒径由粗到细逐渐变化时，土的性质相应地发生变化。土粒的大小称为粒度，通常以粒径表示。介于一定粒径范围内的土粒，称为粒组。各个粒组随着分界尺寸的不同，呈现出一定质的变化。划分粒组的分界尺寸称为界限粒径。目前土的粒组划分方法并不完全一致，表 1-1 是一种常用的土粒粒组的划分方法，表中根据界限粒径 200 mm、60 mm、2 mm、0.075 mm 和 0.005 mm

把土粒分为六大粒组：漂石或块石颗粒、卵石或碎石颗粒、圆砾或角砾颗粒、砂粒、粉粒及黏粒。

土粒的大小及其组成情况，通常以土中各个粒组的相对含量(是指土样各粒组的质量占土粒总质量的百分数)来表示，称为土的颗粒级配。

表 1-1　土粒粒组的划分

粒组统称	粒组名称		粒径范围(mm)	一般特征
巨粒	漂石或块石颗粒		＞200	透水性很大，无黏性，无毛细水
	卵石或碎石颗粒		200～60	
粗粒	圆砾或角砾颗粒	粗	60～20	透水性大，无黏性，毛细水上升高度不超过粒径大小
		中	20～5	
		细	5～2	
	砂粒	粗	2～0.5	易透水，当混入云母等杂质时透水性减小，而压缩性增加；无黏性，遇水不膨胀，干燥时松散；毛细水上升高度不大，随粒径变小而增大
		中	0.5～0.25	
		细	0.25～0.1	
		极细	0.1～0.075	
细粒	粉粒	粗	0.075～0.01	透水性小，湿时稍有黏性，遇水膨胀小，干时稍有收缩；毛细水上升高度较大较快，极易出现冻胀现象
		细	0.01～0.005	
	黏粒		＜0.005	透水性很小，湿时有黏性、可塑性，遇水膨胀大，干时收缩显著；毛细水上升高度大，但速度较慢

注：(1) 漂石、卵石和圆砾颗粒均呈一定的磨圆形状(圆形或亚圆形)；块石、碎石和角砾颗粒都带有棱角。
(2) 粉粒或称粉土粒，粉粒的粒径上限 0.075 mm 相当于 200 号筛的孔径。
(3) 黏粒或称黏土粒，黏粒的粒径上限也有采用 0.002 mm 为准。

土的颗粒级配是通过土的颗粒分析试验测定的，常用的测定方法有筛析法和沉降分析法(密度计法或移液管法)。前者是用于粒径大于 0.075 mm 的巨粒组和粗粒组，后者用于粒径小于 0.075 mm 的细粒组。当土内兼含大于和小于 0.075 mm 的土粒时，两类分析方法可联合使用。

筛析法试验是将风干、分散的代表性土样通过一套自上而下孔径由大到小的标准筛(例如 60 mm、40 mm、20 mm、10 mm、5 mm、2 mm、1 mm、0.5 mm、0.25 mm、0.075 mm)，称出留在各个筛子上的干土重，即可求得各个粒组的相对含量。通过计算可得到小于某一筛孔直径土粒的累积重量及累计百分含量。

沉降分析法的理论基础是土粒在水(或均匀悬液)中的沉降原理。土粒下沉时的速度与土粒形状、粒径、质量密度以及水的黏滞度有关。

根据粒度成分分析试验结果，常采用累计曲线法表示土的级配。该法是比较全面和通用的一种图解法，其特点是可简单获得定量指标，特别适用于几种土级配好坏的相对比较。累计曲线法的横坐标为粒径，由于土粒粒径的值域很宽，因此采用对数坐标表示；纵坐标为小于(或大于)某粒径的土重(累计百分)含量，见图 1-1。由累计曲线的坡度可以大致判断土的均匀程度或级配是否良好。如曲线较陡，表示粒径大小相差不多，土粒较均匀，级配不良;反之,曲线平缓,则表示粒径大小相差悬殊,土粒不均匀,即级配良好。

根据描述级配的累计曲线,可以简单地确定土粒级配的两个定量指标,即不均匀系数 C_u 及曲率系数 C_c。

不均匀系数按下式计算:

$$C_u = \frac{d_{60}}{d_{10}} \tag{1-1}$$

式中:d_{60}——限定粒径,纵坐标为 60% 所对应的粒径(mm);

d_{10}——有效粒径,纵坐标为 10% 所对应的粒径(mm)。

曲率系数按下式计算:

$$C_c = \frac{d_{30}^2}{d_{10} \cdot d_{60}} \tag{1-2}$$

式中:d_{30}——纵坐标为 30% 所对应的粒径(mm)。

不均匀系数 C_u 反映大小不同粒组的分布情况,即土粒大小或粒度的均匀程度。C_u 越大表示粒度的分布范围越大,土粒愈不均匀,其级配愈良好。曲率系数 C_c 描写的是累计曲线分布的整体形态,反映了限制粒径 d_{60} 与有效粒径 d_{10} 之间各粒组含量的分布情况。

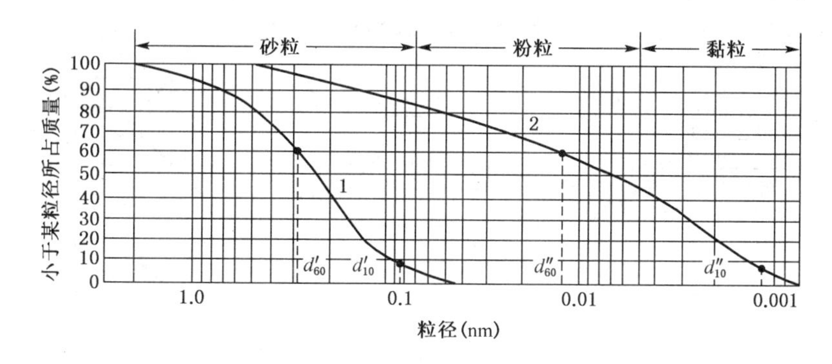

图 1-1 颗粒级配累计曲线

在一般情况下,工程上把不均匀系数 $C_u < 5$ 的土看作是均粒土,属级配不良;$C_u > 10$ 的土,属级配良好。对于级配连续的土,采用单一指标 C_u,即可达到比较满意的判别结果。但缺失中间粒径(d_{60} 与 d_{10} 之间的某粒组)的土,即级配不连续,累计曲线上呈现台阶状。此时,再采用单一指标 C_u 则难以有效判定土的级配好坏。

曲率系数 C_c 作为第二指标与 C_u 共同判定土的级配,则更加合理。一般认为:砾类土或砂类土同时满足 $C_u \geq 5$ 和 $C_c = 1 \sim 3$ 两个条件时,则为良好级配砾或良好级配砂;如不能同时满足,则可以判定为级配不良。很显然,在 C_u 相同的条件下,C_c 过大或过小,均表明土中缺少中间粒组,各粒组间孔隙的充填效应降低,级配变差。

粒度成分的分布曲线可以在一定程度上反映土的某些性质。对于级配良好的土,较粗颗粒间的孔隙被较细的颗粒所填充,这一连锁充填效应,使得土的密实度较好。此时,地基土的强度和稳定性较好,透水性和压缩性也较小;而作为填方工程的建筑材料,则比较容易获得较大的密实度,是堤坝或其他土建工程良好的填方用土。此外,对于粗粒土,不均匀系数 C_u 和曲率系数 C_c 也是评价渗透稳定性的重要指标。

2）土粒的矿物成分

土粒的矿物成分可分为无机矿物颗粒与有机质，无机矿物颗粒由原生矿物和次生矿物组成。

（1）原生矿物

原生矿物颗粒是岩石经物理风化（机械破碎的过程）形成的，常见的如石英、长石、云母等，其物理化学性质较稳定，其成分与母岩完全相同。粗大土粒（漂石、卵石、圆砾等）往往是岩石经物理风化作用形成的原岩碎屑，是物理化学性质比较稳定的原生矿物颗粒，一般有单矿物颗粒和多矿物颗粒两种形态。

（2）次生矿物

次生矿物是岩石经化学风化（成分改变的过程）后形成的矿物，主要有黏土矿物、无定形的氧化物胶体（如 Al_2O_3、Fe_2O_3）和盐类（如 $CaCO_3$、$CaSO_4$、NaCl）等，次生矿物颗粒一般包含多种成分且与母岩成分完全不同。

一般黏性土主要是由黏土矿物构成。黏土矿物基本上是由两种晶片构成的。一种是硅氧晶片（简称硅片），它的基本单元是 Si—O 四面体，即由一个居中的硅原子和四个在角点的氧原子组成；另一种是铝氢氧晶片（简称铝片），它的基本单元为 Al—OH 八面体，是由一个居中的铝原子和六个在角点的氢氧离子组成。黏土矿物颗粒，基本上是由上述两种类型晶胞叠接而成，其中主要有蒙脱石、伊利石和高岭石三类，如图 1-2 所示。

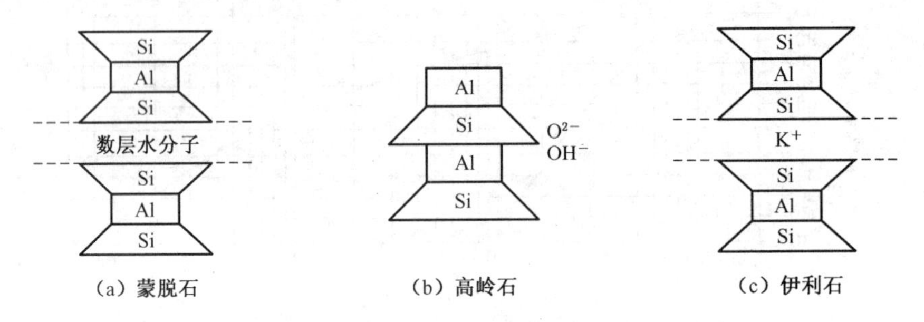

图 1-2 黏土矿物结构示意图

蒙脱石是由伊利石进一步风化或火山灰风化而成的产物。蒙脱石是由三层型晶胞叠接而成，晶胞间只有氧原子与氧原子的范德华力联结，没有氢键，故其键力很弱。另外，夹在硅片中间的铝片内 Al^{3+} 常为低价的其他离子（如 Mg^{2+}）所替换，晶胞间出现多余的负电荷，可以吸引其他阳离子（如 Na^+、Ca^{2+} 等）或其水化离子充填于晶胞间。因此，蒙脱石的晶胞活动性极大，水分子可以进入晶胞之间，从而改变晶胞之间的距离，甚至达到完全分散到单晶胞。因此，当土中蒙脱石含量较高时，则土具有较大的吸水膨胀和失水收缩的特性。

高岭石是长石风化的产物，其结构单元是二层型晶胞，即高岭石是由若干二层型晶胞叠接而成。这种晶胞间一面露出铝片的氢氧基，另一面则露出硅片的氧原子。晶胞之间除了较弱的范德华力（分子键）之外，更主要的联结是氧原子与氢氧基之间的氢键，它具有较强的联结力，晶胞之间的距离不易改变，水分子不能进入。晶胞间的活动性较小，使得高岭石的亲水性、膨胀性和收缩性均小于伊利石，更小于蒙脱石。

伊利石主要是云母在碱性介质中风化的产物，仍是由三层型晶胞叠接而成，晶胞间同样有氧原子与氧原子的范德华力。但是，伊利石构成时，部分硅片中的 Si^{4+} 被低价的 Al^{3+}、

Fe^{3+}等所取代，相应四面体的表面将镶嵌一正价阳离子K^+，以补偿正电荷的不足。嵌入的K^+离子，增加了伊利石晶胞间的联结作用，所以伊利石的结晶构造的稳定性优于蒙脱石。

(3) 有机质

工程上俗称的软土(包括淤泥和淤泥质土)及泥炭土中富含有机质。土中的有机质是动植物残骸和微生物以及它们的各种分解和合成产物。通常把分解不完全的植物残体称为泥炭，其主要成分是纤维素；把分解完全的动、植物残骸称为腐殖质。腐殖质的颗粒极细，粒径小于0.1 μm，呈凝胶状，具有极强的吸附性。有机质含量对土的性质的影响比蒙脱石更大，例如，当土中含有1%～2%的有机质时，其对液限和塑限的影响相当于10%～20%的蒙脱石。

有机质的存在对土的工程性质影响甚大。总的认识是，随着有机质含量的增加，土的分散性(分散性指土在水中能够大部分或全部自行分散成原级颗粒土的性能)，含水率增高(可达50%～200%)，干密度减小，胀缩性增加(>75%)，压缩性增大，强度减小，承载力降低，故对工程极为不利。

1.2.2　土中水

土中水可以处于液态、固态或气态。土中细粒愈多，即土的分散度愈大，土中水对土性影响也愈大。一般液态土中水可视为中性、无色、无味、无嗅的液体，其质量密度为1 g/cm³，重力密度为9.81 kN/m³。实际上，土中水是成分复杂的电解质水溶液，它与土粒有着复杂的相互作用。土中水在不同作用力下处于不同的状态，根据主要作用力的不同，工程上对土中水的分类见表1-2。

表1-2　土中水的分类

水的类型		主要作用力
结合水		物理化学力
自由水	毛细水	表面张力及重力
	重力水	重力

1) 结合水

当土粒与水相互作用时，土粒会吸附一部分水分子，在土粒表面形成一定厚度的水膜，成为结合水。结合水是指受电分子吸引力吸附于土粒表面的土中水，或称束缚水、吸附水。这种电分子吸引力高达几千到几万个大气压，使水分子和土粒表面牢固地黏结在一起。结合水受土粒表面引力的控制而不服从静水力学规律。结合水的密度、黏滞度均比一般正常水偏高，冰点低于0℃，且只有吸热变成蒸汽才能移动。以上特征随着离开土粒表面的距离而变化，愈靠近土粒表面的水分子，受土粒的吸引力愈强，与正常水的性质差别愈大。因此，按这种吸附力的强弱，结合水进一步可分为强结合水和弱结合水。

强结合水是指紧靠土粒表面的结合水膜，亦称吸着水。它的特征是没有溶解盐类的能力，不能传递静水压力，只有吸热变成蒸汽时才能移动。这种水极其牢固地结合在土粒表面，其性质接近于固体，密度约为1.2～2.4 g/cm³，冰点可降至−78℃，具有极大的黏滞度、弹性和抗剪强度。如果将干燥的土置于天然湿度的空气中，则土的质量将增加，直到土中吸着强结合水达到最大吸着度为止。强结合水的厚度很薄，有时只有几个水分子的厚度，但其中阳离子的浓度最大，水分子的定向排列特征最明显。黏性土中只含有强结合水时，呈固体状态，磨碎后则呈粉末状态。

弱结合水是紧靠于强结合水的外围而形成的结合水膜，亦称薄膜水。它仍然不能传递静水压力，但较厚的弱结合水膜能向邻近较薄的水膜缓慢转移。当土中含有较多的弱结合水时，土则具有一定的可塑性。弱结合水离土粒表面愈远，其受到的电分子吸引力愈弱，并逐渐过渡到自由水。弱结合水的厚度，对黏性土的黏性特征及工程性质有很大影响。

2）自由水

自由水是存在于土粒表面电场影响范围以外的水。它的性质和正常水一样，能传递静水压力，冰点为0℃，有溶解能力。自由水按其移动所受作用力的不同，可以分为重力水和毛细水。

重力水是存在于地下水位以下的透水土层中的地下水，它是在重力或水头压力作用下运动的自由水，对土粒有浮力作用。重力水的渗流特征，是地下工程排水和防水工程的主要控制因素之一，对土中的应力状态和开挖基槽、基坑以及修筑地下构筑物有重要的影响。

毛细水是存在于地下水位以上，受到水与空气交界面处表面张力作用的自由水。毛细水按其与地下水面是否联系可分为毛细悬挂水（与地下水无直接联系）和毛细上升水（与地下水相连）两种。毛细水的上升高度与土粒粒度和成分有关。在砂土中，毛细水上升高度取决于土粒粒度，一般不超过 2 m；在粉土中，由于其粒度较小，毛细水上升高度最大，往往超过 2 m；黏性土的粒度虽然较粉土更小，但是由于黏土矿物颗粒与水作用，产生了具有黏滞性的结合水，阻碍了毛细通道，因此黏性土中的毛细水的上升高度反而较低。

在工程中，毛细水的上升高度和速度对于建筑物地下部分的防潮措施和地基土的浸湿、冻胀等有重要影响。此外，在干旱地区，地下水中的可溶盐随毛细水上升后不断蒸发，盐分便积聚于靠近地表处而形成盐渍土。

3）黏土颗粒与水的相互作用

（1）黏土矿物的带电性

黏土颗粒本身带有一定量的负电荷，在电场作用下向阳极移动，这种现象称为电泳；而极性水分子与水中的阳离子（K^+、Na^+等）形成水化离子，在电场作用下这类水化离子向负极移动，这种现象称为电渗。电泳、电渗是同时发生的，统称为电动现象。

（2）双电层的概念

由于黏土矿物颗粒的表面带（负）电性，围绕土粒形成电场，同时水分子是极性分子（两个氢原子与中间的氧原子为非对称分布，偏向两个氢原子一端显正电荷，而偏向氧原子一端显负电荷），因而在土粒电场范围内的水分子和水溶液中的阳离子（如Na^+、Ca^{2+}、Al^{3+}等）均被吸附在土粒表面，呈现不同程度的定向排列，见图 1-3。黏土颗粒与水作用后的这一特性，直接影响黏土的性质。

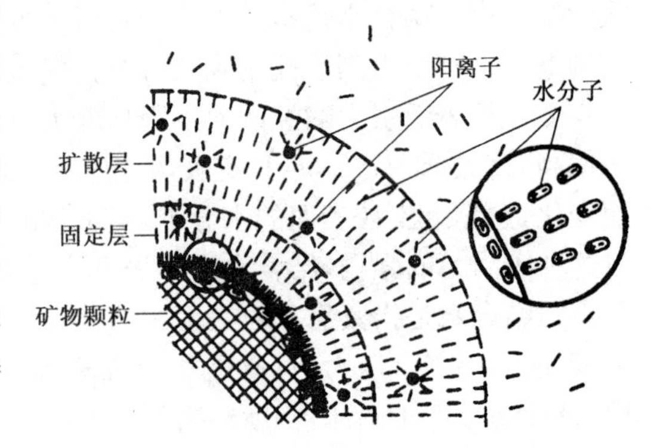

图 1-3　黏土颗粒与水的相互作用

土粒周围水溶液中的阳离子，一方面受到土粒所形成电场的静电引力作用，另一方面又受到布朗运动的扩散力作用。在最靠近土粒表面处，静电引力最强，把水化离子和极性水分子牢固地吸附在颗粒表面上形成固定层。在固定层外围，静电引力比较小，因此水化离子和极性水分子的活动性比在固定层中大些，形成扩散层。扩散层外的水溶液不再受土粒表面负电荷的影响，阳离子也达到正常浓度。固定层和扩散层中所含的阳离子与土粒表面的负电荷的电位相反，故称为反离子，固定层和扩散层又合称为反离子层。该反离子层与土粒表面负电荷一起构成双电层。

水溶液中的阳离子的原子价位愈高，它与土粒之间的静电引力愈强，平衡土粒表面负电荷所需阳离子或水化离子的数量愈少，则扩散层厚度愈薄。在实践中可以利用这种原理来改良土质，例如用三价及二价离子(如 Fe^{3+}、Al^{3+}、Ca^{2+}、Mg^{2+})处理黏土，使扩散层中高价阳离子的浓度增加，扩散层变薄，从而增加了土的强度与稳定性，减少了膨胀性。

从上述双电层的概念可知，反离子层中水分子和阳离子分布，愈靠近土粒表面，则排列得愈紧密和整齐，离子浓度愈高，活动性也愈小。因而，结合水中的强结合水相当于反离子层的内层(固定层)中的水，而弱结合水则相当于反离子层外层的扩散层中的水。扩散层中水对黏性土的塑性特征和工程性质的影响较大。

1.2.3 土中气

土中的气体存在于土孔隙中未被水所占据的部位。在粗颗粒沉积物中，常见到与大气相连通的气体。在外力作用下，连通气体极易排出，它对土的性质影响不大。在细粒土中，则常存在与大气隔绝的封闭气泡。在外力作用下，土中封闭气体易溶解于水，外力卸除后，溶解的气体又重新释放出来，使得土的弹性增加，透水性减小。

土中气成分与大气成分比较，土中气含有更多的 CO_2，较少的 O_2，较多的 N_2。土中气与大气的交换愈困难，两者的差别愈大。与大气连通不畅的地下工程施工中，尤其应注意氧气的补给，以保证施工人员的安全。

对于淤泥和泥炭等有机质土，由于微生物(厌氧菌)的分解作用，在土中蓄积了某种可燃气体(如硫化氢、甲烷等)，使土层在自重作用下长期得不到压密，而形成高压缩性土层。

1.2.4 土的结构和构造

1) 土的结构

试验资料表明，同一种土，原状土样和重塑土样的力学性质有很大差别。这就是说，土的组成不是决定土性质的全部因素，土的结构和构造对土的性质也有很大影响。

土的结构是指土粒的原位集合体特征，是由土粒单元的大小、形状、相互排列及其联结关系等因素形成的综合特征。土粒的形状、大小、位置和矿物成分以及土中水的性质与组成对土的结构有直接影响。

(1) 单粒结构

单粒结构是由粗大土粒在水或空气中下沉而形成的，土颗粒相互间有稳定的空间位置，为碎石土和砂土的结构特征。在单粒结构中，土粒的粒度、形状和土粒在空间的相对位置决定其密实度。因此，这类土的孔隙比值域变化较宽。因颗粒较大，土粒间的分子吸引力相对很小，颗粒间几乎没有联结。只是在浸润条件下(潮湿而不饱和)，粒间会有微弱的毛细压力联结。

单粒结构可以是疏松的，也可以是紧密的[图 1-4(a)]。呈紧密状态单粒结构的土，由于其土粒排列紧密，在动、静荷载作用下都不会产生较大的沉降，所以强度较大，压缩性较小，一般是良好的天然地基。但是，具有疏松单粒结构的土，其骨架是不稳定的，当受到震动及其他外力作用时，土粒易发生移动，土中孔隙剧烈减少，引起土的很大变形。因此，这种土层如未经处理一般不宜作为建筑物的地基或路基。

(2) 蜂窝结构

蜂窝结构主要是由粉粒组成的土的结构形式。据研究，粒径为 0.075～0.005 mm(粉粒粒组)的土粒在水中沉积时，基本上是以单个土粒下沉，当碰上已沉积的土粒时，由于它们之间的相互引力大于其重力，因此土粒就停留在最初的接触点上不再下沉，逐渐形成土粒链。土粒链组成弓架结构，形成具有很大孔隙的蜂窝状结构[图 1-4(b)]。

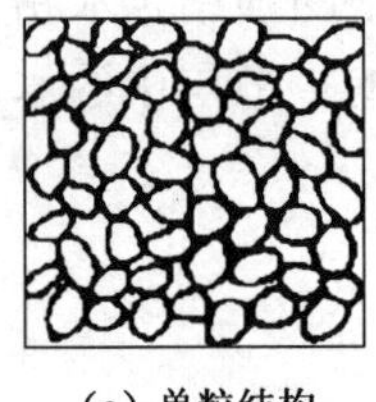
(a) 单粒结构

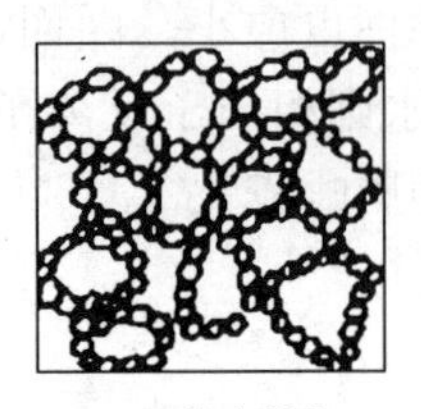
(b) 蜂窝结构

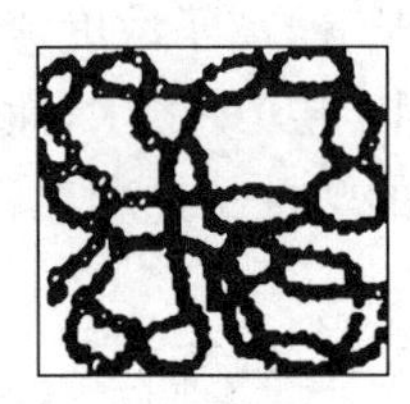
(c) 絮状结构

图 1-4　土的结构

具有蜂窝结构的土有很大孔隙，但由于弓架作用和一定程度的粒间联结，使得其可以承担一般水平的静载荷。但是，当其承受高应力水平荷载或动力荷载时，其结构将破坏，强度降低，并可导致严重的地基沉降。

(3) 絮状结构

对细小的黏粒(其粒径小于 0.005 mm)或胶粒(其粒径小于 0.002 mm)，重力作用很小，能够在水中长期悬浮，不因自重而下沉。这时，黏土矿物颗粒与水的作用产生的粒间作用力就凸显出来。粒间作用力有粒间斥力和粒间吸力，且均随粒间的距离减小而增加，但增长的速率不尽相同。粒间斥力主要是两土粒靠近时，土粒反粒子层间孔隙水的渗透压力产生的渗透斥力，该斥力的大小与双电层的厚度有关，随着水溶液的性质改变而发生明显的变化。相距一定距离的两土粒，粒间斥力随着离子浓度、离子价数及温度的增加而减小。粒间吸引力主要是指范德华力，随着粒间距离增加很快衰减，这种变化决定于土粒的大小、形状、矿物成分、表面电荷等因素，但与土中水溶液的性质几乎无关。粒间作用力的作用范围从几埃到几百埃，它们中间既有吸引力又有排斥力，当总的吸引力大于排斥力时表现为净吸力，反之为净斥力，如图[图 1-4(c)]所示。

絮凝沉积形成的土在结构分类上亦称片架结构，这类结构实际上是不稳定的，随着溶液性质的改变或受到震荡后可重新分散。

具有絮状结构的黏性土，其土粒之间的联结强度(结构强度)往往由于长期的固结作用和胶结作用而得到加强。因此，(集)粒间的联结特征，是影响这一类土工程性质的主要因素之一。

2) 土的构造

在同一土层中的物质成分和颗粒大小等都相近的各部分之间的相互关系的特征称为土的构造。土的构造是土层的层理、裂隙及大孔隙等宏观特征，亦称为宏观结构。

(1) 层理构造

土的构造最主要的特征就是成层性，即层理构造。它是在土的形成过程中，由于不同阶段沉积的物质成分、颗粒大小或颜色不同，而沿竖向呈现的成层特征，常见的有水平层理构造和交错层理构造。层状构造是细粒土的一个重要特征。

(2) 分散构造

土层中各部分的土粒组合物无明显差别，分布均匀，各部分的性质也接近。各种经过分选的砂、砾石、卵石形成较大的埋藏厚度，无明显层次，都属于分散构造。分散构造比较接近各向同性体。

(3) 裂隙状构造

土的构造的另一特征是土的裂隙性，如黄土的柱状裂隙。裂隙的存在大大降低土体的强度和稳定性，增大透水性，对工程不利。

此外，也应注意到土中有无包裹物(如腐殖物、贝壳、结核体等)以及天然或人为的孔洞存在，这些构造特征都造成土的不均匀性。

1.3　土的物理性质指标

土的三相组成各部分的质量和体积之间的比例关系，随着各种条件的变化而改变。例如，地下水位的升高或降低，都将改变土中水的含量；经过压实的土，其孔隙体积将减小。这些变化都可以通过相应指标的具体数字反映出来。

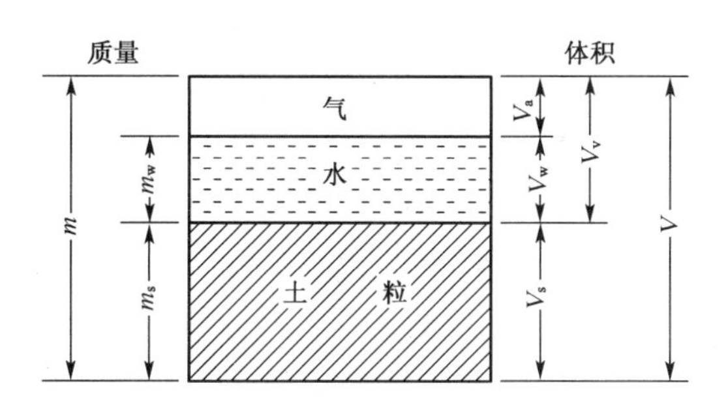

图 1-5　土的三相组成示意图

表示土的三相组成比例关系的指标，称为土的三相比例指标，包括土粒相对密度、土的含水量(或含水率)、密度、孔隙比、孔隙率和饱和度等。

为了便于说明和计算，用图 1-5 所示的土的三相组成示意图来表示各部分之间的数量关系，图中符号的意义如下：

m_s——土粒质量；

m_w——土中水质量；

m——土的总质量，$m = m_s + m_w$；

V_s、V_w、V_a——土粒、土中水、土中气体积；

V_v——土中孔隙体积，$V_v = V_w + V_a$；

V——土的总体积，$V = V_s + V_w + V_a$。

1.3.1 指标的定义

1）三项基本物理性指标

三项基本物理性指标是指土粒相对密度 d_s、土的含水量 w 和密度 ρ，一般由实验室直接测定其数值。

（1）土粒相对密度 d_s

土粒质量与同体积的 4℃时纯水的质量之比，称为土粒相对密度（无量纲），即：

$$d_s = \frac{m_s}{V_s \rho_{w_1}} = \frac{\rho_s}{\rho_{w_1}} \tag{1-3}$$

式中：ρ_s——土粒密度，即土粒单位体积的质量（g/cm^3）；

ρ_{w_1}——纯水在 4℃时的密度，等于 1 g/cm^3。

一般情况下，土粒相对密度在数值上就等于土粒密度。但两者的含义不同，前者是两种物质的质量密度之比，无量纲；而后者是一物质（土粒）的质量密度，有量纲。土粒相对密度可在实验室内用比重瓶法测定。通常也可按经验数值选用。一般土粒相对密度参考值见表 1-3。

表 1-3 土粒相对密度 d_s 参考值

土的名称	砂类土	粉 土	黏性土	
			粉质黏土	黏 土
土粒相对密度 d_s	2.65～2.69	2.70～2.71	2.72～2.73	2.74～2.76

（2）土的含水量 w

土中水的质量与土粒质量之比，称为土的含水量，以百分数计，即：

$$w = \frac{m_w}{m_s} \times 100\% \tag{1-4}$$

含水量 w 是标志土含水程度（或湿度）的一个重要物理指标。天然土层的含水量变化范围很大，它与土的种类、埋藏条件及其所处的自然地理环境等有关。

土的含水量一般用“烘干法”测定。先称小块原状土样的湿土质量，然后置于烘箱内维持 100～105℃烘至恒重，再称干土质量，湿、干土质量之差与干土质量的比值，就是土的含水量。

（3）土的密度 ρ

土单位体积的质量称为土的密度，g/cm^3，即：

$$\rho = \frac{m}{V} \tag{1-5}$$

天然状态下土的密度变化范围较大。一般黏性土 ρ=1.8～2.0 g/cm^3；砂土 ρ=1.6～2.0 g/cm^3；腐殖土 ρ=1.5～1.7 g/cm^3。土的密度一般用“环刀法”测定，用一个圆环刀（刀刃向下）放在削平的原状土样面上，徐徐削去环刀外围的土，边削边压，使保持天然状态的土样压满环刀内，称得环刀内土样质量，求得它与环刀容积之比值即为其密度。

土单位体积的重量称为土的重度，是重力的函数（用 γ 表示，单位为 kN/m^3）。

$$\gamma = \frac{G}{V} = \frac{mg}{V} = \rho \cdot g \tag{1-6}$$

式中：G——土的重量；

g——重力加速度，$g=9.81\ m/s^2$，工程上为了计算方便，有时取 $g=10\ m/s^2$。

2）特殊条件下土的密度

（1）土的干密度 ρ_d

土单位体积中固体颗粒部分的质量，称为土的干密度 ρ_d，即：

$$\rho_d = \frac{m_s}{V} \tag{1-7}$$

在工程上常把干密度作为评定土体紧密程度的标准，尤以控制填土工程的施工质量常见。

（2）饱和密度 ρ_{sat}

土孔隙中充满水时的单位体积质量，称为土的饱和密度 ρ_{sat}，即：

$$\rho_{sat} = \frac{m_s + V_v \rho_w}{V} \tag{1-8}$$

式中：ρ_w——水的密度，近似等于 $\rho_{w_1}=1\ g/cm^3$。

在计算土中自重应力时，须采用土的重力密度，简称重度。与上述几种土的密度相应的有：土的天然重度 γ、饱和重度 γ_{sat}、干重度 γ_d。在数值上，它们等于相应的密度乘以重力加速度 g，即 $\gamma=\rho \cdot g$，$\gamma_{sat}=\rho_{sat} \cdot g$，$\gamma_d=\rho_d \cdot g$。另外，对于地下水位以下的土体，由于受到水的浮力作用，将扣除水浮力后单位体积土所受的重力称为土的有效重度，以 γ' 表示。当认为水下土是饱和时，它在数值上等于饱和重度 γ_{sat} 与水的重度 γ_w（$\gamma_w=\rho_w \cdot g$）之差，即：

$$\gamma' = \frac{m_s g - V_s \gamma_w}{V} = \gamma_{sat} - \gamma_w \tag{1-9}$$

显然，几种密度和重度在数值上有如下关系：

$$\rho_{sat} \geqslant \rho \geqslant \rho_d$$

$$\gamma_{sat} \geqslant \gamma \geqslant \gamma_d > \gamma'$$

3）描述土的孔隙体积相对含量的指标

（1）土的孔隙比 e

土的孔隙比是土中孔隙体积与土粒体积之比，即：

$$e = \frac{V_v}{V_s} \tag{1-10}$$

孔隙比用小数表示。它是一个重要的物理性指标，可以用来评价天然土层的密实程度。一般 $e<0.6$ 的土是密实的或低压缩性的，$e>1.0$ 的土是疏松的或高压缩性的。

（2）土的孔隙率 n

土的孔隙率是土中孔隙所占体积与总体积之比，以百分数计，即：

$$n = \frac{V_v}{V} \times 100\% \tag{1-11}$$

(3) 土的饱和度 S_r

土中被水充满的孔隙体积与孔隙总体积之比，称为土的饱和度，以百分数计，即：

$$S_r = \frac{V_w}{V_v} \times 100\% \tag{1-12}$$

土的饱和度 S_r 与含水量 w 均为描述土中含水程度的三相比例指标。根据饱和度，砂土的湿度可分为三种状态：稍湿 $S_r \leqslant 50\%$；很湿 $50\% < S_r \leqslant 80\%$ 和饱和 $S_r > 80\%$。

1.3.2 指标的换算

土的三相比例指标中，土粒相对密度 d_s、含水量 w 和密度 ρ 是通过试验测定的。在测定这三个基本指标后，可以换算出其余各个指标。

采用三相比例指标换算图(图 1-6)进行各指标间相互关系的推导，设 $\rho_{w_1} = \rho_w$，并令 $V_s = 1$，则 $V_v = e, V = 1+e, m_s = V_s d_s \rho_w = d_s \rho_w, m_w = w m_s = w d_s \rho_w, m = d_s(1+w)\rho_w$。

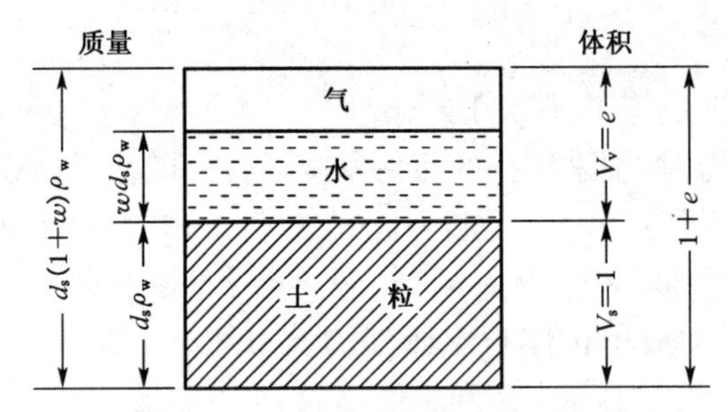

图 1-6 土的三相比例指标换算图

推导如下：

$$\rho = \frac{m}{V} = \frac{d_s(1+w)\rho_w}{1+e} \tag{1-13}$$

$$\rho_d = \frac{m_s}{V} = \frac{d_s\rho_w}{1+e} = \frac{\rho}{1+w} \tag{1-14}$$

由上式得

$$e = \frac{d_s\rho_w}{\rho_d} - 1 = \frac{d_s(1+w)\rho_w}{\rho} - 1 \tag{1-15}$$

$$\rho_{sat} = \frac{m_s + V_v\rho_w}{V} = \frac{(d_s + e)\rho_w}{1+e} \tag{1-16}$$

$$n = \frac{V_v}{V} = \frac{e}{1+e} \tag{1-17}$$

$$S_r = \frac{V_w}{V_v} = \frac{m_w}{V_v\rho_w} = \frac{w d_s}{e} \tag{1-18}$$

常见土的三相比例指标换算公式列于表 1-4。

表 1-4 土的三相比例指标换算公式

名称	符号	三相比例表达式	常用换算公式	常见的数值范围
土粒相对密度	d_s	$d_s = \frac{m_s}{V_s \rho_{w_1}}$	$d_s = \frac{S_r e}{w}$	黏性土：2.72～2.75 粉土：2.70～2.71 砂土：2.65～2.69
含水量	w	$w = \frac{m_w}{m_s} \times 100\%$	$w = \frac{S_r e}{d_s}$ $w = \frac{\rho}{\rho_d} - 1$	20%～60%
密度	ρ	$\rho = \frac{m}{V}$	$\rho = \rho_d(1+w)$ $\rho = \frac{d_s(1+w)}{1+e}\rho_w$	1.6～2.0 g/cm³
干密度	ρ_d	$\rho_d = \frac{m_s}{V}$	$\rho_d = \frac{\rho}{1+w}$ $\rho_d = \frac{d_s}{1+e}\rho_w$	1.3～1.8 g/cm³
饱和密度	ρ_{sat}	$\rho_{sat} = \frac{m_s + V_v \rho_w}{V}$	$\rho_{sat} = \frac{d_s + e}{1+e}\rho_w$	1.8～2.3 g/cm³
重度	γ	$\gamma = \rho \cdot g$	$\gamma = \gamma_d(1+w)$ $\gamma = \frac{d_s(1+w)}{1+e}\gamma_w$	16～20 kN/m³
干重度	γ_d	$\gamma_d = \rho_d \cdot g$	$\gamma_d = \frac{\gamma}{1+w}$ $\gamma_d = \frac{d_s}{1+e}\gamma_w$	13～18 kN/m³
饱和重度	γ_{sat}	$\gamma_{sat} = \frac{m_s + V_v \rho_w}{V}$	$\gamma_{sat} = \frac{d_s + e}{1+e}\gamma_w$	18～23 kN/m³
浮重度	γ'	$\gamma' = \rho' \cdot g$	$\gamma' = \gamma_{sat} - \gamma_w$ $\gamma' = \frac{d_s - 1}{1+e}\gamma_w$	8～13 kN/m³
孔隙比	e	$e = \frac{V_v}{V_s}$	$e = \frac{w d_s}{S_r}$ $e = \frac{d_s(1+w)\rho_w}{\rho} - 1$	黏性土和粉土： 0.40～1.20 砂土：0.30～0.90
孔隙率	n	$n = \frac{V_w}{V} \times 100\%$	$n = \frac{e}{1+e}$ $n = 1 - \frac{\rho_d}{d_s \rho_w}$	黏性土和粉土： 30%～60% 砂土：25%～45%
饱和度	S_r	$S_r = \frac{V_w}{V_v} \times 100\%$	$S_r = \frac{w d_s}{e}$ $S_r = \frac{w \rho_d}{n \rho_w}$	$0 \leqslant S_r \leqslant 50\%$ 稍湿 $50 < S_r \leqslant 80\%$ 很湿 $80 < S_r \leqslant 100\%$ 饱和

【例 1-1】 某原状土样，经试验测得天然密度 $\rho = 1.91\ \text{g/cm}^3$，含水量 $w = 9.5\%$，土粒相对密度 $d_s = 2.70$。试计算：(1) 土的孔隙比 e、饱和度 S_r；(2) 当土中孔隙充满水时土的密度 ρ_{sat} 和含水量 w。

【解】 绘三相草图(图 1-5)，设土的体积 $V = 1.0\ \text{cm}^3$。

(1) 根据密度定义，得： $m = \rho V = 1.91 \times 1.0 = 1.91\ \text{g}$

根据含水量定义，得： $m_w = w \times m_s = 0.095 m_s$

从三相草图有： $m_w + m_s = m$

因此 $0.095 m_s + m_s = 1.91\ \text{g}$ $m_s = 1.744\ \text{g}$ $m_w = 0.166\ \text{g}$

根据土粒相对密度定义，得土粒密度 ρ_s 为：

$$\rho_s = d_s \rho_{w_1} = 2.70 \times 1.0 = 2.70\ \text{g/cm}^3$$

土粒体积 $$V_s = \frac{m_s}{\rho_s} = \frac{1.744}{2.70} = 0.646\ \text{cm}^3$$

水的体积 $$V_w = \frac{m_w}{\rho_w} = \frac{0.166}{1.0} = 0.166\ \text{cm}^3$$

气体体积 $V_a = V - V_s - V_w = 1.0 - 0.646 - 0.166 = 0.188\ \text{cm}^3$

因此,孔隙体积 $V_v = V_w + V_a = 0.166 + 0.188 = 0.354\ \text{cm}^3$。至此,三相草图中,三相组成的量,无论是质量还是体积均已算出,将计算结果填入三相草图中。根据孔隙比定义,得:

$$e = \frac{V_v}{V_s} = \frac{0.354}{0.646} = 0.548$$

根据饱和度定义,得:

$$S_r = \frac{V_w}{V_v} \times 100\% = \frac{0.166}{0.354} \times 100\% = 46.9\%$$

(2) 当土中孔隙充满水时,由饱和密度定义,有:

$$\rho_{sat} = \frac{m_s + V_v\rho_w}{V} = \frac{1.744 + 0.354 \times 1.0}{1.0} = 2.10\ \text{g/cm}^3$$

由含水量定义,有:

$$w = \frac{V_v\rho_w}{m_s} \times 100\% = \frac{0.354 \times 1.0}{1.744} \times 100\% = 20.3\%$$

【例 1-2】 某土样已测得其孔隙比 $e = 0.70$,土粒相对密度 $d_s = 2.72$。试计算:(1) 土的干重度 γ_d、饱和重度 γ_{sat}、浮重度 γ';(2) 当土的饱和度 $S_r = 75\%$ 时,土的重度 γ 和含水量 w 为多大?

【解】 绘三相草图(图 1-5),设土粒体积 $V_s = 1.0\ \text{cm}^3$。

(1) 根据孔隙比的定义,有:

$$V_v = eV_s = 0.70 \times 1.0 = 0.70\ \text{cm}^3$$

根据土粒相对密度的定义,有:

$$m_s = d_s V_s \rho_{w_1} = 2.72 \times 1.0 \times 1.0 = 2.72\ \text{g}$$

土的总体积为:

$$V = V_v + V_s = 0.70 + 1.0 = 1.70\ \text{cm}^3$$

根据土的干重度的定义,有:

$$\gamma_d = \frac{m_s g}{V} = \frac{2.72 \times 9.81}{1.70} = 15.70\ \text{kN/m}^3$$

当孔隙充满水时,土的质量为:

$$m = m_s + V_v\rho_w = 2.72 + 0.70 \times 1.0 = 3.42\ \text{g}$$

根据土的饱和重度的定义，有：

$$\gamma_{sat}=\frac{mg}{V}=\frac{3.42}{1.70}\times 9.81=19.74\ \text{kN/m}^3$$

则浮重度 γ' 为：

$$\gamma'=\gamma_{sat}-\gamma_w=19.74-9.81=9.93\ \text{kN/m}^3$$

(2) 当土的饱和度 $S_r=75\%$ 时，由饱和度定义，有：

$$V_w=S_rV_v=0.75\times 0.70=0.525\ \text{cm}^3$$

此时水的质量 $m_w=\rho_wV_w=1.0\times 0.525=0.525\ \text{g}$

土的总质量 $m=m_w+m_s=0.525+2.72=3.245\ \text{g}$

由土的重度的定义有：

$$\gamma=\frac{mg}{V}=\frac{3.245\times 9.81}{1.70}=18.72\ \text{kN/m}^3$$

由含水量的定义有：

$$w=\frac{m_w}{m_s}\times 100\%=\frac{0.525}{2.72}\times 100\%=19.3\%$$

1.4 无黏性土和黏性土的物理性质

1.4.1 无黏性土的物理性质

无黏性土一般是指砂土和碎石土。这两大类土中缺乏黏土矿物，不具有可塑性，呈单粒结构。这两类土的物理状态主要决定于土的密实程度。无黏性土呈密实状态时，强度较大，是良好的天然地基；呈松散状态时则是一种软弱地基，尤其是饱和的粉砂、细砂，稳定性很差，在震动荷载作用下可能发生液化。所以土的密实度是反映无黏性土工程性质的重要指标。

1) 无黏性土的相对密实度

砂土密实度在一定程度上可根据天然孔隙比 e 的大小来评定。但对于级配相差较大的不同类土，则天然孔隙比 e 难以有效判定密实度的相对高低。例如就某一确定的天然孔隙比，级配不良的砂土，根据该孔隙比可评定为密实状态；而对于级配良好的土，同样具有这一孔隙比，则可能判为中密或者稍密状态。因此，为了合理判定砂土的密实度状态，在工程上提出了相对密(实)度 D_r 的概念。D_r 的表达式为：

$$D_r=\frac{e_{max}-e}{e_{max}-e_{min}} \tag{1-19}$$

式中：e_{max}——砂土在最松散状态时的孔隙比，即最大孔隙比；

e_{min}——砂土在最密实状态时的孔隙比，即最小孔隙比；

e——砂土在天然状态时的孔隙比。

当 $D_r=0$，表示砂土处于最松散状态；当 $D_r=1$，表示砂土处于最密实状态。砂类土密实度的划分标准如表 1-5 所示。

表 1-5 按相对密实度 D_r 划分砂土密实度

密实度	密 实	中 密	松 散
D_r	$D_r>2/3$	$2/3\geqslant D_r>1/3$	$D_r\leqslant 1/3$

从理论上讲，相对密实度的理论比较完善，也是国际上通用的划分砂类土密实度的方法。但测定 e_{max}（或 ρ_{dmin}）和 e_{min}（或 ρ_{dmax}）的试验方法存在问题，对同一种砂土的试验结果往往离散性很大。现行公路桥涵地基与基础设计规范的砂土密实度划分标准如表 1-6 所示。

表 1-6 砂土密实度表

分 级	密 实	中 密	松 散	
			稍 松	极 松
D_r	$D_r\geqslant 0.67$	$0.67>D_r\geqslant 0.33$	$0.33>D_r\geqslant 0.20$	$D_r<0.20$

【例 1-3】 从某天然砂土层中取得的试样通过试验测得其含水率 $w=11\%$，天然密度 $\rho=1.70\ g/cm^3$，最小干密度为 $1.41\ g/cm^3$，最大干密度为 $1.75\ g/cm^3$。试判断该砂土的密实程度。

【解】 已知 $\rho=1.70\ g/cm^3$，$w=11\%$，计算该砂土的天然干密度为：

$$\rho_d=\frac{\rho}{1+w}=\frac{1.70}{1+0.11}=1.53\ g/cm^3$$

再由 $\rho_{dmin}=1.41\ g/cm^3$，$\rho_{dmax}=1.75\ g/cm^3$，代入式(1-14)可得：

$$D_r=\frac{(\rho_d-\rho_{dmin})\rho_{dmax}}{(\rho_{dmax}-\rho_{dmin})\rho_d}=\frac{(1.53-1.41)\times 1.75}{(1.75-1.41)\times 1.53}=0.4$$

由于 $1/3<D_r<2/3$，所以，该砂土层处于中密状态。

2) 无黏性土密实度划分的其他方法

(1) 砂土密实度按天然孔隙比划分

我国根据大量砂土资料，建立了砂土相对密(实)度 D_r 与天然孔隙比 e 的关系，进一步将“松散”一档细分为稍密和松散两档，得出了直接按天然孔隙比 e 确定砂土密实度的标准，见表 1-7。

表 1-7 按天然孔隙比 e 划分砂土密实度

土 类	密实度			
	密 实	中 密	稍 密	松 散
砾砂、粗砂、中砂	$e<0.60$	$0.66\leqslant e\leqslant 0.75$	$0.75<e\leqslant 0.85$	$e>0.85$
细砂、粉砂	$e<0.70$	$0.70\leqslant e\leqslant 0.85$	$0.85<e\leqslant 0.95$	$e>0.95$

这一方法指标简单，避免使用离散性较大的最大、最小孔隙比指标。本方法要求采取原状砂土样。

（2）砂土密实度按标准贯入击数 N 划分

为了避免采取原状砂样的困难，在现行国标《建筑地基基础设计规范》(GB 50007—2002)和《公路桥涵地基及基础设计规范》(JTG D63—2007)中，均用按原位标准贯入试验锤击数 N 划分砂土密实度，见表 1-8。

表 1-8　按标准贯入锤击数 N 划分砂土密实度

密实度	密实	中密	稍松	松散
N/标贯击数	$N>30$	$30\geqslant N>15$	$15\geqslant N>10$	$N\leqslant 10$

注：标贯击数 N 系实测平均值。

（3）碎石土密实度按重型动力触探击数划分

碎石土的密实度可按重型(圆锥)动力触探试验锤击数 $N_{63.5}$ 划分，列于表 1-9。

表 1-9　按重型触探击数 $N_{63.5}$ 划分碎石土密实度

密实度	密　实	中　密	稍　密	松　散
$N_{63.5}$	$N_{63.5}>30$	$30\geqslant N_{63.5}>15$	$15\geqslant N_{63.5}>7$	$N_{63.5}\leqslant 7$

（4）碎石土密实度的野外鉴别

对于大颗粒含量较多的碎石土，其密实度很难做室内试验或原位触探试验，可按表 1-10 的野外鉴别方法来划分。

表 1-10　碎石土密实度野外鉴别方法

密实度	骨架颗粒含量和排列	可挖性	可钻性
密实	骨架颗粒含量大于总重的70%，呈交错排列，连续接触	锹、镐挖掘困难，用撬棍方能松动；井壁一般较稳定	钻进极困难；冲击钻探时，钻杆、吊锤跳动剧烈；孔壁较稳定
中密	骨架颗粒含量等于总重的60%～70%，呈交错排列，大部分接触	锹、镐可挖掘；井壁有掉块现象，从井壁取出大颗粒处，能保持颗粒凹面形状	钻进较困难；冲击钻探时，钻杆、吊锤跳动不剧烈；孔壁有坍塌现象
稍密	骨架颗粒含量小于总重的60%，排列混乱，大部分不接触	锹可以挖掘；井壁易坍塌；从井壁取出大颗粒后，填充物砂土立即坍落	钻进较容易；冲击钻探时，钻杆稍有跳动；孔壁易坍塌
松散	骨架颗粒含量小于总重的55%，排列十分混乱，绝大部分不接触	锹易挖掘，井壁极易坍塌	钻进很容易，冲击钻探时，钻杆无跳动，孔壁极易坍塌

注：(1) 骨架颗粒系指与表 1-18 碎石土分类名称相对应粒径的颗粒。
(2) 碎石土密实度的划分，应按表列各项要求综合确定。

1.4.2　黏性土的物理性质

1) 黏性土的可塑性及界限含水量

同一种黏性土随其含水量的不同，而分别处于固态、半固态、可塑状态及流动状态，其界限含水量分别为缩限、塑限和液限。所谓可塑状态，就是当黏性土在某含水量范围内，可用外力塑成任何形状而不发生裂纹，并当外力移去后仍能保持既得的形状，土的这种性能叫做可塑性。黏性土由一种状态转到另一种状态的含水量，称为界限含水量。它对黏性土的分类及工程性质的评价有重要意义。

黏性土的这些状态与含水量的关系可以表示为：

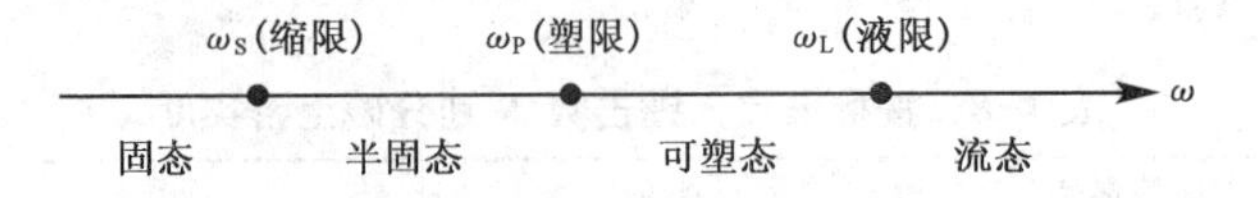

土由可塑状态转到流动状态的界限含水量称为液限(或塑性上限含水量或流限)，用符号 ω_L 表示；土由半固态转到可塑状态的界限含水量称为塑限(或塑性下限含水量)，用符号 ω_P 表示；土由半固体状态不断蒸发水分，则体积继续逐渐缩小，直到体积不再收缩时，对应土的界限含水量叫缩限，用符号 ω_S 表示。界限含水量都以百分数表示(省去%符号)。

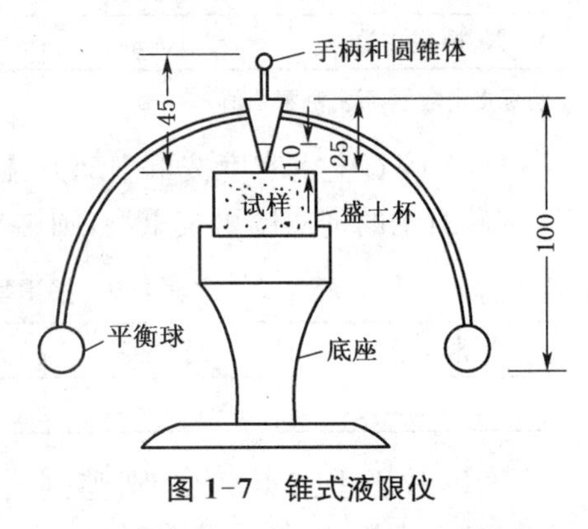

图 1-7　锥式液限仪

我国采用锥式液限仪(图 1-7 所示)来测定黏性土的液限 ω_L。将调成均匀的浓糊状试样装满盛土杯内(盛土杯置于底座上)，刮平杯口表面，将 76 g 重的圆锥体轻放在试样表面的中心，使其在自重作用下沉入试样，若圆锥体经 5 秒钟恰好沉入 10 mm深度，这时杯内土样的含水量就是液限 ω_L 值。为了避免放锥时的人为晃动影响，可采用电磁放锥的方法，可以提高测试精度，实践证明其效果较好。

美国、日本等国家使用碟式液限仪来测定黏性土的液限。它是将调成浓糊状的试样装在碟内，刮平表面，用切槽器在土中成槽，槽底宽度为 2 mm，如图 1-8 所示，然后将碟子抬高 10 mm，使碟自由下落，连续下落 25 次后，如土槽两边试样合拢长度为 13 mm，这时试样的含水量就是液限 ω_L。

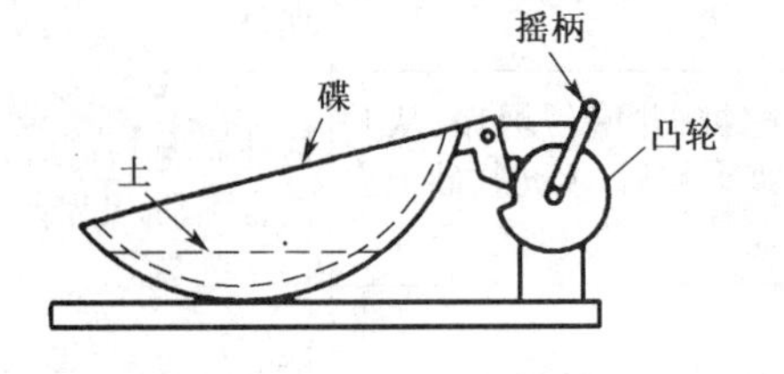

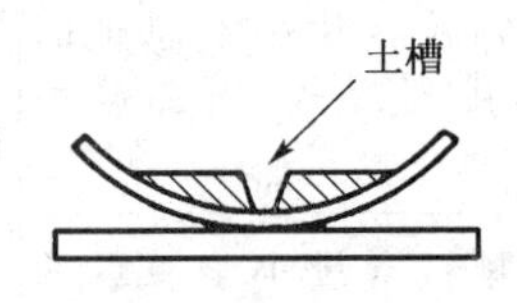

图 1-8　碟式液限仪

黏性土的塑限 ω_P 采用"搓条法"测定。即用双手将天然湿度的土样搓成小圆球(球径小于 10 mm)，放在毛玻璃板上再用手掌慢慢搓滚成小土条，若土条搓到直径为 3 mm 时恰好开始断裂，这时断裂土条的含水量就是塑限 ω_P 值。搓条法受人为因素的影响较大，因而成果不稳定。利用锥式液限仪联合测定液、塑限，实践证明可以取代搓条法。

联合测定法求液限、塑限是采用锥式液限仪以电磁放锥法对黏性土试样以不同的含水量进行若干次试验(一般为 3 组)，并按测定结果在双对数坐标纸上作出 76 g 圆锥体的入土深度与含水量的关系曲线。根据大量试验资料，它接近于一条直线。如同时采用圆锥仪法及搓条法分别作液限、塑限试验进行比较，则对应于圆锥体入土深度为 10 mm 和 2 mm 时土样的含水量分别为该土的液限和塑限。

2）黏性土的可塑性指标

黏性土的可塑性指标除了上述塑限、液限及缩限外，还有塑性指数、液性指数等指标。

（1）塑性指数 I_P

塑性指数是指液限和塑限的差值（省去%符号）表示，即土处在可塑状态的含水量变化范围，用符号 I_P 表示，即：

$$I_P = \omega_L - \omega_P \tag{1-20}$$

塑性指数愈大，土处于可塑状态的含水量范围也愈大。塑性指数的大小与土中结合水的可能含量有关。从土的颗粒来说，土粒愈细，则其比表面（积）愈大，结合水含量愈高，因而 I_P 也随之增大。从矿物成分来说，黏土矿物（尤以蒙脱石类）含量愈多，水化作用剧烈，结合水愈高，因而 I_P 也大。在一定程度上，塑性指数综合反映了影响黏性土及其组成的基本特性。因此，在工程上常按塑性指数对黏性土进行分类。

（2）液性指数 I_L

液性指数是指黏性土的天然含水量和塑限的差值与塑性指数之比，用符号 I_L 表示，即：

$$I_L = \frac{\omega - \omega_P}{\omega_L - \omega_P} = \frac{\omega - \omega_P}{I_P} \tag{1-21}$$

从式中可见，当土的天然含水量 ω 小于 ω_P 时，I_L 小于 0，天然土处于坚硬状态；当 ω 大于 ω_L 时，I_L 大于 1，天然土处于流动状态；当 ω 在 ω_P 与 ω_L 之间时，即 I_L 在 0～1 之间，则天然土处于可塑状态。因此，可以利用液性指数 I_L 作为黏性土的状态划分指标。I_L 值愈大，土质愈软；反之，土质愈硬。

黏性土根据液性指数值划分为软硬状态，其划分标准见表 1-11。

表 1-11 黏性土的状态

状 态	坚 硬	硬 塑	可 塑	软 塑	流 塑
液性指数	$I_L \leqslant 0$	$0 < I_L \leqslant 0.25$	$0.25 < I_L \leqslant 0.75$	$0.75 < I_L \leqslant 1.0$	$I_L > 1.0$

【例 1-4】 某土样经试验得其天然含水率为 38.8%，液限为 49.0%，塑限为 24.0%，试求塑性指数并判断该土处于何种状态。

【解】 已知 $\omega = 38.8\%$，$\omega_L = 49.0\%$，$\omega_P = 24.0\%$

由公式(1-20)得 $I_P = 49 - 24 = 25$

由公式(1-21)得 $I_L = \frac{\omega - \omega_P}{\omega_L - \omega_P} = \frac{38.8 - 24.0}{49.0 - 24.0} = 0.59$

所以，该土处于可塑状态。

1.4.3 黏性土的结构性和触变性

天然状态下的黏性土通常都具有一定的结构性，土的结构性是指天然土的结构受到扰动影响而改变的特性。当受到外来因素的扰动时，土粒间的胶结物质以及土粒、离子、水分子所组成的平衡体系受到破坏，土的强度降低和压缩性增大。土的结构性对强度的这种影响，一般用灵敏度来衡量。土的灵敏度以原状土的强度与该土经重塑（土的结构性彻底破坏）后的强度之比来表示。重塑试样具有与原状试样相同的尺寸、密度和含水量。强度测定所用方法有无侧限抗压强度试验和十字板剪切试验。对于饱和黏性土的灵敏度 S_t 可按下式计算：

$$S_t = \frac{q_u}{q'_u} \tag{1-22}$$

式中：q_u——原状试样的无侧限抗压强度（kPa）；

q'_u——重塑试样的无侧限抗压强度（kPa）。

根据灵敏度可将饱和黏性土分为低灵敏（$1 < S_t \leqslant 2$）、中灵敏（$2 < S_t \leqslant 4$）和高灵敏（$S_t > 4$）三类。土的灵敏度愈高，其结构性愈强，受扰动后土的强度降低就愈多。所以在基础施工中应注意保护基坑或基槽，尽量减少对坑底土结构的扰动。

饱和黏性土的结构受到扰动，导致强度降低。但当扰动停止后，土的强度又随时间而逐渐恢复。黏性土的这种抗剪强度随时间恢复的胶体化学性质称为土的触变性。在黏性土中沉桩时，往往利用振扰的方法，破坏桩侧土与桩尖土的结构，以降低沉桩的阻力。但在沉桩完成后，土的强度可随时间部分恢复，使桩的承载力逐渐增加，这就是利用了土的触变性机理。

饱和软黏土易于触变的实质是这类土的微观结构主要为絮状结构，含有大量的结合水。土体的强度主要来源于土粒间的联结特征，即粒间电分子力产生的“原始黏聚力”和粒间胶结物产生的“固化黏聚力”。当土体被扰动时，这两类黏聚力被破坏或部分破坏，土体强度降低。但扰动破坏的外力停止后，被破坏的粒间电分子力可随时间部分地恢复，因而强度有所增大。然而，固化黏聚力的破坏是无法在短时间内恢复的。因此，易于触变性的土，被扰动而降低的强度仅能部分地恢复。

1.4.4 黏性土的胀缩性、湿陷性和冻胀性

1）黏性土的胀缩性

土的膨胀性是指黏性土具有吸水膨胀和失水收缩的两种变形特性。黏粒成分主要由亲水性矿物组成，具有显著的吸水膨胀和失水收缩两种变形特性的黏性土，习惯上称为膨胀土。它一般强度较高，压缩性低，易被误认为是建筑性能较好的地基土。当利用这种土作为建筑物地基时，如果对它的特性缺乏认识，或在设计和施工中没有采取必要的措施，结果会给建筑物造成危害，尤其对低层轻型的房屋或构筑物以及土工结构带来的危害更大。

我国广西、云南、湖北、河南、安徽、四川、河北、山东、陕西、江苏、贵州和广东等地均有不同范围的膨胀土分布。

2）土的湿陷性

土的湿陷性是指土在自重压力作用下或自重压力和附加压力综合作用下，受水浸湿后，使土的结构迅速破坏而发生显著的附加下陷特征。湿陷性土在我国广泛分布，除湿陷性黄土外，在干旱或半干旱地区，特别是在山前洪、坡积扇中常遇到湿陷性的碎石类土和砂类土，在一定压力下浸水后也常具有强烈的湿陷性。

遍布在我国甘、陕、晋大部分地区以及豫、鲁、宁、辽、新等部分地区的黄土是一种在第四纪时期形成的、颗粒组成以粉粒(0.075～0.005 mm)为主的黄色或褐黄色粉性土。它含有大量的碳酸盐类,往往具有肉眼可见的大孔隙。

3) 土的冻胀性

土的冻胀性是指土的冻胀和冻融给建筑物或土工结构带来危害的变形特性。在冰冻季节,因大气负温影响,使土中水分冻结成为冻土。冻土根据其冻融情况分为季节性冻土、隔年冻土和多年冻土。

冻土的冻胀会使路基隆起,使柔性路面鼓包、开裂,使刚性路面错缝或折断;冻胀还使修建在其上的建筑物抬起,引起建筑物开裂、倾斜,甚至倒塌。对工程危害更大的是春暖土层解冻融化后,由于土层上部积聚的冰晶体融化,使土中含水量大大增加,加之细粒土排水能力差,土层软化,强度大大降低。路基土冻融后,在车辆反复碾压下,易产生路面开裂、冒泥,即翻浆现象。冻融也会使房屋、桥梁、涵管发生大量不均匀下沉,引起建筑物开裂破坏。

季节性冻土在我国分布甚广。东北、华北和西北地区是我国季节性冻土主要分布区。多年冻土主要分布在纬度较高的大、小兴安岭和海拔较高的青藏高原和甘新高山区。

1.5 土的压实性

土工建筑物,如土坝、土堤及道路填方是用土作为建筑材料而成的。为了保证填料有足够的强度、较小的压缩性和透水性,在施工时常常需要压实,以提高填土的密实度(工程上以干密度表示)和均匀性。

研究土的填筑特性常用现场填筑试验和室内击实试验两种方法。前者是在现场选一试验地段,按设计要求和施工方法进行填土,并同时进行有关测试工作,以查明填筑条件(如土料、堆填方法、压实机械等)和填筑效果(如土的密实度)的关系。

室内击实试验是近似地模拟现场填筑情况,是一种半经验性的试验,用锤击方法将土击实,以研究土在不同击实功能下土的击实特性,以便取得有参考价值的设计数值。

1.5.1 击实试验

土的击实是指用重复性的冲击动荷载将土压密。研究土的击实性的目的在于揭示击实作用下土的干密度、含水率和击实功三者之间的关系和基本规律,从而选定适合工程需要的最小击实功。

击实试验是把某一含水率的土料填入击实筒内,用击锤按规定落距对土打击一定的次数,即用一定的击实功击实土,测其含水率和干密度的关系曲线,即为击实曲线。

在击实曲线上可找到某一峰值,称为最大干密度 ρ_{dmax},与之相对应的含水率,称为最优含水率 w_{op}。它表示在一定击实功作用下,达到最大干密度的含水率。即:当击实土料为最佳含水率时,压实效果最好。

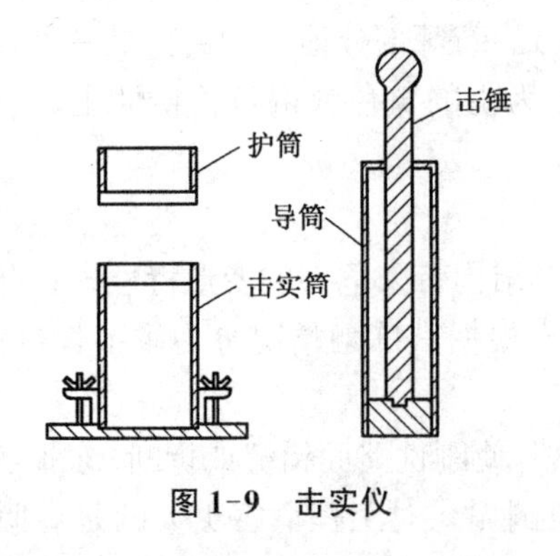

图 1-9 击实仪

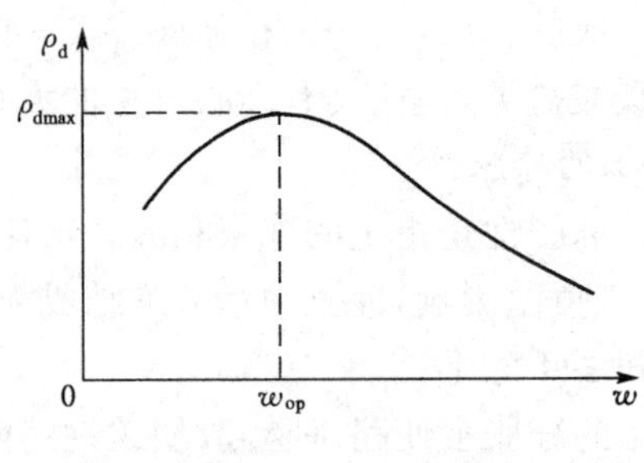

图 1-10 击实曲线

1）黏性土的击实性

黏性土的最优含水率一般在塑限附近，约为液限的 0.55～0.65 倍。在最优含水率时，土粒周围的结合水膜厚度适中，土粒联结较弱，又不存在多余的水分，故易于击实，使土粒靠拢而排列得最密。

实践证明，土被击实到最佳情况时，饱和度一般在 80%左右。

2）无黏性土的击实性

无黏性土情况有些不同。无黏性土的压实性也与含水量有关，不过不存在一个最优含水量。一般在完全干燥或者充分洒水饱和的情况下容易压实到较大的干密度。

潮湿状态，由于具有微弱的毛细水联结，土粒间移动所受阻力较大，不易被挤紧压实，干密度不大。

无黏性土的压实标准，一般用相对密度 D_r 表示。一般要求砂土压实至 $D_r > 0.67$，即达到密实状态。

1.5.2 影响击实效果的因素

影响土压实性的因素除含水量的影响外，还与击实功能、土质情况（矿物成分和粒度成分）、所处状态、击实条件以及土的种类和级配等有关。

(1) 击实功能的影响。击实功能是指压实每单位体积土所消耗的能量。击实试验中的击实功能用下式表示：

$$N = \frac{W \cdot d \cdot n \cdot m}{V} \tag{1-23}$$

式中：W——击锤质量(kg)，在标准击实试验中击锤质量为 2.5 kg；

d——落距(m)，击实试验中定为 0.30 m；

n——每层土的击实次数，标准试验为 27 击；

m——铺土层数，试验中分三层；

V——击实筒的体积，为 1×10^{-3} m³。

同一种土，用不同的功能击实，得到的击实曲线有一定的差异。

① 土的最大干密度和最优含水率不是常量；ρ_{dmax}随击数的增加而逐渐增大，而 w_{op}则随击数的增加而逐渐减小。

② 当含水量较低时，击数的影响较明显；当含水量较高时，含水量与干密度关系曲线趋近于饱和线，也就是说，这时提高击实功能是无效的。

(2) 试验证明，最优含水量 w_{op} 与 w_P 相近，大约为 $w_{op}=w_P+2$。填土中所含的细粒越多(即黏土矿物越多)，则最优含水率越大，最大干密度越小。

(3) 有机质对土的击实效果有不好的影响。因为有机质亲水性强，不易将土击实到较大的干密度，且会使土质恶化。

(4) 在同类土中，土的颗粒级配对土的压实效果影响很大。颗粒级配不均匀的容易压实，均匀的不易压实。这是因为级配均匀的土中较粗颗粒形成的孔隙很少有细颗粒去充填。

1.6 土的工程分类

1.6.1 土的分类标准

在国际上土的统一分类系统(Unified Soil Classification System)来源于美国 A. 卡萨格兰特(Casagrande, 1942)提出的一种分类法体系(属于材料工程系统的分类)。其主要特点是充分考虑了土的粒度成分和塑性指标，即粗粒土土粒的个体特征和细粒土土粒与水的相互作用。这种方法采用了扰动土的测试指标，对于天然土作为地基或环境时，忽略了土粒的集合体特征(土的结构性)。因此，无法考虑土的成因、年代对工程性质的影响，是这种方法存在的缺陷。

在我国，为了统一工程用土的鉴别、定名和描述，同时也便于对土性状作出一般定性的评价，制定了国标土的分类标准。它的分类体系基本上采用与卡氏相似的分类原则，所采用的简便易测的定量分类指标，最能反映土的基本属性和工程性质，也便于电子计算机的资料检索。

1) 巨粒土和粗粒土的分类标准

巨粒土和含巨粒的土(包括混合巨粒土和巨粒混合土)和粗粒土(包括砾类土和砂类土)，按粒组含量、级配指标(不均匀系数 C_u 和曲率系数 C_c)和所含细粒的塑性高低，划分为16种土类，见表1-12和表1-13。

表1-12 巨粒土和含巨粒的土的分类

土　类	粒　组　含　量		土代号	土名称
巨粒土	巨粒 ($d>60$ mm) 含量 100%～75%	漂石粒 ($d>200$ mm) $>50\%$	B	漂石
		漂石粒 $\leqslant 50\%$	Cb	卵石
混合巨粒土	巨粒含量 $<75\%$，$>50\%$	漂石粒 $>50\%$	BSl	混合土漂石
		漂石粒 $\leqslant 50\%$	CbSl	混合土卵石
巨粒混合土	巨粒含量 50%～15%	漂石粒 $>$ 卵石($d=60\sim200$ mm)	SlB	漂石混合土
		漂石粒 $\leqslant$ 卵石	SlCb	卵石混合土

表 1-13　砾类土的分类（2 mm $< d \leqslant$ 60 mm 砾粒组 $>$ 50%）

土类	粒组含量		土代号	土名称
砾	细粒含量 $<$ 5%	级配 $C_u \geqslant 5, C_c = 1 \sim 3$	GW	级配良好砾
		级配不同时满足上述要求	GP	级配不良砾
含细粒土砾	细粒含量 5%～15%		GF	含细粒土砾
细粒土质砾	细粒含量 $>$ 15%，$\leqslant$ 50%	细粒为黏土	GC	黏土质砾
		细粒为粉土	GM	粉土质砾

注：细粒粒组包括粉粒（0.005 mm $< d \leqslant$ 0.075 mm）和黏粒（$d \leqslant$ 0.005 mm）。

表 1-14　砂类土的分类（砾粒组 $\leqslant$ 50%）

土类	粒组含量		土代号	土名称
砂	细粒含量 $<$ 5%	级配 $C_u \geqslant 5, C_c = 1 \sim 3$	SW	级配良好砂
		级配不同时满足上述要求	SP	级配不良砂
含细粒土砂	细粒含量 5%～15%		SF	含细粒土砂
细粒土质砂	细粒含量 $>$ 15%，$\leqslant$ 50%	细粒为黏土	SC	黏土质砂
		细粒为粉土	SM	粉土质砂

2）细粒土的分类标准

细粒土是指粗粒组（0.075 mm $< d \leqslant$ 60 mm）含量少于 25%的土，参照塑性图可进一步细分。综合我国的情况，当采用 76 g、锥角 30°液限仪，以锥尖入土 17 mm 对应的含水量为液限（即相当于碟式液限仪测定值）时，可用图 1-11 塑性图分类（或表 1-15）。

表 1-15　细粒土的分类

土的塑性指标在塑性图中的位置		土代号	土名称
塑性指数 I_P	液限 w_L（%）		
$I_P \geqslant 0.63(w_L - 20)$ 和 $I_P \geqslant 10$	$w_L \geqslant 40$	CH	高液限黏土
	$w_L < 40$	CL	低液限黏土
$I_P < 0.63(w_L - 20)$ 和 $I_P < 10$	$w_L \geqslant 40$	MH	高液限粉土
	$w_L < 40$	ML	低液限粉土

若细粒土内粗粒含量为 25%～50%，则该土属于含粗粒的细粒土。这类土的分类仍按塑性图进行划分，并根据所含粗粒类型进行如下分类：

（1）当粗粒中砾粒占优势，称为含砾细粒土，在细粒土代号后缀以代号 G。例如含砾低液限黏土，代号 CLG。

（2）当粗粒中砂粒占优势，称为含砂细粒土，在细粒土代号后缀以代号 S。例如含砂高液限黏土,代号 CHS。

若细粒土内部分含有机制,则在土名前加“有机质”,对有机质细粒土的代号则在细粒土代号后缀以代号 O。例如低液限有机质粉土,代号 MLO。

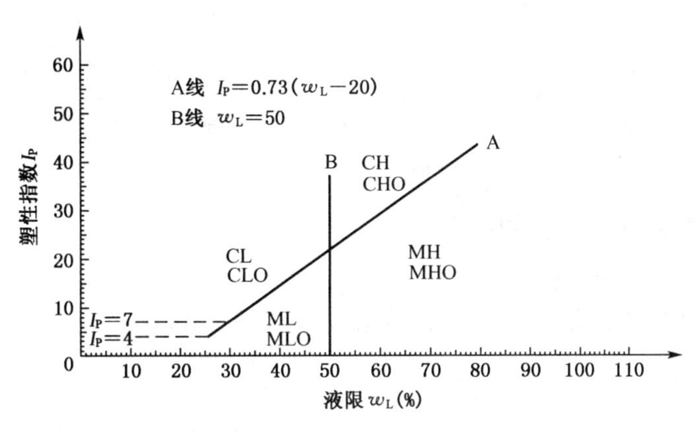

图 1-11 塑性图

1.6.2 建筑地基土的分类

根据《建筑地基基础设计规范》(GB 50007—2002),将土分为碎石土、砂土、粉土、黏性土和人工填土等。

(1) 碎石土

粒径大于 2 mm 的颗粒含量超过全重 50%的土称为碎石土。根据颗粒级配和颗粒形状按表 1-16 分为漂石、块石、卵石、碎石、圆砾和角砾。

表 1-16 碎石土分类

土的名称	颗粒形状	颗粒级配
漂石	圆形及亚圆形为主	粒径大于 200 mm 的颗粒含量超过全重 50%
块石	棱角形为主	
卵石	圆形及亚圆形为主	粒径大于 20 mm 的颗粒含量超过全重 50%
碎石	棱角形为主	
圆砾	圆形及亚圆形为主	粒径大于 2 mm 的颗粒含量超过全重 50%
角砾	棱角形为主	

注:分类时应根据颗粒级配由上到下以最先符合者确定。

(2) 砂土

粒径大于 2 mm 的颗粒含量不超过全重 50%,且粒径大于 0.075 mm 的颗粒含量超过全重 50%的土称为砂土。根据颗粒级配按表 1-17 分为砾砂、粗砂、中砂、细砂和粉砂。

表 1-17　砂土分类

土的名称	颗粒级配
砾砂	粒径大于 2 mm 的颗粒含量占全重 25%～50%
粗砂	粒径大于 0.5 mm 的颗粒含量超过全重 50%
中砂	粒径大于 0.25 mm 的颗粒含量超过全重 50%
细砂	粒径大于 0.075 mm 的颗粒含量超过全重 85%
粉砂	粒径大于 0.075 mm 的颗粒含量不超过全重 50%

注:分类时应根据颗粒级配由上到下以最先符合者确定。

(3) 粉土

粉土介于砂土与黏性土之间,塑性指数 $I_P \leqslant 10$ 且粒径大于 0.075 mm 的颗粒含量不超过全重 50%的土。

(4) 黏性土

塑性指数大于 10 的土称为黏性土。根据塑性指数 I_P按表 1-18 分为粉质黏土和黏土。

表 1-18　黏性土分类

土的名称	塑性指数
粉质黏土	$10 < I_P \leqslant 17$
黏土	$I_P > 17$

注:塑性指数由相应 76 g 圆锥体沉入土样中深度为 10 mm 时测定的液限计算而得。

(5) 人工填土

由人工活动堆填形成的各类土称为人工填土。

按人工填土的组成和成因,可分为素填土、压实填土、杂填土、冲填土。

素填土是由碎石土、砂土、粉土、黏性土等组成的填土。经过压实或夯实的素填土为压实填土。

杂填土是含有建筑垃圾、工业废料、生活垃圾等杂物的填土。

冲填土是由水力冲填泥砂形成的填土。

(6) 其他

具有一定分布区域或工程意义,具有特殊成分、状态和结构特征的土称为特殊土。它分为湿陷性土、红黏土、软土(包括淤泥和淤泥质土)、混合土、填土、冻土、膨胀土、盐渍土、风化岩与残积土、污染土等。

思考题

1. 土由哪几部分组成的?黏土矿物分为哪几种?
2. 何谓土的颗粒级配?不均匀系数 $C_u > 10$ 反映土的什么性质?
3. 土中水包括哪几种?结合水有何特征?
4. 何谓土的结构?土的结构有哪几种?
5. 无黏性土最主要的物理状态指标是什么?
6. 黏性土最主要的物理状态指标是什么?何谓液限和塑限?如何测定?
7. 地基土分为哪几类?

习题

1. 某办公楼工程地质勘察中取原状土做实验，用天平称 50 cm^3 湿土质量为95.15 g，烘干后质量为 75.05 g，土粒相对密度为 2.67。计算该土样的天然密度、干密度、饱和密度、有效密度、天然含水量、孔隙比、孔隙率和饱和度。

2. 一厂房地基表层为杂填土厚 1.2 m，第二层为黏性土厚 5 m，地下水位深 1.8 m。在黏性土中部取土做试验，测得天然密度为 1.84 g/cm^3，土粒相对密度为 2.75，求该土样的含水量、有效重度、干密度及孔隙比。

3. 某宾馆地基土的试验中，已测得土样的干密度为 1.54 g/cm^3，含水量为 19.3%，土粒相对密度为 2.71，液限为 28.3%，塑限为 16.7%，试求该土样的孔隙比、孔隙率和饱和度，并按塑性指数和液性指数分别定出该黏性土的分类名称和软硬状态。

4. 某砂土土样的密度为 1.77 g/cm^3，含水量为 9.8%，土粒相对密度为 2.67，烘干后测定最小孔隙比为 0.461，最大孔隙比为 0.943，试求孔隙比 e 和相对密实度 D_r，并评定该砂土的密实度。

5. 某无黏性土样的颗粒分析结果列于下表，试定出该土的名称。

粒径(mm)	10～2	2～0.5	0.5～0.25	0.25～0.075	<0.075
相对含量(%)	4.5	12.4	35.5	33.5	14.1

2 土的渗透性与渗流

2.1 概述

土是一种三相物质组成的多孔介质，其大部分孔隙在空间互相连通。在饱和土中，水充满整个孔隙，当土中两点存在压力差时，土中水就会从压力较高（即能量较高）的位置向压力较低（即能量较低）的位置流动。水在压力差作用下流过土体孔隙的现象，称为渗流。土体具有的被水渗透通过（透水）的能力称为土的渗透性或透水性。

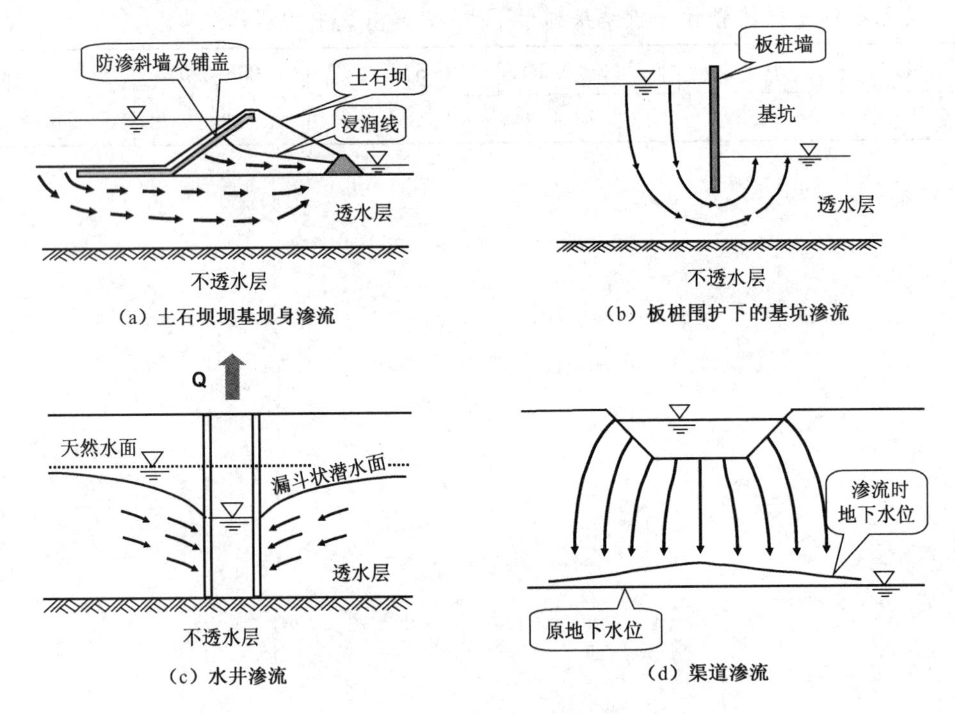

图 2-1 岩土工程渗流问题示意图

土的强度、变形、渗流，是土力学中的重要课题，它们之间相互关联、相互影响，水在土体内流动时，会与土体发生相互作用，产生各种各样的岩土工程问题，这些问题可以分为水的问题和土的问题。

水的问题是指工程中由于水的存在或水位升降而引起的工程问题，主要是水自身的量（涌水量、渗水量）、质（水质）、储存位置（地下水位）的变化所引起的问题。如基坑、隧道、采矿等工程开挖施工中普遍存在的地下水出渗，严重时会引发工程事故；在以挡（蓄）水为目的的土石堤坝中，由于渗透造成水量损失，影响工程效益；另外，滨海地带的海水入侵以及污水渗透引起的地下水污染等问题。

土的问题是指由于水的存在或运动而引起土体内部应力状态发生变化，影响到土体的固结、强度、稳定和工程施工，使土体产生局部渗透变形破坏。土坡、土坝、堤防、基坑等由于渗流引起地基内土的结构和应力状态的逐渐改变，导致土体丧失稳定而酿成边坡破坏、地面隆起、堤坝失稳、基坑失稳等事故。

土的渗透性是反映土的孔隙性规律的基本内容之一，土的渗透性强弱对土体的固结变形、强度都有重要影响。因此，研究水在土中的渗流规律及土体的渗透稳定等问题具有重要的意义。

本章将介绍土的渗透性及渗流规律，渗透系数的测定方法，二维渗流方程和流网及其应用、渗流力、渗透破坏。

2.2 土的渗透规律

2.2.1 伯努力定理

物体具有的总能量（机械能）等于总势能与总动能之和。计算势能时需要一个基准面，在图 2-2 的水头示意图中，假定 0—0 面为基准面，A 点的位置势能为 mgz，压力势能为 $mg\dfrac{u}{\gamma_w}$，动能为$\dfrac{1}{2}mv^2$，总能量 $E = mgz + mg\dfrac{u}{\gamma_w} + \dfrac{1}{2}mv^2$。

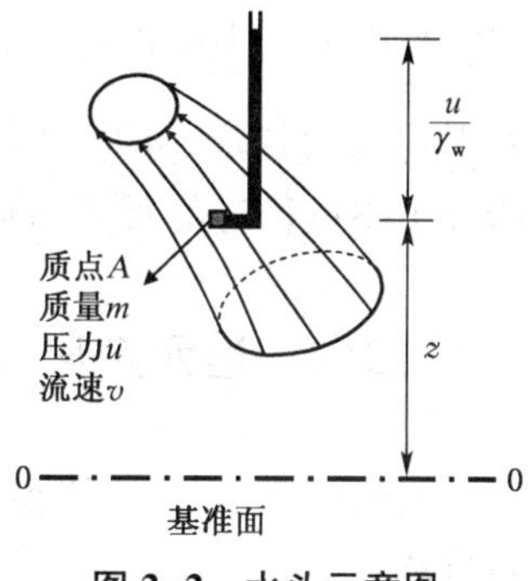

图 2-2 水头示意图

总水头是指单位重量的水流具有的能量，用 h 表示，它是水流动的驱动力。则：

$$h = \frac{E}{mg} = z + \frac{u}{\gamma_w} + \frac{v^2}{2g} \tag{2-1}$$

式中：h——总水头（或称水头）(m)；

v——流速(m/s)；

g——重力加速度(m/s^2)；

u——（孔隙）水压力(kPa)；

γ_w——水的重度(kN/m^3)；

z——位置水头，即某点 A 到基准面的垂直距离，代表单位重量的水体从基准面算起所具有的位置势能(m)；

$\dfrac{u}{\gamma_w}$——压力水头，水压力所引起的自由水面的升高，即测压管中水柱的高度，表示单位重量水体所具有的压力势能，$\dfrac{u}{\gamma_w} = h_w$(m)；

$z+\dfrac{u}{\gamma_w}$——测压管水头，即测压管水面到基准面的垂直距离，表示单位重量水体的总势能(m)；

$\dfrac{v^2}{2g}$——流速水头，表示单位重量水体所具有的动能(m)。

当水在土中渗流时，其速度一般较小，所形成的流速水头很小，可以忽略不计，则：

$$h=z+\frac{u}{\gamma_w} \tag{2-2}$$

通常讲的"水往低处流"就是指水从位置势能高的点向位置势能低的点流动。如果水具有动能或压力势能，则可使"水往高处流"。总而言之，水是从能量高的点向能量低的点流动。静止水体中各点的总势能(测压管水头)是相等的，如不相等就会产生流动。

在图 2-3 中，A、B 两点的水头差为：

$$\Delta h=h_A-h_B=\left(z_A+\frac{u_A}{\gamma_w}\right)-\left(z_B+\frac{u_B}{\gamma_w}\right) \tag{2-3}$$

水头差又称为水头损失，即单位重量的水体自 A 点流到 B 点所消耗的能量。是由于水在流动过程中，需要克服与土颗粒之间的黏滞阻力所产生的能量损失。

若 A 点到 B 点的渗流路径长为 L，设单位渗流路径长度上的水头损失为 i，则有 $i=\dfrac{\Delta h}{L}$。i 是 AB 段的平均水力梯度，亦称水力坡降，是衡量土渗透性和研究土渗透稳定的重要指标。

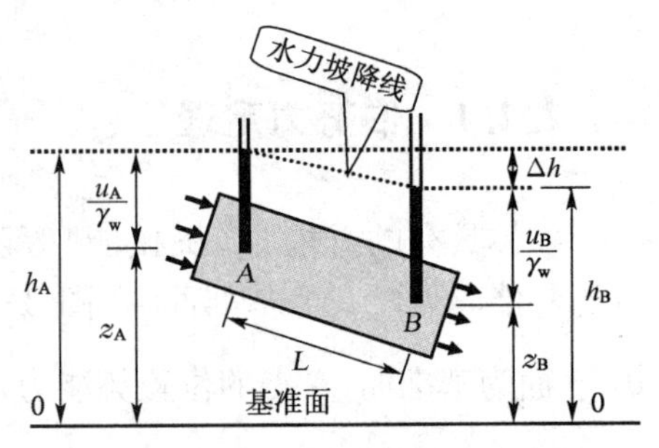

图 2-3　土中渗流水头变化示意图

2.2.2　达西定律

水流状态分为层流和紊流两种。层流是指水质点的运动轨迹为平滑直线，相邻质点的轨迹相互平行而不混杂，此时，水头损失与流速的一次方成正比；当流速增大到一定数值后，水质点的运动轨迹极为紊乱，水质点间相互混杂和碰撞，这种流动状态称为紊流，又称湍流，此时，水头损失几乎与流速的二次方成正比。

地下水在土体孔隙中渗流时，由于土颗粒对渗流的阻力作用，沿途将伴随着能量的损失。为了揭示水在土体中的渗透规律，法国工程师达西(H. Darcy)利用如图 2-4 所示的试验装置，对均匀砂土的渗透性进行了大量的试验研究，得出了层流条件下，土中水渗流速度与能量(水头)损失之间的关系，即达西定律。

达西试验装置的主要部分是一个上端开口的直立圆筒，下部放碎石，碎石上放一块多孔滤板，滤板上面放置颗粒均匀的土样，土样截面积为 A，长度为 L。筒的侧壁装有两只测压管，分别设置在土样上下两端的过水断面处。水从上端进水

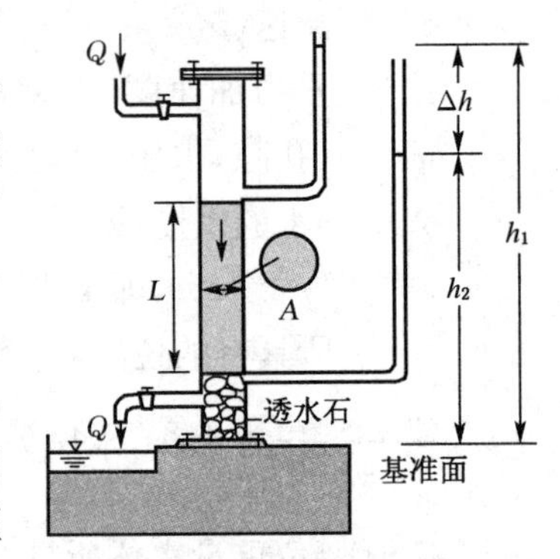

图 2-4　达西渗透示意图

管注入圆筒，自上而下流经土样，从装有控制阀门的弯管流入容器中。

保持测压管中的水面恒定不变，以台座顶面为基准面，h_1 为土样顶面处的测压管水头，h_2 为土样底面处的测压管水头，$\Delta h = h_1 - h_2$ 为经过渗流长度 L 的土样后的水头损失。

达西对不同截面尺寸的圆筒、不同类型和长度的土样进行试验，发现单位时间内的渗出水量 q 与圆筒截面积 A 和水力梯度 i 成正比，且与土的透水性质有关，即：

$$q = kAi \tag{2-4}$$

或

$$v = \frac{q}{A} = ki \tag{2-5}$$

式中：q——单位渗水量(cm^3/s)；

v——断面平均渗流速度(cm/s)；

i——水力梯度；

A——过水断面积(cm^2)；

k——反映土的透水性的比例系数，称为土的渗透系数，它相当于水力梯度 $i = 1$ 时的渗流速度，故其量纲与渗流速度相同(cm/s)。

式(2-4)或式(2-5)即为达西定律表达式。

达西定律是由均质砂土试验得到的，后来推广应用于其他土体如黏土和具有细裂缝的岩石等。大量试验表明，对于砂性土及密实度较低的黏土，孔隙中主要为自由水，渗流速度较小，渗流状态为层流，渗流速度与水力梯度呈线性关系，符合达西定律，如图 2-5(a)所示。

对于密实黏土(颗粒极细的高压缩性土，可自由膨胀的黏性土等)，颗粒比表面积较大，孔隙大部分或全部充满吸着水，吸着水具有较大的黏滞阻力，因此，当水力梯度较小时，密实黏土的渗透速度极小，与水力梯度不成线性关系，甚至不发生渗流，只有当水力梯度增大到某一数值，克服了吸着水的黏滞阻力以后，才能发生渗流。将开始发生渗流时的水力梯度称为起始水力梯度 i_0。一些试验资料表明，当水力梯度超过起始水力梯度后，渗流速度与水力梯度呈非线性关系，如图 2-5(b)中的实线所示。为了使用方便，常用图中的虚直线来描述渗流速度与水力梯度的关系，即 $v = k(i - i_0)$。

对于粗粒土(砾石、卵石地基或填石坝体)，只有在较小的水力梯度下，流速不大时，属层流状态，渗流速度与水力梯度呈线性关系，当流速超过临界流速 v_{cr}($v_{cr} \approx 0.3 \sim 0.5$ cm/s)时，渗流已非层流而呈紊流状态，渗流速度与水力梯度呈非线性关系，此时达西定律不适用，如图 2-5(c)所示，用 $v = ki^m$ 来表达。

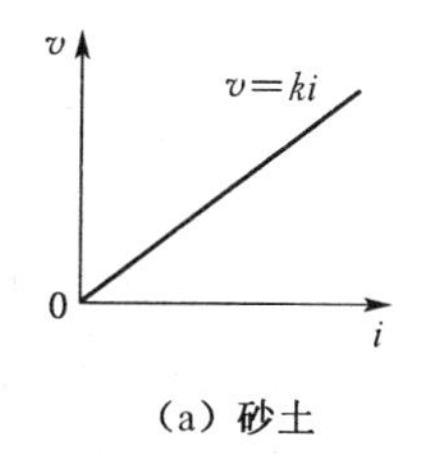

(a) 砂土

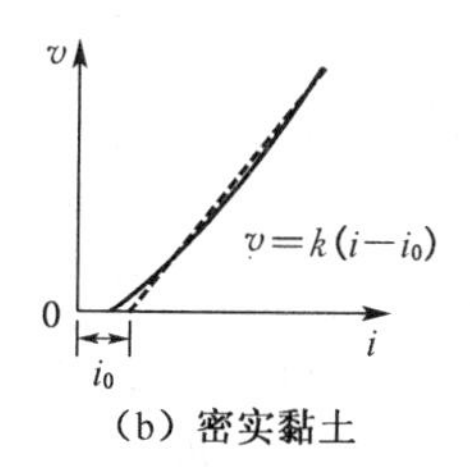

(b) 密实黏土

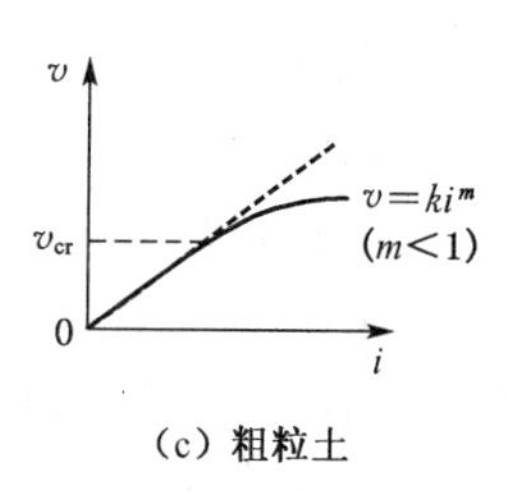

(c) 粗粒土

图 2-5 土的渗透速度与水力梯度的关系

由于土粒本身不能透水，水是通过土粒间的渗透，孔隙的形状不规则，真实的过水断面

积 A_r 很难测得，因此公式(2-4)中采用的是土样的断面积 A。式(2-5)中的渗流速度 v 是土样断面上的平均流速，并不是通过孔隙的实际流速 v_r。由于 A_r 小于 A，故 v_r 大于 v，一般称 v 为假想平均流速，除特别指出外，在渗流计算中采用假想平均流速 v。若均质砂土的孔隙率为 n，则 $A_r = nA$，根据水流连续原理 $q = vA = v_r A_r$，可得 $v_r = \frac{vA}{nA} = \frac{v}{n}$。

2.2.3 渗透系数的测定及影响因素

土的渗透系数是工程中常用的一个力学性质指标，它的大小可以综合反映土体渗透性的强弱，常作为判别土层透水性强弱的标准和选择坝体填筑料的依据，确定渗透系数的准确性直接影响渗流计算结果的正确性和渗流控制方案的合理性。

确定渗透系数的方法主要有试验法、经验估算法和反演法。试验法测得的值相对直接且更准确可靠；经验估算法和反演法偏于理论，依赖于对试验的总结和数值模拟处理。本节主要介绍试验法，试验法分为室内试验法和现场试验法。

1）室内试验法

室内渗透试验从取土坑中取土样或钻孔取样，在室内对试样进行渗透系数的测定。试验的仪器和方法比较多，但从试验原理上大体可分为常水头法和变水头法两种。

(1) 常水头法

常水头法是在整个试验过程中，水头保持不变，其试验装置如图 2-6 所示。

设试样的高度即渗径长度为 L，截面积为 A，试验时的水头差为 Δh，这三者在试验前可以直接量测或控制。试验中只要用量筒和秒表测得在 t 时段内经过试样的渗水量 Q，即可求出该时段内通过土体的单位渗水量：

$$q = \frac{Q}{t} \tag{2-6}$$

将式(2-6)代入式(2-4)中，得到土的渗透系数：

$$k = \frac{QL}{A\Delta ht} \tag{2-7}$$

常水头法适用于透水性较大 ($k > 10^{-3}$ cm/s) 的无黏性土，应用粒组范围大致为细砂到中等卵石。

(2) 变水头法

黏性土由于渗透系数很小，流经试样的水量很少，加上水的蒸发，用常水头法难以直接准确量测，因此采用变水头法。

变水头法的试验装置如图 2-7 所示，在整个试验过程中，水头随着时间而变化，试样的一端与细玻璃管相连，在压力差作用下，水自下向上经试样渗流，细玻璃管中的水位慢慢下降，即水柱高度随时间 t 增加而逐渐减小，在试验过程中通过量测某一时段内细玻璃管中水位的变化，根据达西定律，可求得土的渗透系数。

设细玻璃管的内截面积为 a，试验开始以后任一时刻 t 的水位差为 Δh，经过时间段 $\mathrm{d}t$，细玻璃管中水位下落 $\mathrm{d}h$，则在时段 $\mathrm{d}t$ 内细玻璃管的流水量为：

$$dQ = -a dh \tag{2-8}$$

式中负号表示渗水量随 h 的减少而增加。

根据达西定律，在时段 dt 内流经试样的水量为：

$$dQ = kA \frac{\Delta h}{L} dt \tag{2-9}$$

根据水流连续性原理，同一时间内经过土样的渗水量应与细玻璃管流水量相等：

$$kA \frac{\Delta h}{L} dt = -a dh$$

$$dt = -\frac{aL}{kA} \frac{dh}{\Delta h}$$

对上式两边积分，得：

$$\int_{t_1}^{t_2} dt = -\int_{\Delta h_1}^{\Delta h_2} \frac{aL}{kA} \frac{dh}{\Delta h}$$

即可得到土的渗透系数：

$$k = \frac{aL}{A(t_2 - t_1)} \ln \frac{\Delta h_1}{\Delta h_2} \tag{2-10a}$$

如用常用对数表示，则上式可写成：

$$k = 2.3 \frac{aL}{A(t_2 - t_1)} \lg \frac{\Delta h_1}{\Delta h_2} \tag{2-10b}$$

式(2-10)中的 a、L、A 为已知，试验时只要量测与时刻 t_1、t_2 对应的水位 Δh_1、Δh_2，就可求出渗透系数。

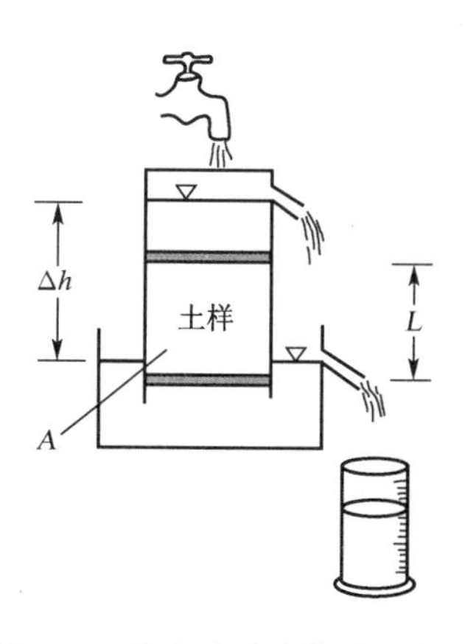

图 2-6 常水头试验装置示意图

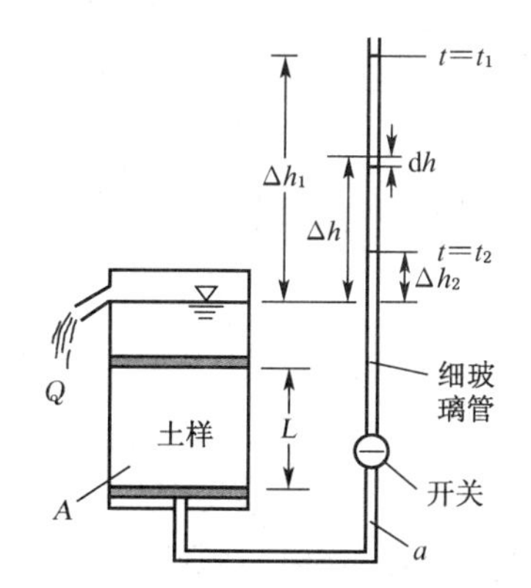

图 2-7 变水头试验装置示意图

2) 现场试验法

室内试验法具有设备简单、费用较低的优点，但由于取土样时产生的扰动，以及对所取土样尺寸的限制，使得其难以完全代表原状土体的真实情况。考虑到土的渗透性与结构性之间有很大的关系，因此，对于比较重要的工程，有必要进行现场试验。对于均质的粗粒土层，用现场试验测出的 k 值往往要比室内试验更为可靠。现场试验大多在钻孔中进行，试验方法多种多样，本节介绍基于井流理论的抽水试验确定 k 值的方法。

在现场打一口试验井，贯穿需要测定 k 值的砂土层，然后以不变的速率在井中连续抽水，引起井周围的地下水位逐渐下降，形成一个以井孔为轴心的漏斗状地下水面，如图 2-8 所示。假定地下水是水平流向水井，则渗流的过水断面为一系列的同心圆柱面。在距井轴线为 r_1、r_2 处设置两个观测孔，待抽水量和井中的动水位稳定一段时间后，若单位时间自井内抽出的水量即单位渗水量为 q，观测孔内的水位高度分别为 h_1、h_2，则根据试验井和观测孔的稳定水位，可以画出测压管水位变化图，利用达西定律可求出土层的 k 值。

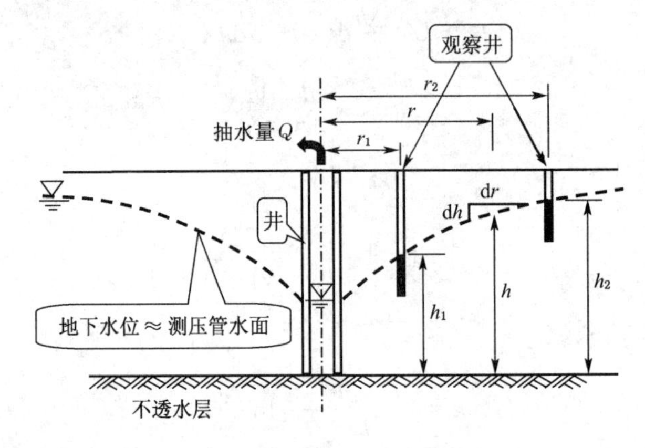

图 2-8　抽水试验示意图

距井轴线为 r 的过水断面处，其水面高度为 h，则过水断面积为 $A=2\pi rh$；假设该过水断面上水力梯度 i 为常数，且等于地下水位线在该处的坡度，即 $i=\dfrac{\mathrm{d}h}{\mathrm{d}r}$。根据达西定律，有：

$$q=\frac{Q}{t}=kAi=k2\pi rh\,\frac{\mathrm{d}h}{\mathrm{d}r} \tag{2-11}$$

$$q\,\frac{\mathrm{d}r}{r}=2\pi kh\,\mathrm{d}h$$

对等式两边进行积分：

$$q\int_{r_1}^{r_2}\frac{\mathrm{d}r}{r}=2\pi k\int_{h_1}^{h_2}h\,\mathrm{d}h$$

$$q\ln\frac{r_2}{r_1}=\pi k(h_2^2-h_1^2)$$

从而得到土的渗透系数：

$$k=\frac{q}{\pi}\,\frac{\ln(r_2/r_1)}{(h_2^2-h_1^2)} \tag{2-12a}$$

用常用对数表示，则为：

$$k=2.3\,\frac{q}{\pi}\,\frac{\lg(r_2/r_1)}{(h_2^2-h_1^2)} \tag{2-12b}$$

现场渗透系数还可以用孔压静力触探试验、地球物理勘探方法等测定。

在无实测资料时，还可以参照有关规范或已建成工程的资料来选定 k 值，有关常见土的

渗透系数 k 参考值如表 2-1 所示。

表 2-1 土的渗透系数参考值

土的类别	渗透系数 k(cm/s)	土的类别	渗透系数 k(cm/s)
黏土	$<10^{-7}$	中砂	10^{-2}
粉质黏土	$10^{-5}\sim10^{-6}$	粗砂	10^{-2}
粉土	$10^{-4}\sim10^{-5}$	砾砂	10^{-1}
粉砂	$10^{-3}\sim10^{-4}$	砾石	$>10^{-1}$
细砂	10^{-3}		

3) 成层土的等效渗透系数

天然沉积土往往由厚薄不一且渗透性不同的土层所组成，宏观上具有非均匀性。成层土的渗透性质除了与各土层的渗透性有关外，也与渗流的方向有关。对于平面问题中平行于土层层面和垂直于土层层面的简单渗流情况，当各土层的渗透系数和厚度为已知时，可求出整个土层与层面平行和垂直的平均渗透系数，作为进行渗流计算的依据。

水平渗流即水流方向与层面平行的渗流情况，如图 2-9 所示。在渗流场中截取的渗流长度为 L 的一段渗流区域，各土层的水平向渗透系数分别为 k_{1x}、k_{2x}、…、k_{nx}，厚度分别为 H_1、H_2、…、H_n，各土层的过水断面积为 $A_i = H_i \cdot 1$，土体总过水断面积为 $A = H \cdot 1 = \sum_{i=1}^{n} A_i = \sum_{i=1}^{n} H_i \cdot 1$。水平渗流时，$\Delta h_i = \Delta h$，由于渗流路径相等，故 $i_i = i$。若通过各土层的单位渗水量为 q_{1x}、q_{2x}、…、q_{nx}，则通过整个土层的总单位渗水量 q_x 应为各土层单位渗水量之总和，即：

$$q_x = q_{1x} + q_{2x} + \cdots + q_{nx} = \sum_{i=1}^{n} q_{ix} \tag{2-13}$$

根据达西定律，土体总单位渗水量表示为：

$$q_x = k_x i A \tag{2-14}$$

任一土层的单位渗水量为：

$$q_{ix} = k_{ix} i A_i \tag{2-15}$$

将式(2-14)和式(2-15)代入式(2-13)，得到整个土层与层面平行的平均渗透系数为：

$$k_x = \frac{1}{H} \sum_{i=1}^{n} k_{ix} H_i \tag{2-16}$$

对于垂直渗流即水流方向与层面垂直情况，如图 2-10 所示。设通过各土层的单位渗水量为 q_{1z}、q_{2z}、…、q_{nz}，通过整个土层的单位渗水量为 q_z，根据水流连续原理，有 $q_z = q_{iz}$，土体总过水断面积 A 与各土层的过水断面积 A_i 相等，根据达西定律 $v = q/A = ki$，可知土体总流速 v_z 与各土层的流速 v_{iz} 相等，即有：

$$v_z = k_z i = v_{iz} = k_{iz} i_i \tag{2-17}$$

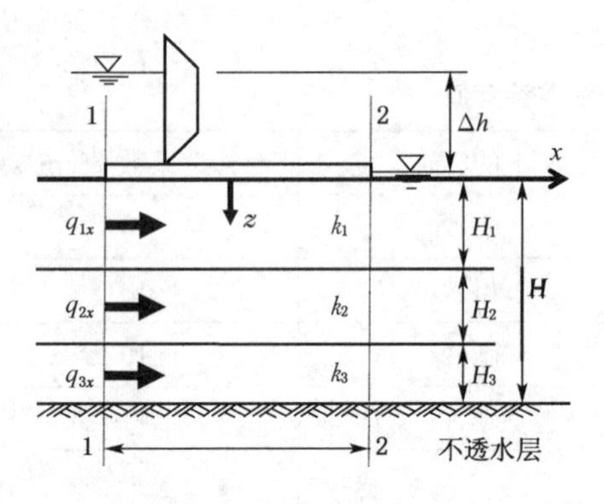

图 2-9 与层面平行的渗流

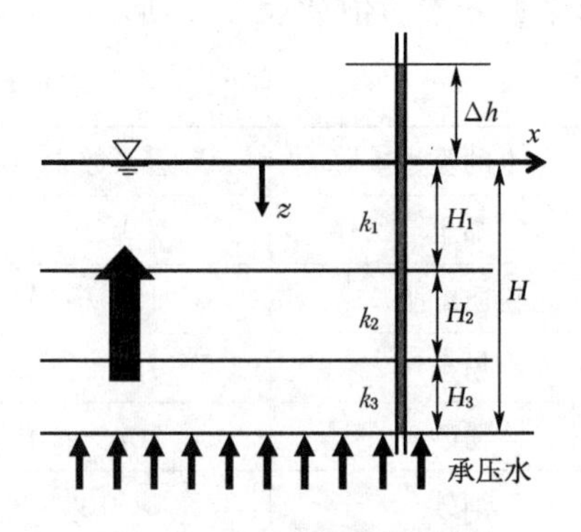

图 2-10 与层面垂直的渗流

每一土层的水力梯度 $i_i = \Delta h_i / H_i$，整个土层的水力梯度 $i = \Delta h / H$，根据总的水头损失 Δh 等于每一土层水头损失 Δh_i 之和，则有：

$$\Delta h = iH = \frac{v_z}{k_z}H = \sum_{i=1}^{n} \Delta h_i = \sum_{i=1}^{n} \frac{v_{iz}}{k_{iz}} H_i \tag{2-18}$$

将 $v_z = v_{iz}$ 代入式(2-18)得：

$$\frac{H}{k_z} = \sum_{i=1}^{n} \frac{H_i}{k_{iz}}$$

可推出：

$$k_z = \frac{H}{\sum_{i=1}^{n} \frac{H_i}{k_{iz}}} = \frac{H}{\frac{H_1}{k_{1z}} + \frac{H_2}{k_{2z}} + \cdots + \frac{H_n}{k_{nz}}} \tag{2-19}$$

由式(2-16)和式(2-19)可知，对于成层土，如果各土层的厚度大致相近，而渗透系数却相差悬殊时，与层面平行的渗透系数 k_x 取决于最透水土层的厚度和渗透性，并可近似地表示为 $k'H'/H$，k' 和 H' 分别为最透水土层的渗透系数和厚度；而与层面垂直的渗透系数 k_z 取决于最不透水层的厚度和渗透性，并可近似的表示为 $k''H/H''$，k'' 和 H'' 分别为最不透水层的渗透系数和厚度。因此成层土与层面平行的渗透系数总大于与层面垂直的渗透系数。在实际工程中，在选用等效渗透系数时，一定要注意渗透水流的方向。

4) 影响渗透系数的主要因素

土体的渗透特性与土体孔隙率、含水率、颗粒组成等参数有关，也与其颗粒之间的相互作用方式有关。对于无黏性土来说，土体颗粒的排列方式主要受土颗粒自重作用控制，影响渗透性的主要因素是土体颗粒的级配与土体的孔隙率。而对于黏性土来说，土体颗粒的排列方式主要受到土颗粒之间的相互作用方式控制，其渗透性除受土体的颗粒组成、孔隙率影响外，还与土颗粒的矿物成分、黏粒表面存在的吸着水膜、水溶液的化学性质有关。此外，土体的渗透特性还与通过的流体性质（比如水、油）有关，其密度、黏滞性等直接影响土体的渗透能力。

影响渗透系数的主要因素有：

(1) 土的结构。细粒土在天然状态下具有复杂结构，结构一旦扰动，原有的过水通道的形状、大小及其分布就会全部改变，因而 k 值也就不同。扰动土样与击实土样的 k 值通常均比同一密度原装土样的 k 值小。

(2) 土的构造。土的构造因素对 k 值的影响也很大。例如，在黏性土层中有很薄的砂土夹层的层理构造，会使土在水平方向的 k_h 值比垂直方向的 k_h 值大许多倍，甚至几十倍。因此，在室内做渗透试验时，土样的代表性很重要。

(3) 土的粒度成分。一般土粒愈粗、大小愈均匀、形状愈圆滑，k 值也就愈大。粗粒土中含有细粒土时，随细粒含量的增加，k 值急剧下降。

(4) 土的密实度。土愈密实，k 值愈小。

(5) 土的饱和度。一般情况下饱和度愈低，k 值愈小。这是因为低饱和度的土孔隙中存在较多的气泡，会减小过水断面积，甚至堵塞细小孔道。同时，由于气体因孔隙水压力的变化而胀缩。为此，要求试样必须充分饱和，以保持试验的精度。

(6) 水的温度。实验表明，渗透系数 k 与渗流液体(水)的重度 γ_w 以及黏滞度 η 有关。水温不同时，γ_w 相差不多，但 η 变化较大。水温愈高，η 愈低；k 与 η 基本上呈线性关系。因此，在 T℃测得的 k_T 值应加温度修正，使其成为标准温度下的渗透系数值。目前《土工试验方法标准》(GB/T 50123—1999)和《公路土工试验规程》(JTJ 051—93)均采用 20℃为标准温度。因此在标准温度 20℃下的渗透系数应按下式计算：

$$k_{20} = \frac{\eta_T}{\eta_{20}} k_T \tag{2-20}$$

式中：k_T、k_{20}——T℃和 20℃时土的渗透系数；

η_T、η_{20}——T℃和 20℃时土的黏滞度。

2.3 二维渗流方程和流网

上述渗流问题属于简单边界条件下的唯一渗流，即宏观上土体中的渗流方向是单向的，可直接用达西定律进行渗流计算。然而实际工程中遇到的渗流问题，边界条件较复杂，如堤坝、围堰、边坡工程中的渗流，水流形态往往是二维或三维的，介质内的流动特性逐点不同，不能再视为一维渗流。

对于坝基、闸基及带挡墙(或板桩)的基坑等工程，如果构筑物的轴线长度远远大于其横向尺寸，可以认为渗流仅发生在横断面内，只要研究任一横断面的渗流特性，也就掌握了整个渗流场的渗流情况。把这种渗流称为二维渗流或平面渗流。

2.3.1 二维渗流方程

当渗流场中水头及流速等渗流要素不随时间改变时，这种渗流称为稳定渗流。

在三维直角坐标系下，从稳定渗流场中任意一点 A 处取一微单元体 $dxdydz$，h 为总水头。设单位时间流量为 q，流量 q 在 x、y、z 方向的分量分别为 q_x、q_y、q_z，流速为 v，流速 v 在 x、y、z 方向的分量分别为 v_x、v_y、v_z，假定土颗粒和水不可压缩，则得到连续方程 $q = vA =$ 常数(即 $\Delta q = 0$)。

$$\Delta q=\frac{\partial q_x}{\partial x}\mathrm{d}x+\frac{\partial q_y}{\partial y}\mathrm{d}y+\frac{\partial q_z}{\partial z}\mathrm{d}z=0 \tag{2-21}$$

$$q_x=v_x\mathrm{d}y\mathrm{d}z,q_y=v_y\mathrm{d}x\mathrm{d}z,q_z=v_z\mathrm{d}x\mathrm{d}y \tag{2-22}$$

将式(2-22)代入式(2-21)得：

$$\frac{\partial v_x}{\partial x}+\frac{\partial v_y}{\partial y}+\frac{\partial v_z}{\partial z}=0 \tag{2-23}$$

式(2-23)即为三维直角坐标系下渗流连续方程的一般式。

根据达西定律，对于各向异性土：

$$v_x=k_xi_x=k_x\frac{\partial h}{\partial x},v_y=k_yi_y=k_x\frac{\partial h}{\partial y},v_z=k_zi_z=k_z\frac{\partial h}{\partial z} \tag{2-24}$$

将式(2-24)代入式(2-23)，可得：

$$\frac{\partial}{\partial x}\left(k_x\frac{\partial h}{\partial x}\right)+\frac{\partial}{\partial y}\left(k_y\frac{\partial h}{\partial y}\right)+\frac{\partial}{\partial z}\left(k_z\frac{\partial h}{\partial z}\right)=0$$

整理后得到：

$$k_x\frac{\partial^2 h}{\partial x^2}+k_y\frac{\partial^2 h}{\partial y^2}+k_z\frac{\partial^2 h}{\partial z^2}=0 \tag{2-25}$$

对于各向同性的均质土，$k_x=k_y=k_z=k=$ 常数，则式(2-25)可表达为：

$$\frac{\partial^2 h}{\partial x^2}+\frac{\partial^2 h}{\partial y^2}+\frac{\partial^2 h}{\partial z^2}=0 \tag{2-26}$$

式(2-26)为稳定渗流的基本方程式，称为拉普拉斯方程。

对于 x 轴水平、z 轴垂直的 $x-z$ 平面，可以得到二维拉普拉斯方程，也是平面稳定渗流的基本方程式：

$$\frac{\partial^2 h}{\partial x^2}+\frac{\partial^2 h}{\partial z^2}=0 \tag{2-27}$$

2.3.2 流网

由渗流基本方程，再结合一定的边界条件和初始条件，通过数学手段求得渗流场中任一点水头的分布。求解方法有数学解析法、数值分析法、点模拟法、图解法和模型试验法，其中图解法简便、快捷，在工程中实用性强。用绘制流网的方法求解渗流问题称为图解法。

1）流网的特征

由流线和等势线所组成的曲线正交网络称为流网。在稳定渗流场中，水质点的流动路线称为流线，渗流场中水头相等的点的连线称为等势线。

对于各向同性土体，流网具有下列特征：

(1) 流线与等势线互相正交。

(2) 流线与等势线构成的各个网格的长宽比为常数，当长宽比为1时，网格为曲线正方形，这也是最常见的一种流网。

(3) 相邻等势线之间的水头损失相等。

(4) 各个流槽的渗流量相等。

流槽是指两相邻流线之间的渗流区域，每一流槽的单位渗流量与总水头、渗透系数及等势线间隔数有关，与流槽的位置无关。

2) 流网的绘制

流网绘制步骤如下：

(1) 按一定比例绘出结构物和土层的剖面图。

(2) 确定边界条件，即边界流线和首尾等势线。如图 2-11 所示，基坑支护桩的地下轮廓线 $bcde$ 为一条边界流线，不透水面 gh 为另一条边界流线；上游透水边界 ab 是一条等势线，其上各点水头高度均为 H_1，下游透水边界 ef 也是一条等势线，其上各点水头高度均为 H_2。

(3) 绘制若干条流线。按上下边界流线形态描绘几条流线，注意中间流线的形状由结构物基础(如坝基、基坑支护桩等)的轮廓线形状逐步变为与不透水层面相接近，中间流线数量越多，流网越准确，但绘制与修改的工作量也越大，中间流线的数量应视工程的重要性而定，一般中间流线可绘 3～4 条。流线应是缓和的光滑曲线，流线应与进水面、出水面正交，并与不透水面接近平行，不交叉。

(4) 绘制等势线，须与流线正交，且每个渗流区的形状接近曲边正方形，是缓和的光滑曲线。

(5) 逐步检查和修改流网，不仅要判断网格的疏密分布是否正确，而且要检查网格的形状，如果每个网格的对角线都正交，且成正方形，则流网是正确的，否则应作进一步修改。但是，由于边界通常是不规则的，在形状突变处，很难保证网格为正方形，有时甚至为三角形或五角形。对此应从整个流网来分析，只要绝大多数网格流网特征符合，个别网格不符合要求，对计算结果影响不大时可忽略。一个高精度的流网图，需经过多次的反复修改调整后才能完成。

3) 流网的工程应用

一方面可以定性地判别土体渗流概况，等势线越密的部位，水力梯度越大，流线越密集的地方，渗流速度也越大；另一方面，可以定量地计算出渗流场中各点的水头、水力梯度、渗流量、孔隙水压力和渗流力等物理量。

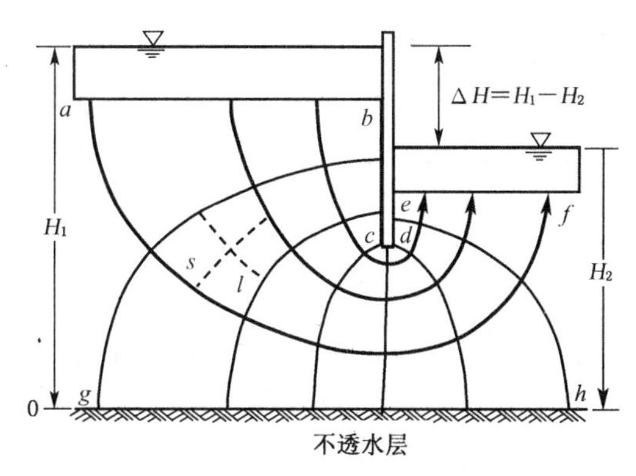

图 2-11　基坑典型流网图

如图 2-11 所示，设整个流网中的等势线数量为 n，图中 $n=8$，设整个流网中的流线数量(包括边界流线)为 m，图中 $m=5$，流槽的个数为 $m-1$，总水头差为 ΔH，则相邻等势线之间的水头损失为：

$$\Delta h=\frac{\Delta H}{n-1} \tag{2-28}$$

渗流区中某一网格的长度为 l，网格的过水断面宽度(即相邻两条流线间的距离)为 s，则该网格内的渗流速度为：

$$v = ki = k\frac{\Delta h}{l} = k\frac{\Delta H}{(n-1)l} \tag{2-29}$$

每个流槽的渗流量为：

$$\Delta q = Aki = (s \times 1) \times k\frac{\Delta h}{l} = k\frac{\Delta hs}{l} = k\frac{\Delta H}{n-1}\frac{s}{l} \tag{2-30}$$

总渗流量为：

$$q = (m-1)\Delta q = \frac{(m-1)k\Delta H}{n-1}\frac{s}{l} \tag{2-31}$$

任一点的孔隙水压力为：

$$u = \gamma_w h_w \tag{2-32}$$

式中：h_w——测压管中的水柱高度（或压力水头）。

2.4 渗流力与渗透变形

2.4.1 渗流力

水在土体中流动时，由于受到土粒的阻力而引起水头损失，从作用力与反作用力的原理可知，水的渗流将对土骨架产生拖拽力，导致土体中的应力与变形发生变化。称单位体积土粒所受到的拖拽力为渗流力。

在图 2-12 所示的试验装置中，厚度为 L 的均匀土样装在容器内，试样的截面积为 A，贮水器的水面与容器的水面等高时，$\Delta h = 0$，不发生渗流现象；若将贮水器逐渐上提，则 Δh 逐渐增大，贮水器内的水则透过土样自下向上渗流，在溢水口流出，贮水器提得越高，则 Δh 越大，渗流速度越大，渗流量越大，作用在土体中的渗流力也越大。当 Δh 增大到某一数值时，作用在土粒上的向上的渗流力大于向下的有效重力时，可明显地看到渗水翻腾并挟带土粒向上涌出，从而发生渗透破坏。

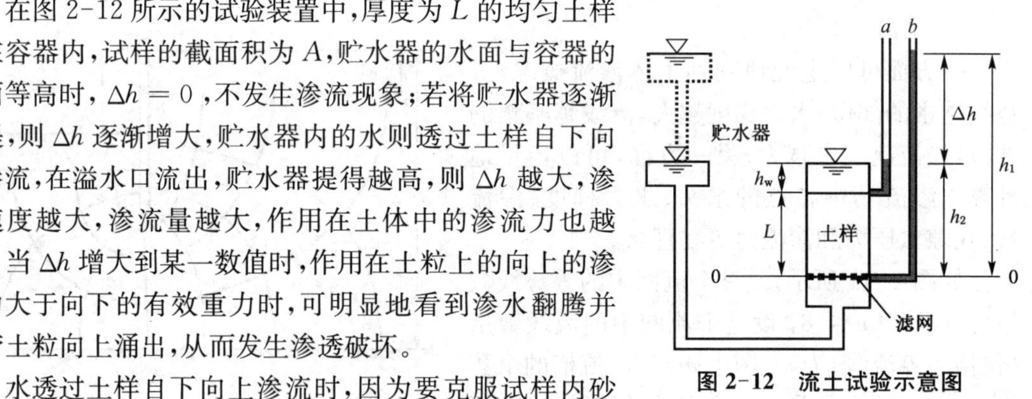

图 2-12 流土试验示意图

水透过土样自下向上渗流时，因为要克服试样内砂粒对水流的阻力 F，总水压力降低了 $\gamma_w \Delta h A$。根据力的平衡条件，渗流作用于试样的总渗透力 $J = F = \gamma_w \Delta h A$，作用于单位体积土体的渗流力为：

$$j = \frac{J}{AL} = \frac{\gamma_w \Delta h A}{AL} = \frac{\gamma_w \Delta h}{L} = \gamma_w i \tag{2-33}$$

从式(2-33)可知，渗流力是一种体积力，量纲与 γ_w 相同。渗流力的大小和水力梯度成正比，其方向与渗流方向一致。

在工程中，若渗流方向是自上而下的，即与土重力方向一致时，渗流力将起到压密土体的作用；若渗流方向是自下而上的，即与土重力方向相反时，一旦向上的渗流力大于土的浮重度时，土粒就会被渗流水挟带向上涌出，这是渗透变形现象的本质。因此，在进行稳定分析时，必须考虑渗流力的影响，分析发生渗透变形的机理。

2.4.2 渗透变形

渗透变形是土体在渗流作用下发生变形和破坏的现象，包括流土和管涌两种基本形式。

1) 流土(流砂)

流土(流砂)是指在自下而上的渗流过程中，表层局部范围内的土体或颗粒群同时发生悬浮、移动而流失的现象。任何类型的土，只要水力坡降达到一定的大小，都可发生流土破坏，流土主要发生于渗流溢出处而不发生于土体内部。它的发生一般是突发性的，对工程危害极大。开挖渠道或基坑时碰到的砂沸现象，就属于流土类型。

在土样表面取一单元体积的土体进行分析。土的浮重度 $\gamma' = \gamma_{sat} - \gamma_w = \dfrac{(d_s - 1)\gamma_w}{1 + e}$，当渗流力 j 等于土的浮重度 γ'，即 $j = \gamma_w i = \gamma' = \dfrac{(d_s - 1)\gamma_w}{1 + e}$ 时，土的实际重量为零，土体处于临界状态，产生流土现象。使土开始发生流土现象时的水力梯度称为临界水力梯度 i_{cr}，可知：

$$i_{cr} = \frac{\gamma'}{\gamma_w} = \frac{d_s - 1}{1 + e} = (d_s - 1)(1 - n) \tag{2-34}$$

式(2-34)表明，临界水力梯度与土性密切相关，只要土的孔隙比 e 和土粒相对密度 d_s 或 γ' 为已知，则土的 i_{cr} 为定值，一般在 0.8～1.2 之间。在工程设计中，为了保证安全，应使渗流区域内的实际水力梯度小于临界水力梯度。由于流土从开始至破坏历时较短，且破坏时某一范围内的土体会突然地被抬起或冲毁，故允许水力梯度 $[i] = \dfrac{i_{cr}}{K}$。K 为安全系数，一般取 2.0～2.5。

流土一般发生在渗流逸出处，渗流逸出处的水力梯度 i_e 称逸出梯度。若 $i_e < [i]$，则土体处于稳定状态；若 $i_e = [i]$，则土体处于临界状态；若 $i_e > [i]$，则土体处于流土状态。

逸出梯度 i_e 通常是指流网中渗流逸出处网格的平均水力梯度，若渗流逸出处网格的水头损失为 Δh，网格在流线方向的平均长度为 l，则 $i_e = \dfrac{\Delta h}{l}$。

2) 管涌

管涌是指在水流渗透作用下，土中的细颗粒在粗颗粒形成的孔隙中移动，在渗流逸出处流失；随着土粒流失，土的孔隙不断扩大，渗流速度不断增加，较粗的颗粒也渐渐流失，导致土体内形成贯通的渗流管道，造成土体塌陷的现象。管涌破坏可发生于土体内部和渗流溢出处，从管涌开始到破坏有一定的时间发展过程，是一种渐进性质的破坏。

产生管涌必须具备两个条件：一是几何条件(内因)，土中粗颗粒所构成的孔隙直径必须大于细颗粒的直径且相互连通，不均匀系数 $C_u > 10$；二是水力条件(外因)，渗流力足够大，能够带动细颗粒在孔隙间滚动或移动，可用管涌的临界水力梯度来表示，但管涌临界水力梯度的计算至今尚未成熟。对于重大工程，应尽量由试验确定。

3）防治流土和管涌现象的措施

（1）减小水力梯度：①减少或消除水头差，如采取基坑外的井点降水法降低地下水位或采取水下挖掘；②增长渗流路径，如打板桩。

（2）设反滤层：使渗透水流有畅通的出路。

（3）在渗流逸出处用透水材料覆盖压重以平衡渗流力，使水可以流出而不带走土粒，如蓄水反压。

（4）土层加固处理：如冻结法、注浆法等。

【例 2-1】 如图 2-13 所示，若地基上的土粒比重 d_s 为 2.68，孔隙率 n 为 38.0%，土层的渗透系数为 $k = 3 \times 10^{-5}$ cm/s，试求：

（1）a 点的孔隙水压力。

（2）渗流逸出处 1—2 是否会发生流土？

（3）图中网格 9，10，11，12 上的渗流力是多少？

（4）总渗流量为多少？

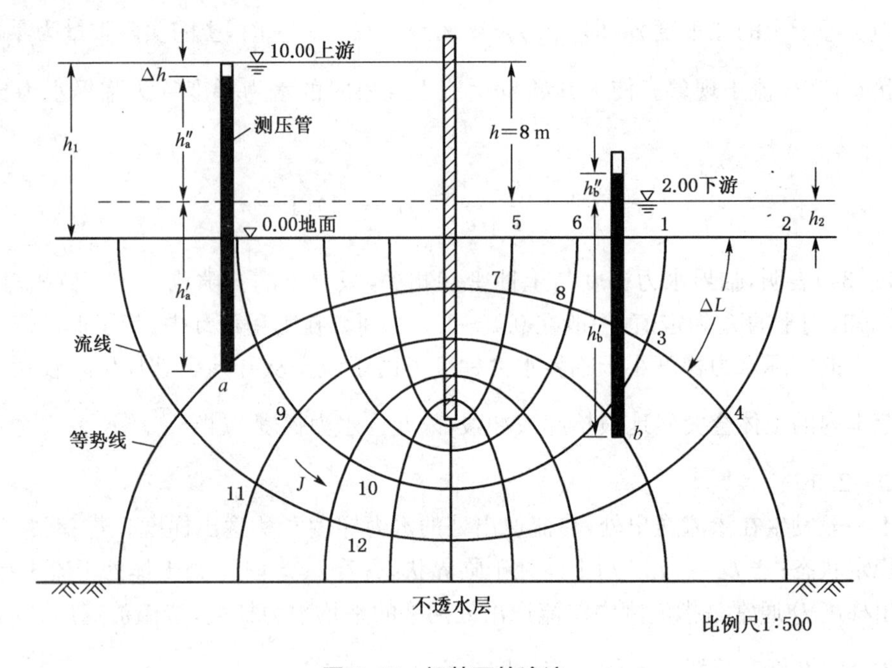

图 2-13　闸基下的渗流

【解】（1）由图 2-13 可知，流线的数量 $m = 6$ 条，上下游的水位差 $\Delta H = h = 8$ m，等势线的数量 $n = 11$ 条，其间隔数为 $n - 1 = 10$，则相邻两等势线间的水头损失 $\Delta h = \dfrac{\Delta H}{n-1} = \dfrac{8}{10} = 0.8$ m。

a 点在第二根等势线上，因此，该点的测压管水位应比上游水位低 $\Delta h = 0.8$ m。从图中直接量得该点的测压管水位至下游静水位的高度为 $h''_a = \Delta H - \Delta h = 8 - 0.8 = 7.2$ m，下游静水位至 a 点的高差 $h'_a = 10$ m，则 a 点的压力水头即测压管中的水位高度为 $h_w = h'_a + h''_a$

$= 10 + 7.2 = 17.2\ \text{m}$。

所以,a 点的孔隙水压力为:

$$u = \gamma_w h_w = 9.8 \times 17.2 = 168.56\ \text{kPa}$$

(2) 从图中直接量得网格 1,2,3,4 的平均渗径长度 $l = 8\ \text{m}$,而任一网格上的水头损失均为 $\Delta h = 0.8\ \text{m}$,则该网格的平均水力梯度为:

$$i = \frac{\Delta h}{l} = \frac{0.8}{8} = 0.1$$

该梯度可近似代表地面 1—2 处的逸出梯度 i_e。

流土的临界水力梯度为:

$$i_{cr} = (d_s - 1)(1 - n) = (2.68 - 1)(1 - 0.38) = 1.04 > i_e$$

所以,渗流逸出处 1—2 不会发生流土现象。

(3) 从图中直接量得网格 9,10,11,12 的平均渗径长度 $l = 5.0\ \text{m}$,两流线间的平均距离 $s = 4.4\ \text{m}$,网格的水头损失 $\Delta h = 0.8\ \text{m}$,所以作用在该网格上的渗流力为:

$$J = \gamma_w \frac{\Delta h}{l} sl = \gamma_w \Delta h s = 9.8 \times 0.8 \times 4.4 = 34.5\ \text{kN/m}$$

(4) 总渗流量为:

$$q = (m-1)\Delta q = \frac{(m-1)k\Delta H}{n-1}\frac{s}{l} = \frac{(6-1)\times 3\times 10^{-7}\times 8}{11-1}\times\frac{4.4}{8} = 6.6\times 10^{-7}\ \text{m}^3/\text{s}$$

思考题

1. 什么是达西定律?达西定律的适用条件有哪些?
2. 为什么室内渗透试验与现场测试得出的渗透系数有较大差别?
3. 如何确定成层土的渗透系数?
4. 地下水渗流时为什么会产生水头损失?
5. 流网有哪些特征?
6. 流砂与管涌现象有什么区别和联系?
7. 如何确定土体的临界水力梯度?

习题

1. 常水头渗透试验中,已知渗透仪直径 $D = 75\ \text{mm}$,在 $L = 200\ \text{mm}$ 渗流路径上的水头损失 $\Delta h = 83\ \text{mm}$,在 60 s 时间内的渗水量 $Q = 71.6\ \text{cm}^3$,求土的渗透系数。

2. 设做变水头渗透试验的黏土试样的截面积为 $30\ \text{cm}^2$,厚度为 4 cm,渗透仪细玻璃管的内径为 0.4 cm,试验开始时的水位差为 145 cm,经时段 7 分 25 秒观察得水位差为 100 cm,试验时的水温为 20℃,试求土样的渗透系数。

3. 资料同例 2-1,试计算:(1)图 2-13 中 b 点的孔隙水压力;(2)地面 5—6 处是否会发生流土破坏?

3 地基中的应力计算

3.1 概述

土像其他材料一样，受力后也要产生应力和变形。在地基土上建造建筑物，基础将建筑物的荷载传给地基，使地基中原有的应力状态发生变化，引起地基变形，从而使建筑物产生一定的沉降量和沉降差。如果地基应力变化引起的变形量在容许范围以内，则不致对建筑物的使用和安全造成危害；但当外荷载在土中引起的应力过大时，则不仅会使建筑物发生不能容许的过量沉降，甚至可以使土体发生整体破坏而失去稳定。因此，研究土中应力计算和分布规律是研究地基和土工建筑物变形和稳定问题的依据。

土体中的应力，就其产生的原因主要有两种：一是自重应力；二是附加应力。自重应力是在未建造基础前，由于土体本身受自身重力作用引起的应力。附加应力则是由于建筑物荷载在土中引起的应力。本章将主要介绍土的自重应力和附加应力的计算方法。

3.1.1 应力计算的有关假定

土体中的应力分布，主要取决于土的应力—应变关系特性。真实土的应力—应变关系是非常复杂的，实用中多对其进行简化处理。目前在计算地基中的附加应力时，常把土当成线弹性体，即假定地基土是均匀、连续、各向同性的半无限线性变形体，其应力与应变呈线性关系，服从广义虎克定律，从而可直接应用弹性理论得出应力的解析解。尽管这种假定是对真实土体性质的高度简化，但在一定条件下，再配合以合理的判断，实践证明，用弹性理论得到的土中应力解答虽有误差但仍可满足工程需要。

3.1.2 土力学中应力符号的规定

土是散粒体，一般不能承受拉应力。在土中出现拉应力的情况很少，因此在土力学中对土中应力的正负符号与材料力学中的规定不同。如图 3-1 所示，在土力学中，规定压应力为正，拉应力为负；剪应力方向的符号规定也与材料力学相反，材料力学中规定剪应力以顺时针方向为正，土力学中则规定剪应力以逆时针方向为正。

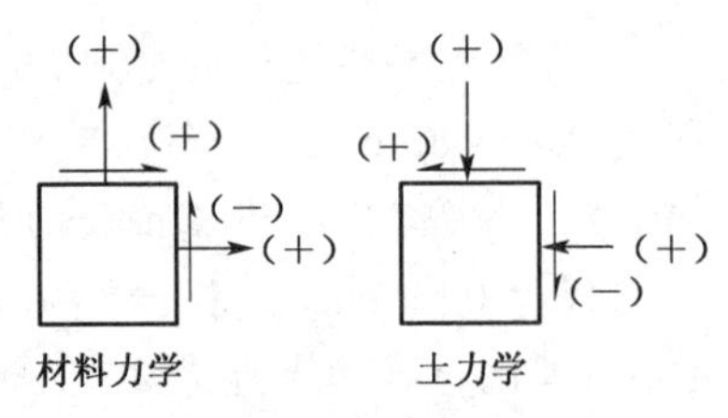

图 3-1 应力符号的规定

3.2 土的自重应力

3.2.1 均质土的自重应力计算

土体的自重应力 σ_c 是在加载前由于上覆地层引起的应力，该应力是指在受力单元体任意斜面上的应力；而竖向自重应力 σ_{cz} 则特指作用在单元体水平面上的垂直应力，该单元体埋深为 z，假定为密实材料(没有孔隙)。如图 3-2 所示。

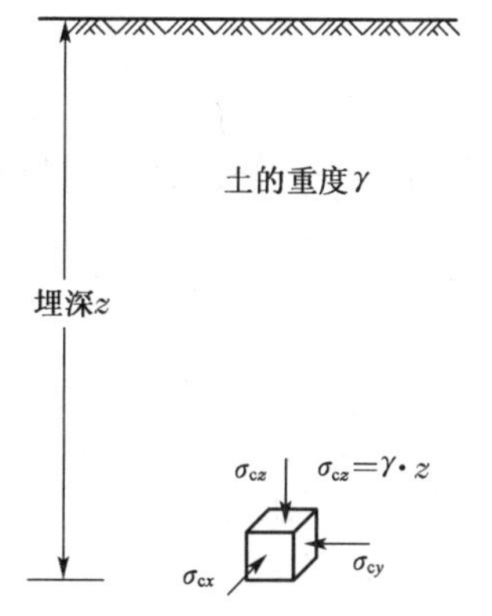

图 3-2 匀质土中自重应力

自重应力或竖向自重应力取决于土体本身的特性。竖向自重应力 σ_{cz} 可通过一个简单的公式来确定：

$$\sigma_{cz}=\gamma\cdot z \tag{3-1}$$

式中：z——受力单元体的埋深(m)；

γ——土的重度(kN/m^3)。

从上式可知，σ_{cz} 与深度 z 成正比例增加。地基土在自重作用下，除受竖向正应力作用外，还受水平向正应力作用。按弹性理论，水平自重应力可根据广义虎克定律求得，而水平向及竖向的剪应力均为零，即：

$$\sigma_{cx}(\sigma_{cy})=\frac{\mu}{1-\mu}\sigma_{cz}=K_0\cdot\sigma_{cz} \tag{3-2}$$

$$\tau_{xy}=\tau_{yz}=\tau_{zx}=0 \tag{3-3}$$

式中：μ——土的泊松比；

K_0——土的侧压力系数，又称静止土压力系数。它是侧限条件下土中水平有效应力与竖向有效应力之比，通常可以通过试验测得，无试验资料时，可考虑由表 3-1 选用。

表 3-1 侧压力系数 K_0 与泊松比 μ 值

土的种类和状态		K_0	μ
碎石土		0.18～0.25	0.15～0.20
砂土		0.25～0.33	0.20～0.25
粉土		0.33	0.25
粉质黏土	坚硬状态	0.33	0.25
	可塑状态	0.43	0.30
	软塑及流塑状态	0.53	0.35
黏土	坚硬状态	0.33	0.25
	可塑状态	0.53	0.35
	软塑及流塑状态	0.72	0.42

在实际工程中，人们多关心的是竖向自重应力，故通常所说的自重应力即指竖向自重应力。

3.2.2 成层土的自重应力计算

一般情况下，地基土多为层状土，若各层土的厚度和重度分别为 h_i 和 γ_i 时，则深度 z 处的竖向应力可按下式计算：

$$\sigma_{cz}=\gamma_1\cdot h_1+\gamma_2\cdot h_2+\cdots+\gamma_n\cdot h_n=\sum_{i=1}^{n}\gamma_i\cdot h_i \tag{3-4}$$

式中：n——从天然地面起到深度 z 处的土层数；

h_i——第 i 层土的厚度(m)；

γ_i——第 i 层土的重度，在地下水位以下土受到水的浮力作用，取土的浮重度 γ_i' 代替 γ_i，水的重度取 10 kN/m^3。

按式(3-4)计算出各土层分界处的自重应力，然后在所计算竖线的左边用水平线按一定比例表示各点的自重应力值，再用直线加以连接(如图 3-3 所示)，所得折线通称为土的自重应力曲线。土的自重应力分布线是一条折线，折点在土层交界处和地下水位处，在不透水层处分布线有突变。

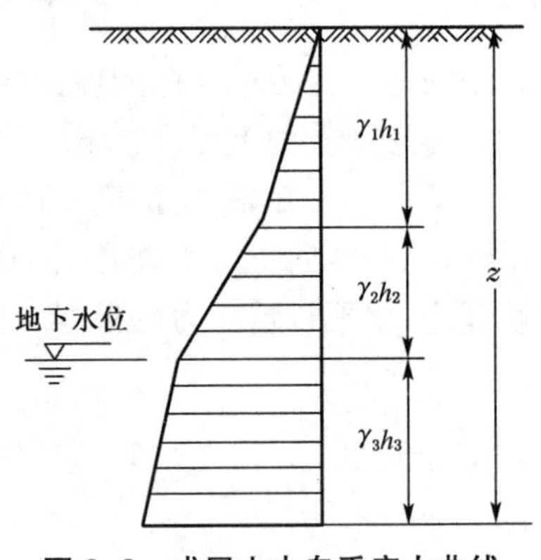

图 3-3 成层土中自重应力曲线

自然界中的土层，从形成至今已有很长年代，可认为自重应力引起的压缩变形早已完成，因此通常土的自重应力不会引起建筑物地基的变形。但对于近期沉积或堆积的土层，在土的自重作用下尚未固结，应考虑土的自重应力作用下引起的地基变形。

【例 3-1】 已知某地基土层剖面(图 3-4)，已知填土 $\gamma_1=15.7$ kN/m^3，粉质黏土 $\gamma_2=18.0$ kN/m^3，淤泥 $\gamma_3=16.7$ kN/m^3，水 $\gamma_w=10$ kN/m^3，求各层土的竖向自重应力及地下水位下降至淤泥层顶面时的竖向自重应力，并分别绘出其分布曲线。

【解】 按式(3-4)计算各层面处的自重应力

(1) 地下水位下降前

$\sigma_{cz0}=0$

$\sigma_{cz1}=15.7\times0.5=7.85$ kPa

$\sigma_{cz2}=7.85+18\times0.5=16.85$ kPa

$\sigma_{cz3}=16.85+(18-10)\times3=40.85$ kPa

$\sigma_{cz4}^{上}=40.85+(16.7-10)\times7=87.75$ kPa

$\sigma_{cz4}^{下}=87.75+10\times(3+7)=187.75$ kPa

(2) 当地下水位下降至淤泥层顶面时

$\sigma_{cz1}=7.85$ kPa

$\sigma_{cz2}=16.85$ kPa

$\sigma_{cz3} = 16.85 + 18 \times 3 = 70.85\ \text{kPa}$

$\sigma_{cz4}^{上} = 70.85 + (16.7 - 10) \times 7 = 117.75\ \text{kPa}$

$\sigma_{cz4}^{下} = 117.75 + 10 \times 7 = 187.75\ \text{kPa}$

依次用直线连接以上各点，即可得到土层的自重应力曲线，如图 3-4 所示。

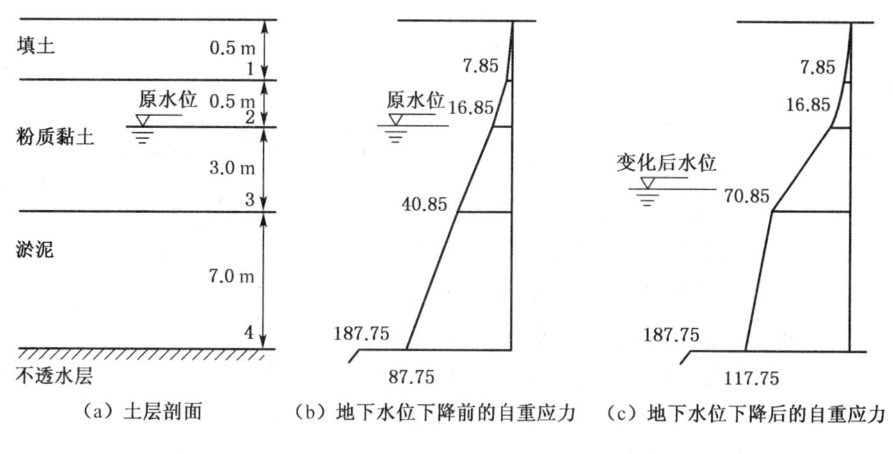

(a) 土层剖面　(b) 地下水位下降前的自重应力　(c) 地下水位下降后的自重应力

图 3-4

由以上例题可知，地下水位的升降会引起土中自重应力的变化。当水位下降时，原水位以下自重应力增加，增加值可看作附加应力，会引起地表或基础的下沉；当水位上升时，对地下建筑工程地基的防潮不利，对黏性土的强度也会有一定的影响。

3.3　基底压力计算及分布

建筑物的荷载通过基础传给地基，在基础底面与地基之间产生接触压力，称为基底压力。它既是基础作用于地基表面的力，又是地基作用于基础的地基反力。要计算上部荷载在地基中产生的附加应力，就必须首先研究基底压力的大小与分布规律。

3.3.1　基底压力的分布

基底压力的分布与基础的大小与刚度、荷载的大小与分布、地基土的性质、基础埋置深度等许多因素有关。它涉及上部结构、基础和地基相互作用的问题。实测表明，基底压力的分布有以下几种形态。

1) 柔性基础

柔性基础如土坝、路基等，抗弯刚度很小，如同放在地基上的柔软薄膜，在竖向荷载作用下没有抵抗弯曲变形的能力，基础随着地基一起变形，基础底面的沉降中部大而边缘小。因此，基底压力的分布与上部荷载分布情况相同，如图 3-5(a)。如果要使柔性基础底面各点沉降相同，则必定要增加边缘荷载，减少中部荷载，如图 3-5(b)。

(a) 荷载均布时　　(b) 沉降均匀时

图 3-5　柔性基础基底压力分布

2）刚性基础

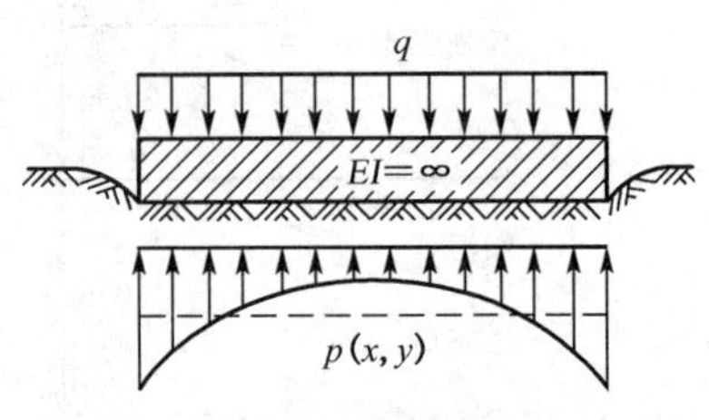

图 3-6　绝对刚性基础基底压力分布

绝对刚性基础的抗弯刚度为无穷大，将不产生任何的挠曲变形，在均布荷载作用下，只能保持平面下沉而不能弯曲。基础的变形与地基不相适应，基础中部将会与地面脱开，出现应力架桥作用。为使地基与基础的变形能保持相容，必然要重新调整基底压力的分布形式，使两端应力增大，中间应力减小，从而使地基保持均匀下沉，以适应绝对刚性基础的变形。若地基为完全弹性体，根据弹性理论解得的基底压力中间小，两边无穷大，如图 3-6 所示。

实际工程中，最常见的是有限刚度基础。同时，地基也不是完全弹性体。当地基两端的压力足够大，超过土的极限强度后，土体就会形成塑性区，这时基底两端处地基土所承受的压力不能继续增大，多余的应力自行调整向中间转移；又因为基础也不是绝对刚性的，可以稍微弯曲，故基底压力分布的形式较复杂。

对于砂性土地基表面上的条形基础，由于受到中心荷载作用时，基底压力分布呈抛物线形，随着荷载增加，基底压力分布的抛物线曲率增大。这主要是散状砂土颗粒的侧向移动导致边缘的压力向中部转移而形成的。

对于黏性土表面上的条形基础，其基底压力随荷载增大分别呈近似弹性解、马鞍形、抛物线形和倒钟形分布，如图 3-7 所示。其中，$q_1 < q_2 < q_3$。

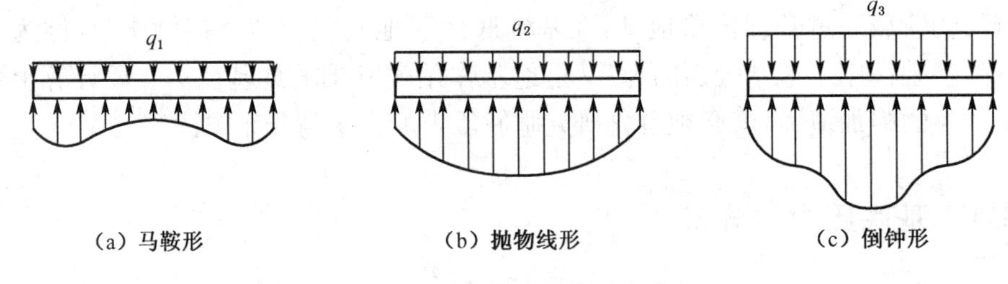

(a) 马鞍形　　(b) 抛物线形　　(c) 倒钟形

图 3-7　刚性基础基底压力分布

根据弹性力学中的圣维南原理，基底压力的具体分布形式对地基应力计算的影响仅局限于一定深度范围；超出此范围以后，地基中附加应力的分布将只取决于荷载的大小、方向和合力的位置，而基本上不受基底压力分布形状的影响。因此，对于有限刚度且尺寸较小的基础等，其基底压力可近似地按直线分布，应用材料力学公式进行简化计算。

实际工程中，基础介于柔性和绝对刚性之间，一般具有较大的刚度。由于受到地基承载力的限制，作用在基础上的荷载不会太大，基础又有一定的埋深，基底压力大多属于马鞍形分布，比较接近直线。因此工程中近似认为基底压力按直线分布，按照材料力学公式简化计算。

3.3.2 基底压力的简化计算

1）中心受压基础

基础所受荷载的合力通过基底形心，假定基底压力为均匀分布，如图 3-8。

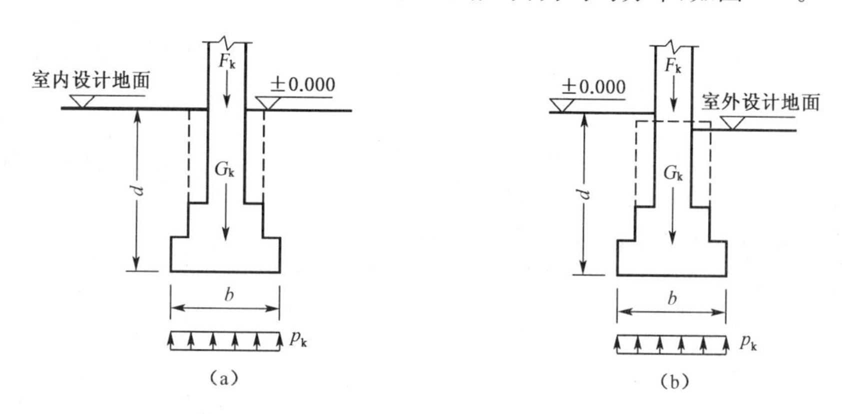

图 3-8 中心荷载作用下基底压力分布

则

$$p_k=\frac{F_k+G_k}{A} \tag{3-5}$$

式中：p_k——相应于荷载效应标准组合时，基础底面处的平均压力值(kPa)；

F_k——相应于荷载效应标准组合时，上部结构传至基础顶面的竖向力值(kN)；

G_k——基础自重和基础上的土重(kN)；$G_k=\gamma_G Ad$，其中 γ_G 为基础和回填土的平均重度，一般取 20 kN/m^3；在地下水位以下部分 G_k 应扣除浮力；

d——基础埋深，一般从设计地面或室内外平均设计地面算起(m)；

A——基础底面面积(m^2)。

对于基础长度大于宽度 10 倍的条形基础，通常沿基础长度方向取 1 m 来计算，此时公式(3-5)中 A 取基础宽度 b，而 F_k 和 G_k 则为每延米内的相应值，单位为 kN/m。

2）偏心受压基础

矩形基础受偏心荷载作用时，基底压力可按材料力学偏心受压公式简化计算。对于常见的基础受单向偏心荷载作用，通常取基底长边方向与偏心方向一致，如图 3-9，此时基底边缘压力如下式：

$$p_{\text{kmin}}^{\text{kmax}}=\frac{F_k+G_k}{bl}\pm\frac{M_k}{W}=\frac{F_k+G_k}{bl}\left(1\pm\frac{6e}{l}\right) \tag{3-6}$$

式中：p_{kmax}，p_{kmin}——相应于荷载效应标准组合时，基础底面边缘的最大、最小压力值(kPa)；

M_k——相应于荷载效应标准组合时，作用于基础底面的力矩值(kN·m)；

W——基础底面的抵抗矩，$W=\frac{bl^2}{6}$(m^3)；

e——偏心距，$e=\frac{M_k}{F_k+G_k}$(m)。

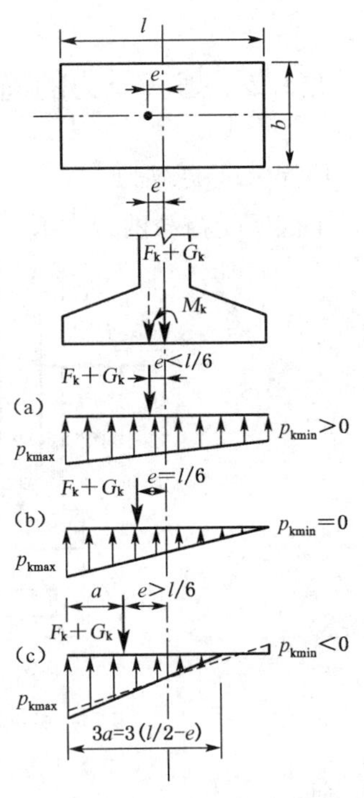

图 3-9 偏心荷载作用下基底压力分布

由式(3-6)可知，按照荷载偏心距 e 的大小，基底压力的分布可能出现如下三种情况：

(1) 当 $e<l/6$ 时，$p_{kmin}>0$，基底压力呈梯形分布，如图 3-9(a)。

(2) 当 $e=l/6$ 时，$p_{kmin}=0$，基底压力呈三角形分布，如图 3-9(b)。

(3) 当 $e>l/6$ 时，$p_{kmin}<0$；地基反力出现拉力，如图 3-9(c)。

由于地基土不可能承受拉力，此时产生拉应力部分的基底将与地基土局部脱开，使基底压力重新分布。根据偏心荷载与基底压力的平衡条件，偏心荷载合力 F_k+G_k 作用线应通过三角形基底压力分布图的形心，由此得出：

$$\frac{3a}{2}p_{kmax}b=F_k+G_k$$

即

$$p_{kmax}=\frac{2(F_k+G_k)}{3ab}=\frac{2(F_k+G_k)}{3b(l/2-e)} \tag{3-7}$$

3.3.3 基底附加压力的计算

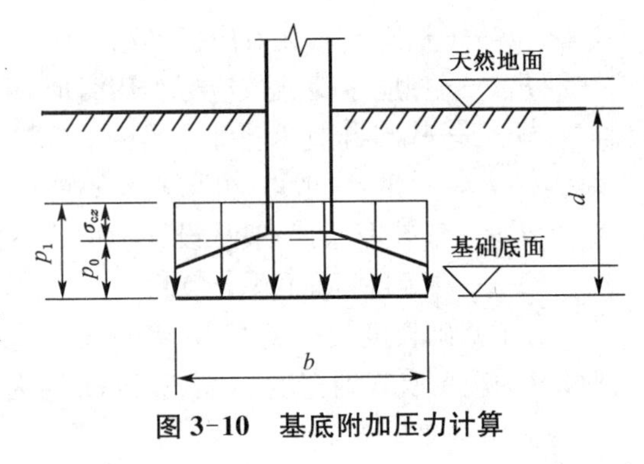

图 3-10 基底附加压力计算

基础通常埋置在天然地面以下一定深度处，该处原有自重应力因基坑开挖而被卸除。由于天然土层在自重作用下的变形已经完成，故只有超出基底处原有自重应力的那部分应力才使地基产生附加变形。使地基产生附加变形的基底压力称为基底附加压力 p_0。因此，基底附加压力是上部结构和基础传至基底的基底压力与基底处原有的自重应力之差，按下式计算，如图 3-10。

$$p_0=p_k-\sigma_{cz}=p_k-\gamma_0 d \tag{3-8}$$

式中：σ_{cz}——基底处土的自重应力(kPa)；

γ_0——基础底面标高以上天然土层的加权平均重度，其中地下水位以下的土层用有效重度算

$$\gamma_0=(\gamma_1h_1+\gamma_2h_2+\cdots+\gamma_nh_n)/(h_1+h_2+\cdots+h_n)\quad(\mathrm{kN/m^3})$$

d——基础埋置深度(m)

$$d=h_1+h_2+\cdots+h_n$$

需要指出的是，以上公式用于地基承载力计算。如果用于计算地基变形量，所求基底压力和基底附加压力则为相应于荷载效应准永久组合时的压力值。

【例 3-2】 某矩形单向偏心受压基础，基础底面尺寸为 $b=2\,\text{m}$，$l=3\,\text{m}$。其上作用荷载如图 3-11 所示，$F_k=300\,\text{kN}$，$M_k=120\,\text{kN}\cdot\text{m}$，试计算基底压力（绘出分布图）和基底附加压力。

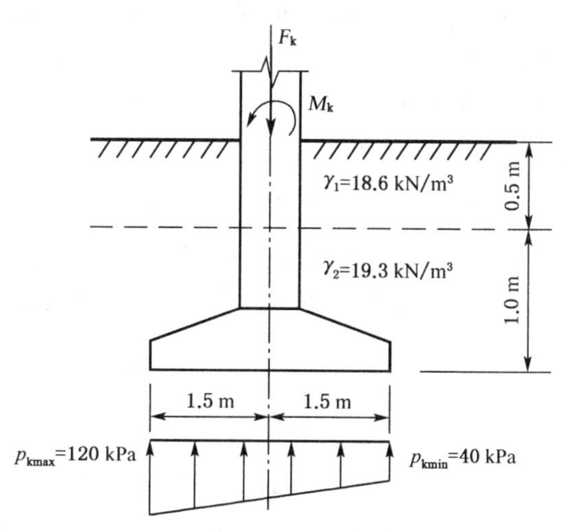

图 3-11　基底附加压力分布图

【解】（1）基础及其上回填土的重量

$$G_k=20\times 2\times 3\times 1.5=180\ \text{kN}$$

（2）偏心距

$$e=\frac{M_k}{F_k+G_k}=\frac{120}{300+180}=0.25\ \text{m}<\frac{l}{6}=\frac{3}{6}=0.5\ \text{m}$$

（3）基底压力

$$p_{k\,\min}^{\ \max}=\frac{F_k+G_k}{bl}\pm\frac{M_k}{W}=\frac{F_k+G_k}{bl}\left(1\pm\frac{6e}{l}\right)$$

$$=\frac{300+180}{2\times 3}\left(1\pm\frac{6\times 0.25}{3}\right)=80(1\pm 0.5)=\begin{matrix}120\\40\end{matrix}\ \text{kPa}$$

基底压力的分布图形见图 3-11。

（4）基底以上土的加权平均重度

$$\gamma_0=\frac{\gamma_1 h_1+\gamma_2 h_2}{h_1+h_2}=\frac{18.6\times 0.5+19.3\times 1.0}{0.5+1.0}=19.07\ \text{kN/m}^3$$

（5）基底附加压力

$$p_{0\,\min}^{\ \max}=p_{k\,\min}^{\ \max}-\gamma_0 d=\begin{matrix}120\\40\end{matrix}-19.07\times 1.5=\begin{matrix}91.4\\11.4\end{matrix}\ \text{kPa}$$

3.4　地基土中附加应力

地基附加应力是指建筑物荷载在地基内引起的应力增量。对一般天然土层而言，自重应力引起的压缩变形在地质历史上早已完成，不会再引起地基的沉降；而附加应力是因为建筑物的修建而在自重应力基础上新增加的应力，因此它是使地基产生变形，引起建筑物沉降的主要原因。在计算地基中的附加应力时，一般假定地基土是连续、均质、各向同性的半无限空间线弹性体，直接应用弹性力学中关于弹性半空间的理论解答。

3.4.1　竖向集中力作用下地基附加应力

在半无限空间弹性体表面作用一个竖向集中力时，如图 3-12，在半空间内任一点所引起的应力和位移的弹性力学解由法国人布辛奈斯克(J. Boussinesq, 1885)求得。其中在建筑工程中常用到的竖向附加应力 σ_z 表达式为:

$$\sigma_z = \frac{3P}{2\pi}\frac{z^3}{R^5} = \alpha\frac{P}{z^2} \tag{3-9}$$

式中:α——竖向集中力作用下地基竖向附加应力系数。由式(3-11)计算,也可由表3-2查得。

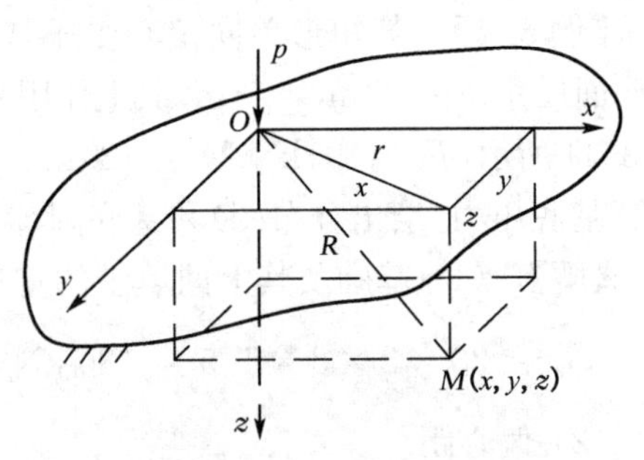

图 3-12 竖向集中力作用下土中附加应力

$$\alpha = \frac{3}{2\pi[1+(r/z)^2]^{5/2}} \tag{3-10}$$

表 3-2 竖向集中荷载作用下地基竖向附加应力系数 α

r/z	α	r/z	α	r/z	α	r/z	α	r/z	α
0.00	0.477 5	0.50	0.273 3	1.00	0.084 4	1.50	0.025 1	2.00	0.008 5
0.05	0.474 5	0.55	0.246 6	1.05	0.074 4	1.55	0.022 4	2.20	0.005 8
0.10	0.465 7	0.60	0.221 4	1.10	0.065 8	1.60	0.020 0	2.40	0.004 0
0.15	0.451 6	0.65	0.197 8	1.15	0.058 1	1.65	0.017 9	2.60	0.002 9
0.20	0.432 9	0.70	0.176 2	1.20	0.051 3	1.70	0.016 0	2.80	0.002 1
0.25	0.410 3	0.75	0.156 5	1.25	0.045 4	1.75	0.014 4	3.00	0.001 5
0.30	0.384 9	0.80	0.138 6	1.30	0.040 2	1.80	0.012 9	3.50	0.000 7
0.35	0.357 7	0.85	0.122 6	1.35	0.035 7	1.85	0.011 6	4.00	0.000 4
0.40	0.329 4	0.90	0.108 3	1.40	0.031 7	1.90	0.010 5	4.50	0.000 2
0.45	0.301 1	0.95	0.095 6	1.45	0.028 2	1.95	0.009 5	5.00	0.000 1

对公式(3-10)进行分析,可以得到集中力作用下地基附加应力 σ_z 的分布特征,如图 3-13。在荷载轴线上,$r=0$,竖向附加应力 σ_z 随着深度 z 的增加而减小;在任一水平线上,深度 z 为定值,当 $r=0$ 时,σ_z 最大,但随着 r 的增大,σ_z 逐渐减小;在 $r>0$ 的竖直线上,当 $z=0$ 时,$\sigma_z=0$,随着 z 的增大,σ_z 逐渐增大,但当 z 增大到一定深度时,σ_z 由最大值逐渐减小。

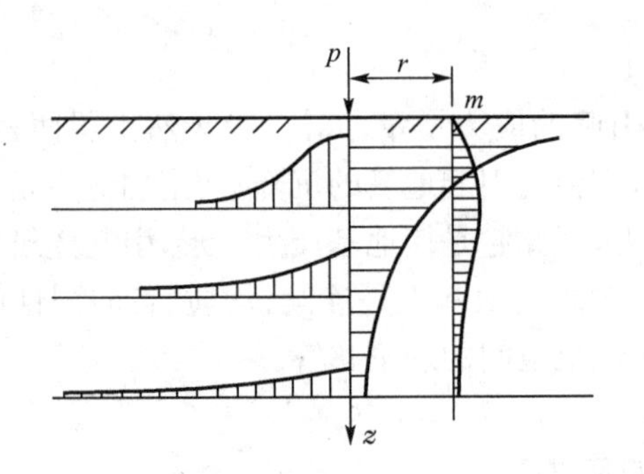

图 3-13 竖向集中力作用下土中附加应力分布

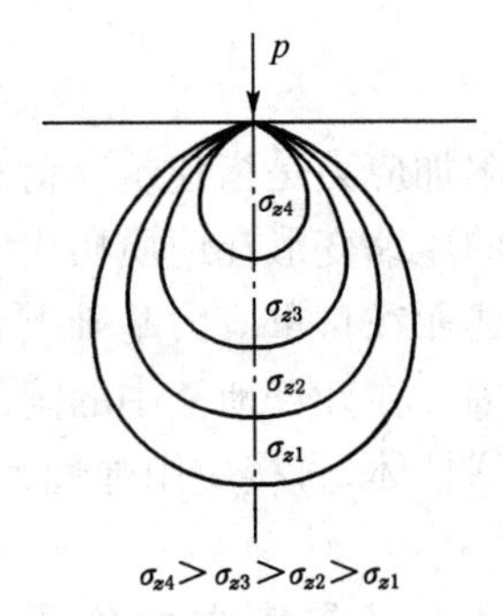

图 3-14 附加应力 σ_z 的等值线

如果将地基中 σ_z 相同的点连接起来,便得到如图 3-14 所示的附加应力 σ_z 的等值线,由图可知，附加应力呈泡状向四周扩散分布，距离集中力作用点越远，附加应力就越小。

3.4.2 分布荷载下的地基附加应力计算

1）矩形基础底面受竖向荷载作用时地基中附加应力

（1）竖向均布荷载作用角点下的附加应力

矩形基础底面尺寸为 $b \times l$，基底附加压力均匀分布。将基底角点作为坐标原点，并建立坐标系，如图 3-15 所示。在矩形内取一微面积 $\mathrm{d}x\mathrm{d}y$，微面积上的荷载为 $\mathrm{d}p = p_0\mathrm{d}x\mathrm{d}y$，则在角点下任一深度 z 处的 M 点由集中力 $\mathrm{d}p$ 引起的竖向附加应力 $\mathrm{d}\sigma_z$ 可由公式（3-11）求得：

$$\mathrm{d}\sigma_z = \frac{3}{2\pi} \times \frac{p_0 z^3}{(x^2 + y^2 + z^2)^{5/2}}\mathrm{d}x\mathrm{d}y \tag{3-11}$$

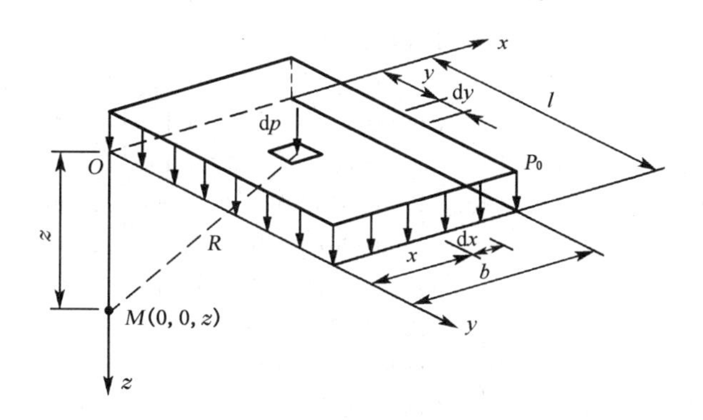

图 3-15 均布矩形荷载角点下的附加应力

将其在基底范围内进行积分即得：

$$\sigma_z = \iint_A \mathrm{d}\sigma_z = \frac{3p_0 z^3}{2\pi}\int_0^b\int_0^l \frac{1}{(x^2 + y^2 + z^2)^{5/2}}\mathrm{d}x\mathrm{d}y$$

$$= \frac{p_0}{2\pi}\left[\frac{blz(b^2 + l^2 + 2z^2)}{(b^2 + z^2)(l^2 + z^2)\sqrt{b^2 + l^2 + z^2}} + \arctan\frac{bl}{z\sqrt{b^2 + l^2 + z^2}}\right] \tag{3-12}$$

令 $$\alpha_c = \frac{1}{2\pi}\left[\frac{blz(b^2 + l^2 + 2z^2)}{(b^2 + z^2)(l^2 + z^2)\sqrt{b^2 + l^2 + z^2}} + \arctan\frac{bl}{z\sqrt{b^2 + l^2 + z^2}}\right]$$

则 $$\sigma_z = \alpha_c p_0 \tag{3-13}$$

式中：α_c——矩形基础底面受竖向均布荷载作用时角点下土的竖向附加应力系数，由 $m = l/b$、$n = z/b$ 查表 3-3 求得。但需注意，l 为基底长边，b 为基底短边。

p_0——基底附加压力。

z——由基础底面起算的地基深度。

表 3-3 竖向均布矩形荷载角点下土的竖向附加应力系数 α_c

$n=z/b$	$m=l/b$											
	1.0	1.2	1.4	1.6	1.8	2.0	3.0	4.0	5.0	6.0	10.0	条形
0.0	0.250	0.250	0.250	0.250	0.250	0.250	0.250	0.250	0.250	0.250	0.250	0.250
0.2	0.249	0.249	0.249	0.249	0.249	0.249	0.249	0.249	0.249	0.249	0.249	0.249
0.4	0.240	0.242	0.243	0.243	0.244	0.244	0.244	0.244	0.244	0.244	0.244	0.244
0.6	0.223	0.228	0.230	0.232	0.232	0.233	0.234	0.234	0.234	0.234	0.234	0.234
0.8	0.200	0.207	0.212	0.215	0.216	0.218	0.220	0.220	0.220	0.220	0.220	0.220
1.0	0.175	0.185	0.191	0.195	0.198	0.200	0.203	0.204	0.204	0.204	0.205	0.205
1.2	0.152	0.163	0.171	0.176	0.179	0.182	0.187	0.188	0.189	0.189	0.189	0.189
1.4	0.131	0.142	0.151	0.157	0.161	0.164	0.171	0.173	0.174	0.174	0.174	0.174
1.6	0.112	0.124	0.133	0.140	0.145	0.148	0.157	0.159	0.160	0.160	0.160	0.160
1.8	0.097	0.108	0.117	0.124	0.129	0.133	0.143	0.146	0.147	0.148	0.148	0.148
2.0	0.084	0.095	0.103	0.110	0.116	0.120	0.131	0.135	0.136	0.137	0.137	0.137
2.2	0.073	0.083	0.092	0.098	0.104	0.108	0.121	0.125	0.126	0.127	0.128	0.128
2.4	0.064	0.073	0.081	0.088	0.093	0.098	0.111	0.116	0.118	0.118	0.119	0.119
2.6	0.057	0.065	0.072	0.079	0.084	0.089	0.102	0.107	0.110	0.111	0.112	0.112
2.8	0.050	0.058	0.065	0.071	0.076	0.080	0.094	0.100	0.102	0.104	0.105	0.105
3.0	0.045	0.052	0.058	0.064	0.069	0.073	0.087	0.093	0.096	0.097	0.099	0.099
3.2	0.040	0.047	0.053	0.058	0.063	0.067	0.081	0.087	0.090	0.092	0.093	0.094
3.4	0.036	0.042	0.048	0.053	0.057	0.061	0.075	0.081	0.085	0.086	0.088	0.089
3.6	0.033	0.038	0.043	0.048	0.052	0.056	0.069	0.076	0.080	0.082	0.084	0.084
3.8	0.030	0.035	0.040	0.044	0.048	0.052	0.065	0.072	0.075	0.077	0.080	0.080
4.0	0.027	0.032	0.036	0.040	0.044	0.048	0.060	0.067	0.071	0.073	0.076	0.076
4.2	0.025	0.029	0.033	0.037	0.041	0.044	0.056	0.063	0.067	0.070	0.072	0.073
4.4	0.023	0.027	0.031	0.034	0.038	0.041	0.053	0.060	0.064	0.066	0.069	0.070
4.6	0.021	0.025	0.028	0.032	0.035	0.038	0.049	0.056	0.061	0.063	0.066	0.067
4.8	0.019	0.023	0.026	0.029	0.032	0.035	0.046	0.053	0.058	0.060	0.064	0.064
5.0	0.018	0.021	0.024	0.027	0.030	0.033	0.043	0.050	0.055	0.057	0.061	0.062
6.0	0.013	0.015	0.017	0.020	0.022	0.024	0.033	0.039	0.043	0.046	0.051	0.052
7.0	0.009	0.011	0.013	0.015	0.016	0.018	0.025	0.031	0.035	0.038	0.043	0.045
8.0	0.007	0.009	0.010	0.011	0.013	0.014	0.020	0.025	0.028	0.031	0.037	0.039
9.0	0.006	0.007	0.008	0.009	0.010	0.011	0.016	0.020	0.024	0.026	0.032	0.035
10.0	0.005	0.006	0.007	0.007	0.008	0.009	0.013	0.017	0.020	0.022	0.028	0.032
12.0	0.003	0.004	0.005	0.005	0.006	0.006	0.009	0.012	0.014	0.017	0.022	0.026
14.0	0.002	0.003	0.004	0.004	0.004	0.005	0.007	0.009	0.011	0.013	0.018	0.023
16.0	0.002	0.002	0.003	0.003	0.003	0.004	0.005	0.007	0.009	0.010	0.014	0.020
18.0	0.001	0.002	0.002	0.002	0.003	0.003	0.004	0.006	0.007	0.008	0.012	0.018
20.0	0.001	0.001	0.002	0.002	0.002	0.002	0.004	0.005	0.006	0.007	0.010	0.016
25.0	0.001	0.001	0.001	0.001	0.001	0.002	0.002	0.003	0.004	0.004	0.007	0.013
30.0	0.001	0.001	0.001	0.001	0.001	0.001	0.002	0.002	0.003	0.003	0.005	0.011
35.0	0.000	0.000	0.001	0.001	0.001	0.001	0.001	0.002	0.002	0.002	0.004	0.009
40.0	0.000	0.000	0.000	0.000	0.001	0.001	0.001	0.001	0.001	0.002	0.003	0.008

(2) 竖向均布荷载作用任意点下的附加应力

如图 3-16,若要求解地基中任意点 o 下的附加应力,可通过 o 点将荷载面积划分为若干矩形面积,使 o 点处于划分的这若干个矩形面积的共同角点上,再利用公式(3-13)和应力叠加原理即可求得,这种方法称为角点法。

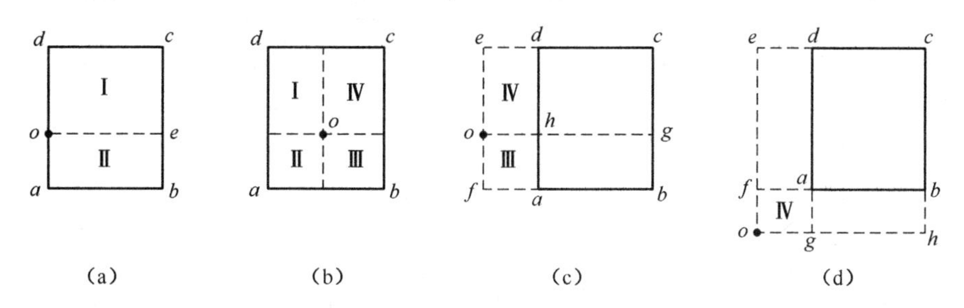

图 3-16　角点法计算均布矩形荷载下地基附加应力

① 矩形基础底面边上 o 点下的附加应力,如图 3-16(a)所示。

$$\sigma_z = (\alpha_{c\text{I}} + \alpha_{c\text{II}}) p_0 \tag{3-14}$$

式中:$\alpha_{c\text{I}}$,$\alpha_{c\text{II}}$——分别表示相应于面积Ⅰ、面积Ⅱ角点下的附加应力系数。但需注意,l 为任一矩形荷载面的长边,b 则为短边,以下相同。

② 矩形基础底面以内 o 点下的附加应力,如图 3-16(b)所示。

$$\sigma_z = (\alpha_{c\text{I}} + \alpha_{c\text{II}} + \alpha_{c\text{III}} + \alpha_{c\text{IV}}) p_0 \tag{3-15}$$

③ 矩形基础底面边缘以外 o 点下的附加应力,如图 3-16(c)所示。

此时荷载面 $abcd$ 可看作由Ⅰ($ofbg$)与Ⅲ($ofah$)之差和Ⅱ($oecg$)与Ⅳ($oedh$)之差合成的,因此

$$\sigma_z = (\alpha_{c\text{I}} + \alpha_{c\text{II}} - \alpha_{c\text{III}} - \alpha_{c\text{IV}}) p_0 \tag{3-16}$$

④ 矩形基础底面角点以外 o 点下的附加应力,如图 3-16(d)所示。

此时荷载面 $abcd$ 可看作由Ⅰ($ohce$)扣除Ⅱ($ohbf$)和Ⅲ($ogde$)之后再加上Ⅳ($ogaf$)而成的,因此

$$\sigma_z = (\alpha_{c\text{I}} - \alpha_{c\text{II}} - \alpha_{c\text{III}} + \alpha_{c\text{IV}}) p_0 \tag{3-17}$$

【例 3-3】 如图 3-17 所示,某矩形轴心受压基础,基础底面尺寸为 $b=2\,\text{m}$,$l=3\,\text{m}$,基础埋深 $d=1.0\,\text{m}$,基底附加压力 $p_0=100\,\text{kPa}$,试计算基础中点下土的附加应力并绘出应力分布图。

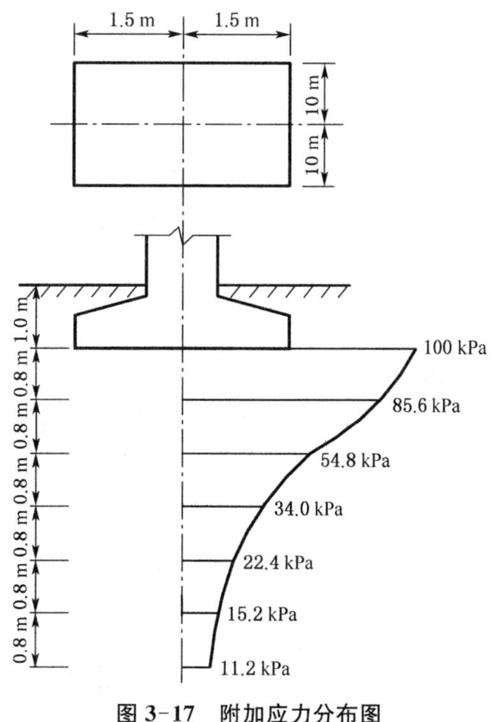

图 3-17　附加应力分布图

【解】 采用角点法，将基底划分为四块相同的小矩形，则小矩形面积的长边 $l=1.5\text{m}$，短边 $b=1\text{m}$，$m=l/b=1.5/1=1.5$。基础中点下土的附加应力 $\sigma_z=4\alpha_{cI}p_0$，计算过程见表 3-4。

表 3-4

点	z(m)	z/b	α_{cI}	$\sigma_z=4\alpha_{cI}p_0$(kPa)
0	0	0	0.250	100
1	0.8	0.8	0.214	85.6
2	1.6	1.6	0.137	54.8
3	2.4	2.4	0.085	34.0
4	3.2	3.2	0.056	22.4
5	4.0	4.0	0.038	15.2
6	4.8	4.8	0.028	11.2

(3) 竖向三角形分布荷载作用角点下的附加应力

对于单向偏心受压基础，基底附加压力一般呈梯形分布，此时可将梯形分布分解为均匀分布和三角形分布的叠加来进行计算。

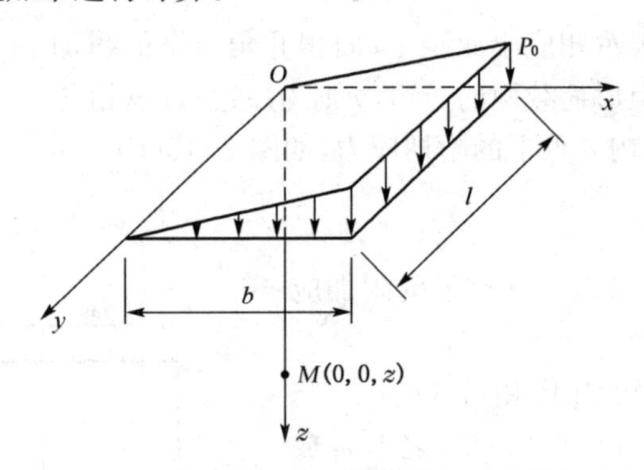

图 3-18 三角形分布矩形荷载作用下的附加应力

如图 3-18，将坐标原点 O 建立在荷载强度为零的一个角点上，荷载为零的角点记作 1 角点，荷载为 p_0 的角点记作 2 角点，则 1 角点下 z 深度处的竖向附加应力为：

$$\sigma_z=\alpha_{t1}p_0 \tag{3-18}$$

式中：α_{t1}——1 角点下土的竖向附加应力系数，按式(3-19)计算或由 $m=l/b$、$n=z/b$ 查表 3-5求得。需要注意的是，b 为沿三角形分布荷载方向的边长。

$$\alpha_{t1}=\frac{mn}{2\pi}\left[\frac{1}{\sqrt{m^2+n^2}}-\frac{n^2}{(1+n^2)\sqrt{m^2+n^2+1}}\right] \tag{3-19}$$

同理，可求得荷载最大值 2 角点下 z 深度处的竖向附加应力为：

$$\sigma_z=(\alpha_c-\alpha_{t1})p_0=\alpha_{t2}p_0 \tag{3-20}$$

式中：α_{t2}——2 角点下土的竖向附加应力系数，由 $m=l/b$、$n=z/b$ 查表 3-5 求得。

对于地基中任意点的竖向附加应力，则可应用上述均布和三角形分布的矩形荷载角点下附加应力系数 α_c、α_{t1}、α_{t2}，考虑荷载的叠加以及荷载面积的叠加，应用角点法计算。

表 3-5 竖向三角形分布的矩形荷载角点下土的竖向附加应力系数 α_{t1}、α_{t2}

z/b \ l/b	0.2		0.4		0.6		0.8		1.0	
点	1	2	1	2	1	2	1	2	1	2
0.0	0.000 0	0.250 0	0.000 0	0.250 0	0.000 0	0.250 0	0.000 0	0.250 0	0.000 0	0.250 0
0.2	0.022 3	0.182 1	0.028 0	0.211 5	0.029 6	0.216 5	0.030 1	0.217 8	0.030 4	0.218 2
0.4	0.026 9	0.109 4	0.042 0	0.160 4	0.048 7	0.178 1	0.051 7	0.184 4	0.053 1	0.187 0
0.6	0.025 9	0.070 0	0.044 8	0.116 5	0.056 0	0.140 5	0.062 1	0.152 0	0.065 4	0.157 5
0.8	0.023 2	0.048 0	0.042 1	0.085 3	0.055 3	0.109 3	0.063 7	0.123 2	0.068 8	0.131 1
1.0	0.020 1	0.034 6	0.037 5	0.063 8	0.050 8	0.085 2	0.060 2	0.099 6	0.066 6	0.108 6
1.2	0.017 1	0.026 0	0.032 4	0.049 1	0.045 0	0.067 3	0.054 6	0.080 7	0.061 5	0.090 1
1.4	0.014 5	0.020 2	0.027 8	0.038 6	0.039 2	0.054 0	0.048 3	0.066 1	0.055 4	0.075 1
1.6	0.012 3	0.016 0	0.023 8	0.031 0	0.033 9	0.044 0	0.042 4	0.054 7	0.049 2	0.062 8
1.8	0.010 5	0.013 0	0.020 4	0.025 4	0.029 4	0.036 3	0.037 1	0.045 7	0.043 5	0.053 4
2.0	0.009 0	0.010 8	0.017 6	0.021 1	0.025 5	0.030 4	0.032 4	0.038 7	0.038 4	0.045 6
2.5	0.006 3	0.007 2	0.012 5	0.014 0	0.018 3	0.020 5	0.023 6	0.026 5	0.028 4	0.031 8
3.0	0.004 6	0.005 1	0.009 2	0.010 0	0.013 5	0.014 8	0.017 6	0.019 2	0.021 4	0.023 3
5.0	0.001 8	0.001 9	0.003 6	0.003 8	0.005 4	0.005 6	0.007 1	0.007 4	0.008 8	0.009 1
7.0	0.000 9	0.001 0	0.001 9	0.001 9	0.002 8	0.002 9	0.003 8	0.003 8	0.004 7	0.004 7
10.0	0.000 5	0.000 4	0.000 9	0.001 0	0.001 4	0.001 4	0.001 9	0.001 9	0.002 3	0.002 4

续表 3-5

l/b	1.2		1.4		1.6		1.8		2.0	
z/b 点	1	2	1	2	1	2	1	2	1	2
0.0	0.000 0	0.250 0	0.000 0	0.250 0	0.000 0	0.250 0	0.000 0	0.250 0	0.000 0	0.250 0
0.2	0.030 5	0.218 4	0.030 5	0.218 5	0.030 6	0.218 5	0.030 6	0.218 5	0.030 6	0.218 5
0.4	0.053 9	0.188 1	0.054 3	0.188 6	0.054 5	0.188 9	0.054 6	0.189 1	0.054 7	0.189 2
0.6	0.067 3	0.160 2	0.068 4	0.161 6	0.069 0	0.162 5	0.069 4	0.163 0	0.069 6	0.163 3
0.8	0.072 0	0.135 5	0.073 9	0.138 1	0.075 1	0.139 6	0.075 9	0.140 5	0.076 4	0.141 2
1.0	0.070 8	0.114 3	0.073 5	0.117 6	0.075 3	0.120 2	0.076 6	0.121 5	0.077 4	0.122 5
1.2	0.066 4	0.096 2	0.069 8	0.100 7	0.072 1	0.103 7	0.073 8	0.105 5	0.074 9	0.106 9
1.4	0.060 6	0.081 7	0.064 4	0.086 4	0.067 2	0.089 7	0.069 2	0.092 1	0.070 7	0.093 7
1.6	0.054 5	0.069 6	0.058 6	0.074 3	0.061 6	0.078 0	0.063 9	0.080 6	0.065 6	0.082 6
1.8	0.048 7	0.059 6	0.052 8	0.064 4	0.056 0	0.068 1	0.058 5	0.070 9	0.060 4	0.073 0
2.0	0.043 4	0.051 3	0.047 4	0.056 0	0.050 7	0.059 6	0.053 3	0.062 5	0.055 3	0.064 9
2.5	0.032 6	0.036 5	0.036 2	0.040 5	0.039 3	0.044 0	0.041 9	0.046 9	0.044 0	0.049 1
3.0	0.024 9	0.027 0	0.028 0	0.030 3	0.030 7	0.033 3	0.033 1	0.035 9	0.035 2	0.038 0
5.0	0.010 4	0.010 8	0.012 0	0.012 3	0.013 5	0.013 9	0.014 8	0.015 4	0.016 1	0.016 7
7.0	0.005 6	0.005 6	0.006 4	0.006 6	0.007 3	0.007 4	0.008 1	0.008 3	0.008 9	0.009 1
10.0	0.002 8	0.002 8	0.003 3	0.003 2	0.003 7	0.003 7	0.004 1	0.004 2	0.004 6	0.004 6

续表 3-5

z/b \ l/b 点	3.0		4.0		6.0		8.0		10.0	
	1	2	1	2	1	2	1	2	1	2
0.0	0.000 0	0.250 0	0.000 0	0.250 0	0.000 0	0.250 0	0.000 0	0.250 0	0.000 0	0.250 0
0.2	0.030 6	0.218 6	0.030 6	0.218 6	0.030 6	0.218 6	0.030 6	0.218 6	0.030 6	0.218 6
0.4	0.054 8	0.189 4	0.054 9	0.189 4	0.054 9	0.189 4	0.054 9	0.189 6	0.054 9	0.189 4
0.6	0.070 1	0.163 8	0.070 2	0.163 9	0.070 2	0.164 0	0.070 2	0.164 0	0.070 2	0.164 0
0.8	0.077 3	0.142 3	0.077 6	0.142 4	0.077 6	0.142 6	0.077 6	0.142 6	0.077 6	0.142 6
1.0	0.079 0	0.124 4	0.079 4	0.124 8	0.079 5	0.125 0	0.079 6	0.125 0	0.079 6	0.125 0
1.2	0.077 4	0.109 6	0.077 9	0.110 3	0.078 2	0.110 5	0.078 3	0.110 5	0.078 3	0.110 5
1.4	0.073 9	0.097 3	0.074 8	0.098 2	0.075 2	0.098 6	0.075 2	0.098 7	0.075 3	0.098 7
1.6	0.069 7	0.087 0	0.070 8	0.088 2	0.071 4	0.088 7	0.071 5	0.088 8	0.071 5	0.088 9
1.8	0.065 2	0.078 2	0.066 6	0.079 7	0.067 3	0.080 5	0.067 5	0.080 6	0.067 5	0.080 8
2.0	0.060 7	0.070 7	0.062 4	0.072 6	0.063 4	0.073 4	0.063 6	0.073 6	0.063 6	0.073 8
2.5	0.050 4	0.055 9	0.052 9	0.058 5	0.054 3	0.060 1	0.054 7	0.060 4	0.054 8	0.060 5
3.0	0.041 9	0.045 1	0.044 9	0.048 2	0.046 9	0.050 4	0.047 4	0.050 9	0.047 6	0.051 1
5.0	0.021 4	0.022 1	0.024 8	0.025 6	0.028 3	0.029 0	0.029 6	0.030 3	0.030 1	0.030 9
7.0	0.012 4	0.012 6	0.015 2	0.015 4	0.018 6	0.019 0	0.020 4	0.020 7	0.021 2	0.021 6
10.0	0.006 6	0.006 6	0.008 4	0.008 3	0.011 1	0.011 1	0.012 8	0.013 0	0.013 9	0.014 1

2）条形基础底面受竖向荷载作用时地基中附加应力

（1）竖向均布荷载作用下的附加应力

如图 3-19，条形基础基底附加压力为均布荷载 p_0，则地基中任意点 M 处的竖向附加应力为：

$$\sigma_z = \alpha_{sz} p_0 \tag{3-21}$$

式中：α_{sz}——条形均布荷载下土的竖向附加应力系数，按式(3-22)计算或由 $m = z/b$、$n = x/b$ 查表 3-6 求得。

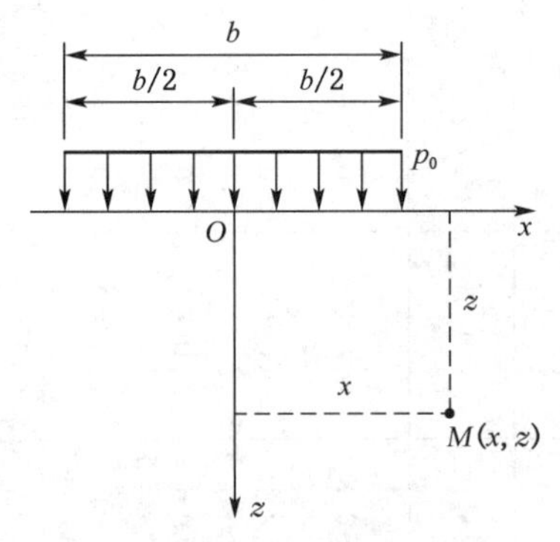

图 3-19 条形均布荷载作用下的附加应力

$$\alpha_{sz} = \frac{1}{\pi}\left[\arctan\frac{1-2n}{2m} + \arctan\frac{1+2n}{2m} - \frac{4m(4n^2-4m^2-1)}{(4n^2+4m^2-1)^2+16m^2}\right] \tag{3-22}$$

表 3-6 竖向条形均布荷载作用下土的竖向附加应力系数 α_{sz}

$m = z/b$	$n = x/b$					
	0.00	0.25	0.50	1.00	1.50	2.00
0.00	1.00	1.00	0.50	0.00	0.00	0.00
0.25	0.96	0.90	0.50	0.02	0.00	0.00
0.50	0.82	0.74	0.48	0.08	0.02	0.00
0.75	0.67	0.61	0.45	0.15	0.04	0.02
1.00	0.55	0.51	0.41	0.19	0.07	0.03
1.25	0.46	0.44	0.37	0.20	0.10	0.04
1.50	0.40	0.38	0.33	0.21	0.11	0.06
1.75	0.35	0.34	0.30	0.21	0.13	0.07
2.00	0.31	0.31	0.28	0.20	0.14	0.08
3.00	0.21	0.21	0.20	0.17	0.13	0.10
4.00	0.16	0.16	0.15	0.14	0.12	0.10
5.00	0.13	0.13	0.12	0.12	0.11	0.09
6.00	0.11	0.10	0.10	0.10	0.10	—

（2）竖向三角形分布条形荷载作用下的附加应力

如图 3-20，条形基础基底附加压力为三角形分布，若将坐标原点 O 定在条形基础底面中点，x 坐标以指向荷载增大方向为正，则地基中任意点 M 处的竖向附加应力为：

$$\sigma_z = \alpha_{tz} p_0 \tag{3-23}$$

式中：α_{tz}——三角形分布条形荷载下土的竖向附加应力系数，由 $m = z/b$、$n = x/b$ 查表 3-7 求得。

以上对工程实践中常见的矩形轴心受压基础、矩形单向偏心受压基础、条形轴心受压基础、条形单向偏心受压基础在地基中产生的附加应力的求解进行了阐述，使用中要特别注意各种计算公式所取的坐标原点 O 的位置以及 x 坐标轴的方向。

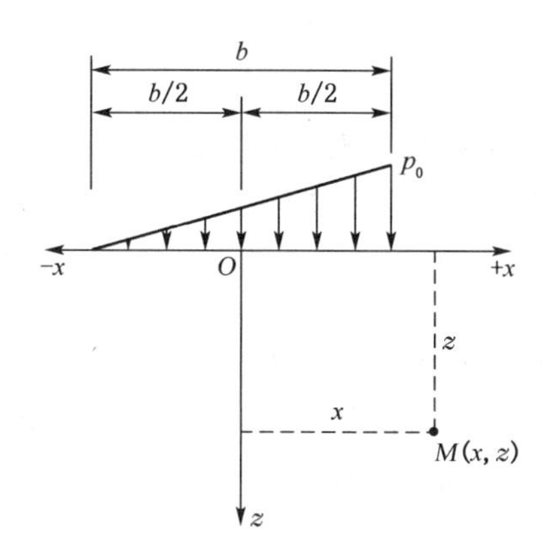

图 3-20 三角形分布条形荷载作用下的附加应力

表 3-7 竖向三角形分布条形荷载作用下土的竖向附加应力系数 α_{tz}

$m=z/b$	$n=x/b$											
	−1.50	−1.00	−0.75	−0.50	−0.25	0.00	0.25	0.50	0.75	1.00	1.50	2.00
0.00	0.00	0.00	0.00	0.00	0.25	0.50	0.75	0.50	0.00	0.00	0.00	0.00
0.25	0.00	0.00	0.01	0.08	0.26	0.48	0.65	0.42	0.08	0.02	0.00	0.00
0.50	0.01	0.02	0.05	0.13	0.26	0.41	0.47	0.35	0.16	0.06	0.01	0.00
0.75	0.01	0.05	0.08	0.15	0.25	0.33	0.36	0.29	0.19	0.10	0.03	0.01
1.00	0.03	0.06	0.10	0.16	0.22	0.28	0.29	0.25	0.18	0.12	0.05	0.02
1.50	0.05	0.09	0.11	0.15	0.18	0.20	0.20	0.19	0.16	0.13	0.07	0.04
2.00	0.06	0.09	0.11	0.14	0.16	0.16	0.16	0.15	0.13	0.12	0.08	0.05
2.50	0.06	0.08	0.12	0.13	0.13	0.13	0.13	0.12	0.11	0.10	0.07	0.05
3.00	0.06	0.08	0.09	0.10	0.10	0.11	0.11	0.10	0.10	0.09	0.07	0.05
4.00	0.06	0.07	0.07	0.08	0.08	0.08	0.08	0.08	0.08	0.07	0.06	0.05
5.00	0.05	0.06	0.06	0.06	0.06	0.06	0.06	0.06	0.06	0.06	0.05	0.04

3.4.3 非均质地基中附加应力计算

以上土中附加应力的计算方法将土体视为均质、连续、各向同性的半无限空间弹性体，与土的性质无关。但是，地基土往往是由软硬不一的多种土层所组成，其变形特性在竖直方向差异较大，应属于双层地基的应力分布问题。对双层地基的应力分布问题，存在两种情况：一种是坚硬土层上覆盖着不厚的可压缩土层即薄压缩层情况；另一种是软弱土层上有一层压缩性较低的土层即硬壳层情况。对前者（薄压缩层情况），土中附加应力分布将发生应力集中的现象；对后者（硬壳层情况），土中附加应力分布将发生应力扩散现象，如图 3-21 。

在实际地基中，下卧刚性岩层将引起应力集中的现象，岩层埋藏越浅，应力集中越显著。在坚硬土层下存在软弱下卧层时，土中应力扩散的现象将随上层坚硬土层厚度的增大而更加显著，同时它还与双层地基的变形模量 E_0、泊松比 μ 有关，即随参数 f 的增加而显著变化。

$$f = \frac{E_{01}}{E_{02}} \frac{1-\mu_2^2}{1-\mu_1^2} \tag{3-24}$$

式中：E_{01}、E_{02}——上面硬层与下卧软弱层的变形模量；

μ_1、μ_2——上面硬层与下卧软弱层的泊松比。

由于土的泊松比变化不大，一般为 $\mu = 0.3 \sim 0.4$，因此参数 f 的大小主要取决于变形模量的比值 E_{01}/E_{02}。

双层地基中应力集中和应力扩散的概念有着重要的工程意义，特别是在软土地区，表面有一层硬壳层，由于应力扩散作用，可以减少地基的沉降，故在设计中基础应尽量浅埋，并在施工中采取保护措施，避免浅层土的结构遭受破坏。

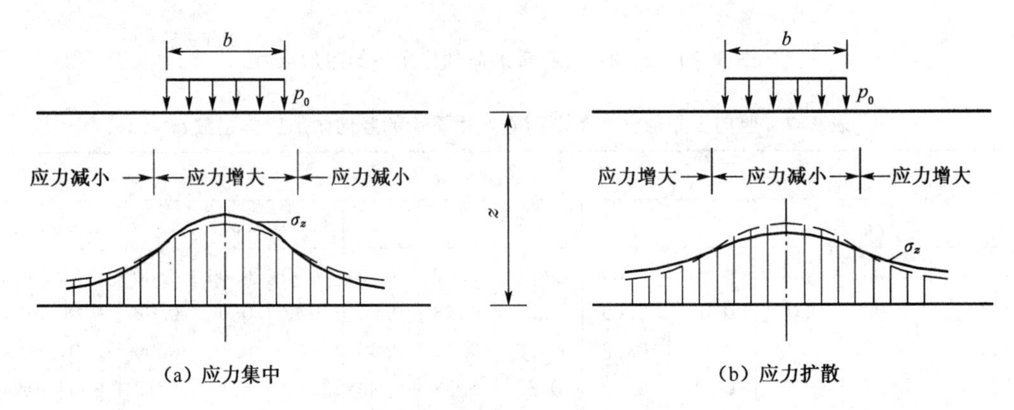

图 3-21　双层地基对附加应力的影响
（虚线表示均质地基中水平面上的附加应力分布）

思考题

1. 土力学中，应力符号如何规定？
2. 试述自重应力的分布规律。
3. 何谓土的自重应力，何谓土的附加应力，两者有何区别？
4. 当地下水位从地表处下降至基底平面处，对应力有何影响？
5. 计算基底压力有何实用意义？如何计算中心及偏心荷载作用下的基底压力？
6. 有一独立基础，在允许荷载作用下，基底各点的沉降都相等，则作用在基底的反力应如何分布？
7. 当地基中附加应力曲线为矩形时，则地面荷载的分布形式是什么？
8. 当地下水自上而下渗流时，对土层中有效应力有何影响？
9. 地下水(位)突然从基础底面处下降 3 m，对土中的应力有何影响？
10. 条形均布荷载中心线下，附加应力随深度减小，其衰减速度与基础宽度有何关系？
11. 在地面上修建一座梯形土坝，则坝基的反力分布形状应为何种形式？
12. 一矩形基础，短边 $b = 3$ m，长边 $l = 4$ m，在长边方向作用一偏心荷载 $F + G = 1\,200$ kN，则偏心距为多少时，基底不会出现拉应力？

习题

1. 某场地的地质剖面如图 3-22 所示，试求 1、2、3、4 各点的自重应力。已知粉土 $\gamma_1 = 19.13\ kN/m^3$，粉质黏土 $\gamma_2 = 17.66\ kN/m^3$，粉砂 $\gamma_3 = 17.17\ kN/m^3$，中砂饱和 $\gamma_4 = 19.62\ kN/m^3$。

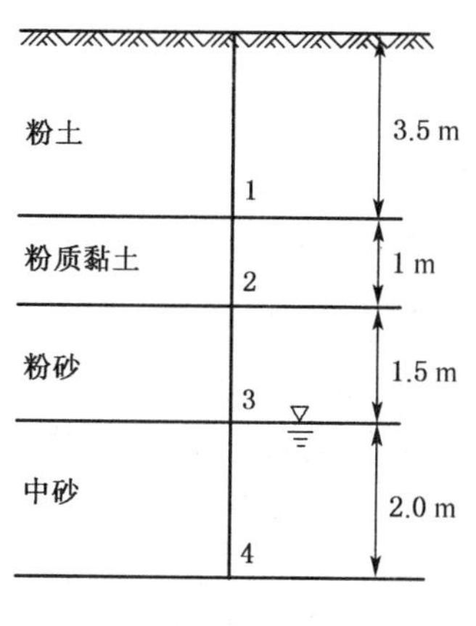

图 3-22

2. 某地基为粉土，层厚 4.80 m。地下水位埋深 1.10 m，地下水位以上粉土呈毛细管饱和状态。粉土的饱和重度 $\gamma = 20.1\ kN/m^3$。计算粉土层底面处土的自重应力。

3. 已知矩形基础底面尺寸 $b = 4$ m，$l = 10$ m，作用在基础底面中心的荷载 $N = 400$ kN，$M = 240$ kN·m（偏心方向在长边上），求基底压力最大值与最小值。

4. 地基表面作用三个集中荷载（如图 3-23 所示），试计算在 1、2、3、4、5 各点产生的附加应力。

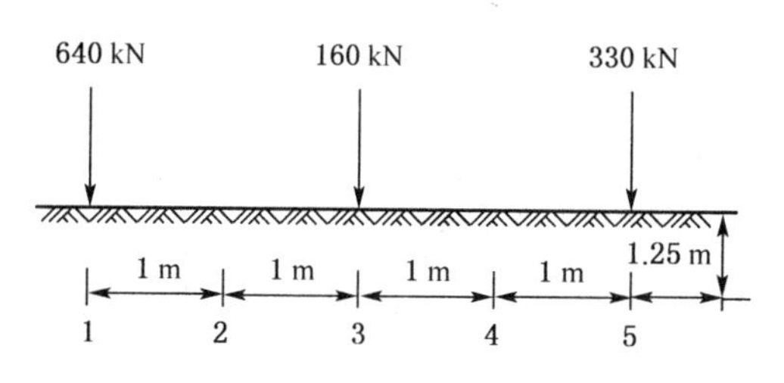

图 3-23

5. 某矩形基础底面尺寸为 2.00 m × 6.00 m。在基底均布荷载作用下，基础角点下 10.00 m 深度处的竖向附加应力为 4.30 kPa，求该基础中心点下 5.00 m 深度处的附加应力值。

6. 有一个环形烟囱基础，外径 $R = 8$ m，内径 $r = 4$ m。在环基上作用着均布荷载 100 kPa，计算环基中心点 O 下 16 m 处的竖向附加应力值。

4 土的压缩性与地基沉降计算

4.1 概述

在工程中，建筑物荷载通过基础传递给地基，从而使地基发生相应的竖向变形与侧向变形，导致建筑物及周边环境的沉降。建筑物的沉降一般可分为均匀沉降与不均匀沉降两种。当上部荷载差异较小且地基分布相对均匀时，地基各部分变形均匀，建筑物发生整体的均匀沉降；而当上部荷载差异较大或地基软弱不均时，地基各部分变形往往差异较大，建筑物基础出现较大的不均匀沉降。如果不均匀沉降超过一定限值，就会引起建筑物的开裂、倾斜甚至破坏倒塌，严重影响建筑物的安全性与正常使用。因此，在荷载作用下地基的变形特性是土力学研究中的一个非常重要的问题。

本章主要介绍两部分内容：首先介绍的是荷载作用下土的压缩性以及相关压缩性指标的室内试验与现场试验测定方法。然后对地基最终沉降量的计算方法进行介绍，主要是分层总和法、建筑地基基础规范法和应力历史法，最后介绍基于太沙基一维固结原理的沉降过程计算。通过本章的学习，能够对地基的最终沉降量和任意时间的地基沉降进行计算。

4.2 土的压缩性

土在压力作用下所表现出的体积减小的特性称为土的压缩性。通常情况下，由于土是由固体颗粒、水和气体组成的三相体系，因此土的压缩主要由三部分组成：

(1) 土中固体颗粒被压缩。

(2) 土中水及封闭气体被压缩。

(3) 土中的水和气体从孔隙中被挤出。

试验研究表明，在一般压力作用下(100～600 kPa)，固体颗粒和水的压缩量与土的总压缩量之比是十分微小的(小于 1/400)，完全可以忽略不计，封闭气体的压缩量也很微小，可忽略不计。因此，土的压缩主要是指土中水和气体从孔隙中被挤出的那一部分。在压力作用下，土颗粒之间发生相对滑动，重新排列，聚拢挤紧，从而使土孔隙体积减小，水和气体被挤出。而对于只有两相的饱和土来说，则主要是孔隙水的挤出。

土的压缩特性与土的种类及其工程性质密切相关。在荷载作用下，砂、砾石类无黏性土，由于其透水性好，孔隙水易排出，因此压缩过程相对较短，压缩变形更易稳定。而对于某些饱和黏性土，尤其是透水性很差的饱和黏性土，其压缩过程所需时间相对很长，有时甚至需要几十年的时间土体的压缩变形才能达到稳定状态。如始建于1173年的意大利比萨斜塔，至今其地基土体仍在变形，成为世界瞩目的地基问题。

土体在荷载作用下，其压缩变形随时间不断增长而孔隙水不断排出的过程称为土的固结，或称土的压密。在实际工程中，土的固结问题非常重要，与土的压缩特性密切相关。而土的压缩特性主要由土的压缩性指标所体现，土体压缩性指标的测定可以通过室内试验或原位测试来完成。但无论采用哪种方法，都应力求使试验条件与土的天然应力状态及其在外荷载作用下的实际应力条件相同或相近。

4.2.1 土的压缩试验及压缩性指标

1）压缩试验

压缩试验或称固结试验，是研究土的压缩特性的最基本方法。该试验就是将天然状态下的原状土或人工制备的扰动土制备成一定规格的土样，然后置于压缩仪（或固结仪）中，如图4-1所示，在不同的荷载条件下测定土样的压缩变形。在试验过程中，先用金属环刀取土，然后将土样连同环刀一起放入压缩仪内。为了方便土样受压后能够自由地排出孔隙水，在土样的上下两侧各盖一块透水石，透水石上面再施加垂直荷载。由于土样受到环刀的约束，在压缩过程中只能发生竖向变形，不能产生侧向变形，因此这种方法也称为侧限压缩试验。

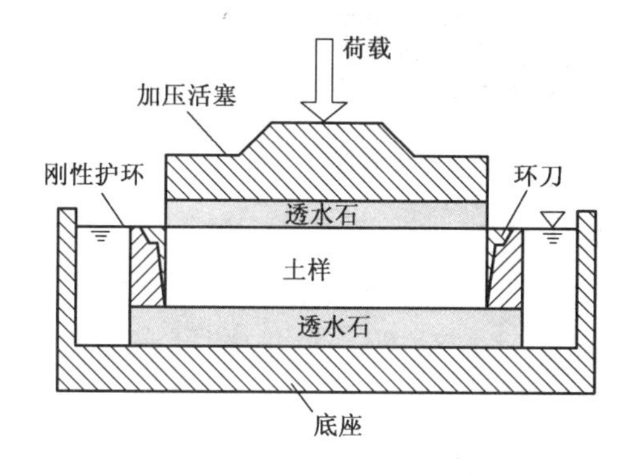

图4-1 侧限压缩试验示意图

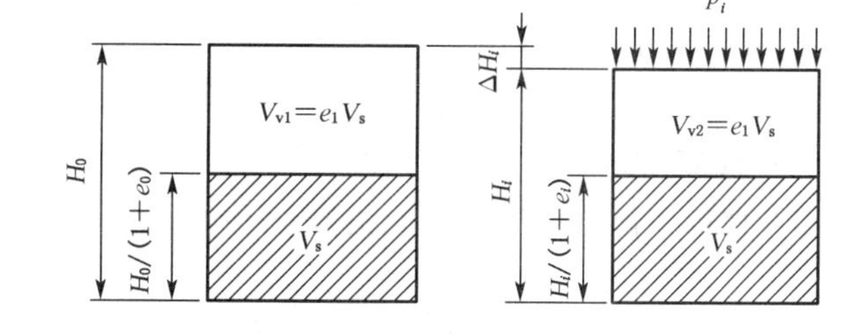

图4-2 侧限压缩试验中土样变形示意图

如图4-2所示，设土样的初始高度为H_0，初始孔隙比为e_0。试验过程中，竖向荷载p_i分级施加，在每级荷载作用下土样均需达到变形稳定。用百分表测出每级荷载作用后土样的最终压缩量ΔH_i，假设土颗粒体积V_s不变，则根据土的孔隙比的定义$e=V_v/V_s$，受压后土的孔隙比为e_i。因为土体在受压前后土颗粒体积V_s不变且土样横截面积不变，所以受压前后土体中土颗粒所占高度不变，根据荷载作用下土体压缩稳定后的压缩量ΔH_i，即可得到相应的孔隙比e_i的计算公式，如式(4-1)所示：

$$\frac{H_0}{1+e_0}=\frac{H_i}{1+e_i}=\frac{H_0-\Delta H_i}{1+e_i} \tag{4-1}$$

则

$$\Delta H_i=\frac{e_0-e_i}{1+e_0}H_0 \tag{4-2}$$

或

$$e_i = e_0 - \frac{\Delta H_i}{H_0}(1 + e_0) \tag{4-3}$$

式中：H_i——土体受压后的高度；

$e_0 = \frac{G_s(1 + w_0)}{\rho_0}\rho_w - 1$，其中，$G_s$为土粒比重，$w_0$为土样的初始含水率，$\rho_0$为土样的初始密度（g/cm³），$\rho_w$为水的密度（g/cm³）。

这样，只要测定了土样在各级压力 p_i 作用下的稳定变形量 ΔH_i 后，就可以按照公式(4-3)计算出相应的孔隙比 e_i。然后以压力 p 为横坐标，孔隙比 e 为纵坐标，绘制出 $e-p$ 曲线及 $e-\lg p$ 曲线，如图 4-3 所示。

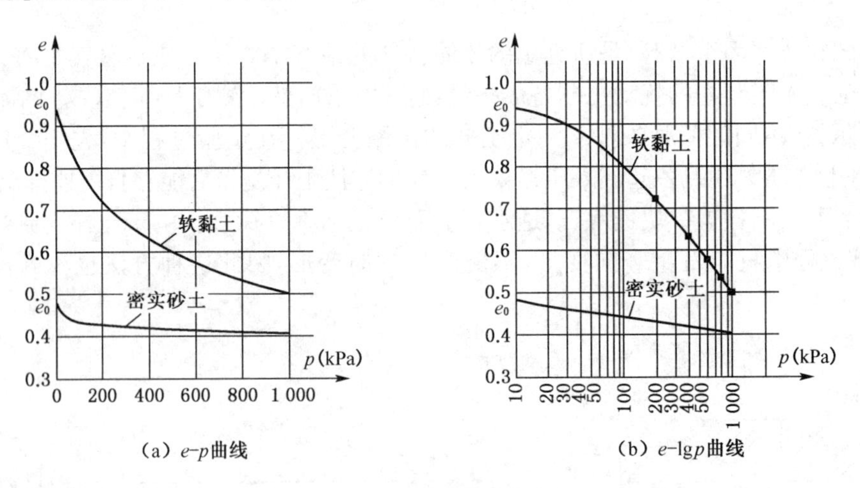

图 4-3　土的压缩曲线

2) 压缩性指标

评价土体压缩性的指标主要有压缩系数、压缩指数和压缩模量。

(1) 压缩系数 a

如图 4-3 中 $e-p$ 曲线所示，横坐标表示分级施加压力 p，纵坐标表示土体孔隙比 e 的变化，随着压力的不断增大，土体的孔隙比不断减小。在压力施加的初期也就是曲线的初始段较陡，而后期曲线逐渐平缓，说明随着压力的不断施加，土体也在不断地被压密，孔隙比减小，在压力施加初期土容易被压密，其压缩量较大，而后期随着土体孔隙比的减小，土的密实度增加到一定程度后，土粒移动越来越困难，压缩量也就变小了。而对于不同类型的土样，其压缩曲线的变化也有很大的差别：密实砂土的 $e-p$ 曲线比较平稳，而软黏土的 $e-p$ 曲线比较陡，因而土的压缩性较高。由此，曲线上任一点的切线斜率 a 就能够表示相应于压力 p 作用下的土体的压缩性，即：

$$a = -\frac{\mathrm{d}e}{\mathrm{d}p} \tag{4-4}$$

如图 4-4 所示，设压力由原来的 p_1增加至现在的 p_2，则相应的孔隙比由 e_1减小到 e_2，当压力变化范围不大时，可将该压力范围的曲线用割线近似代替，并可以利用割线的斜率来表示土体在这一段压力范围的压缩性，即：

$$a = \tan\alpha = -\frac{\Delta e}{\Delta p} = \frac{e_1 - e_2}{p_2 - p_1} \tag{4-5}$$

式中：a——土的压缩系数（kPa^{-1}或 MPa^{-1}），压缩系数越大，土的压缩性就越高。

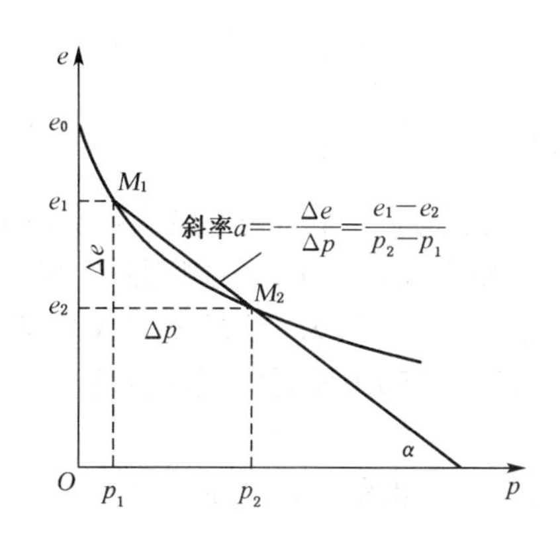

图 4-4　以 e - p 曲线确定压缩系数 a

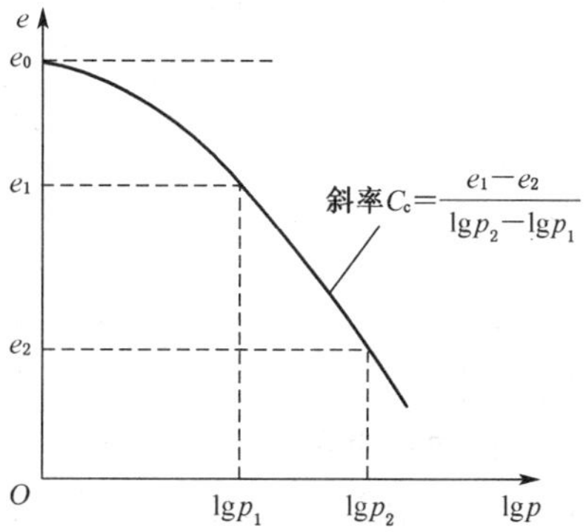

图 4-5　以 e - $\lg p$ 曲线求压缩指数 C_c

压缩系数是评价地基土压缩性高低的重要指标之一。然而，从图 4-4 中可以看出，随着压力的增加，压缩系数也在降低，并不是一个常量。其值与初始压力有关，也与压力变化范围 $\Delta p = p_2 - p_1$ 密切相关。为了在工程实践中使用方便，通常采用压力间隔由 $p_1 = 100$ kPa 增加到 $p_2 = 200$ kPa 时所得的压缩系数 a_{1-2} 来评定土的压缩性。根据压缩系数 a_{1-2} 的不同取值范围，可以将土样分为以下三类：

$a_{1-2} < 0.1\ MPa^{-1}$　　低压缩性土

$0.1\ MPa^{-1} \leqslant a_{1-2} < 0.5\ MPa^{-1}$　　中压缩性土

$a_{1-2} \geqslant 0.5\ MPa^{-1}$　　高压缩性土

（2）压缩指数 C_c

压缩指数 C_c 与压缩系数 a 一样，都是用来确定土的压缩性的。如图 4-5 所示，如果采用 e - $\lg p$ 曲线，则压缩曲线后段接近直线，其斜率即为压缩指数 C_c：

$$C_c = -\frac{\Delta e}{\Delta(\lg p)} = \frac{e_1 - e_2}{\lg p_2 - \lg p_1} = \Delta e/\lg(p_2/p_1) \tag{4-6}$$

土样的压缩指数 C_c 越大，其压缩性越高。一般认为，C_c 小于 0.2 时为低压缩性土；C_c 在 0.2 与 0.4 之间时为中压缩性土；C_c 大于 0.4 时为高压缩性土。

（3）压缩模量 E_s

土体的压缩模量 E_s（MPa）是由 e - p 曲线得到的另一个重要的压缩指标，其定义为土体在完全侧限的条件下竖向应力增量 Δp 与相应的应变增量 $\Delta\varepsilon$ 的比值。根据定义可得：

$$E_s = \frac{\Delta p}{\Delta \varepsilon} = \frac{\Delta p}{\Delta H / H_1} \tag{4-7}$$

在完全无侧向变形条件下，土样横截面积不发生变化。同时，由于土粒所占高度也不变，土样高度的变化 ΔH 可用相应的孔隙比的变化 $\Delta e = e_1 - e_2$ 来表示：

$$\frac{H_1}{1+e_1} = \frac{H_2}{1+e_2} = \frac{H_1 - \Delta H}{1+e_2} \tag{4-8}$$

则

$$\Delta H=\frac{e_1-e_2}{1+e_1}H_1=\frac{\Delta e}{1+e_1}H_1 \tag{4-9}$$

将 ΔH 表达式(4-9)代入公式(4-7)中得：

$$E_s=\frac{\Delta p}{\Delta\varepsilon}=\frac{\Delta p}{\Delta H/H_1}=\frac{\Delta p}{\Delta e/(1+e_1)}=\frac{1+e_1}{a} \tag{4-10}$$

由式(4-10)可知，压缩模量 E_s与压缩系数 a 为反比关系，土体压缩性越大，则压缩系数 a 越大，压缩模量 E_s越小；相反，土体压缩性越小，则压缩系数 a 越小，压缩模量 E_s越大。同时压缩模量 E_s也不是常数，而是随着压力的变化而变化。通常认为，当 $E_s \leqslant 4$ MPa 时为高压缩性土；当 $E_s = 4 \sim 15$ MPa 时为中压缩性土；当 $E_s \geqslant 15$ MPa 时为低压缩性土。

3) *土的回弹曲线及再压缩曲线*

在进行室内试验过程中，当土体加压到某一荷载值 p_i(如图 4-6 中曲线上的 b 点所示)后不再加压，并逐级卸载直至零。在卸载过程中，土体将发生回弹，体积膨胀，孔隙比增大。此时，根据所测得的各级荷载下土样回弹稳定后的高度，计算相应的孔隙比，即可绘制出卸载阶段相应孔隙比与压力的关系曲线，如图 4-6 中的虚线 bc，称为回弹曲线或膨胀曲线。由图可见，卸载时的回弹曲线 bc 并不与初始加载的压缩曲线相重合，而是相对较为平缓。这说明土体受压缩所发生的变形，在卸载回弹过程中并不能全部恢复，即使卸载至零，土体仍残留有一部分压缩变形，称为残余变形，而恢复的那部分压缩变形称为弹性变形。一般情况下，土体的压缩变形以残余变形为主。

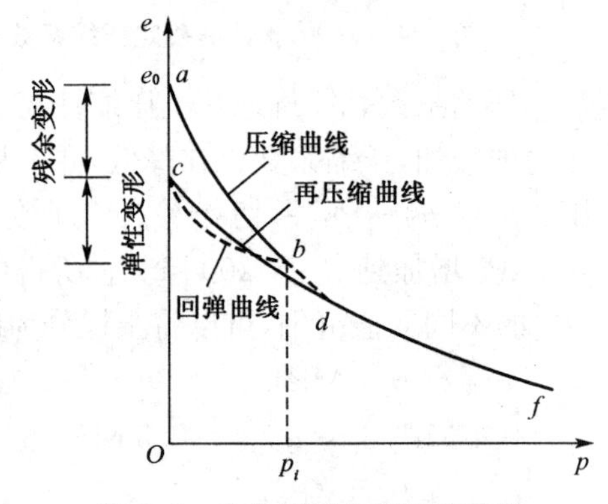

图 4-6 土的回弹和再压缩曲线

若在卸载回弹后重新对土样逐级加载，则能够测得土样在各级荷载作用下再压缩稳定后的孔隙比，从而绘制出再压缩曲线，如图中 cdf 段所示。而其中，df 段就像是 ab 段的延续，犹如没有经过卸载回弹和再加载过程一样。

高层建筑物基础，其基础底面面积和埋置深度都较大，开挖基坑后，地基受到较大的减压(相当于室内试验中加载压缩后的卸载回弹)作用，土体发生膨胀，造成坑底回弹。因此，在预估基础沉降时，必须考虑开挖基坑地基土的卸载回弹，进行土的回弹再压缩试验。根据试验得到的回弹再压缩 $e-p$ 曲线确定地基土的回弹模量 E_c，从而计算出开挖基坑底面地基土的回弹变形量。

4.2.2 现场载荷试验及变形模量

土的压缩性指标除了能够通过室内压缩试验得到外，还可以通过现场原位测试得到。如通过浅层平板载荷试验，能够得到地基土体的变形模量。

1) *载荷试验*

载荷试验是通过承压板，对地基土分级施加压力 p，同时测试压板的沉降 s，然后绘制压力和沉降的关系曲线，最终计算出地基土的变形模量及地基承载力。根据承压板的设置深度及特点，可分为浅层、深层平板载荷试验和螺旋板载荷试验。其中，浅层平板载荷试验适用于浅层地基，深层平板载荷试验和螺旋板载荷试验适用于深层地基或地下水位以下的土层。下面仅以浅层平板载荷试验为例进行简要介绍。

如图 4-7 所示为浅层平板载荷试验所用载荷架，其构造主要由加荷稳压装置、反力装置及观测装置三部分组成。加荷稳压装置包括承压板、立柱、加荷千斤顶及稳压器；反力装置包括地锚系统或堆重系统等；观测装置包括百分表及固定支架等。其中，承压板应具有足够的刚度，一般采用圆形或正方形钢质板，也可采用现浇或预制混凝土板。面积可采用0.25～0.50 m^2，不应小于 0.1 m^2。

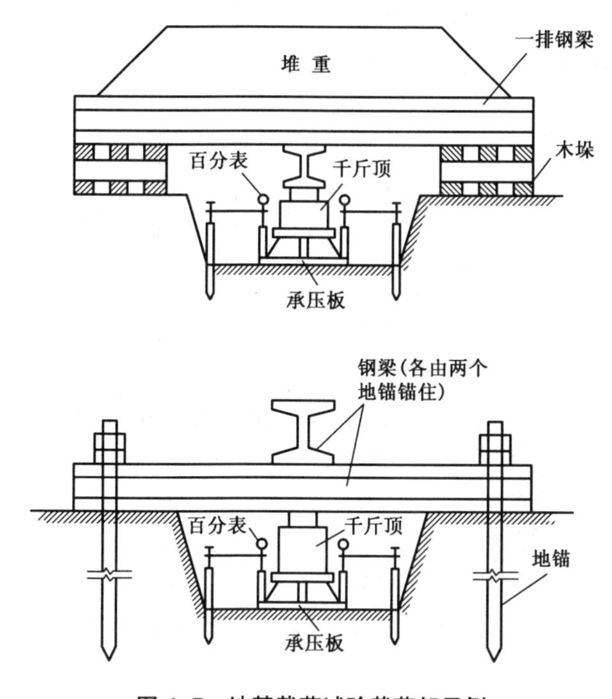

图 4-7　地基载荷试验载荷架示例

试验通常在试坑内进行，且试坑底面宽度不小于承压板直径(或宽度)的 3 倍。试验时应保持试坑土层的天然状态，并用粗砂或中砂层找平，其厚度不超过 20 mm。最大加载量不应小于荷载设计值的 2 倍，应尽量接近预估的地基极限荷载。第一级荷载宜接近开挖试坑所卸除的土重，相应的沉降量不计。其后每级荷载增量，对较松软的土采用 10～25 kPa，对较硬密的土则用 50～100 kPa，加荷等级不应少于 8 级。每级加载后，按照间隔 10 min、10 min、10 min、15 min、15 min 及以后每隔 30 min 读一次沉降量，当连续 2 h 内，每小时的沉降量小于0.1 mm 时，则认为已经趋于稳定，可以施加下一级荷载。当出现下列情况之一时，即认为已到达破坏，可终止加载：

(1) 承压板周围的土有明显的侧向挤出(砂土)或发生裂纹(黏性土和粉土)。

(2) 沉降 s 急骤增大，荷载-沉降($p-s$)曲线出现陡降段。

(3) 在某一级荷载下，24 h 内沉降速率不能达到稳定标准。

(4) $s/b \geqslant 0.06$ (b 为承压板的宽度或直径)。

终止加载后，可按规定逐级卸载，并进行回弹观测，以作参考。图 4-8 所示为一些代表性土类的 $p-s$ 曲线，其中曲线的开始部分往往接近于直线，因此若将地基承载力设计值控制在该直线段附近，土体则处于直线变形阶段。

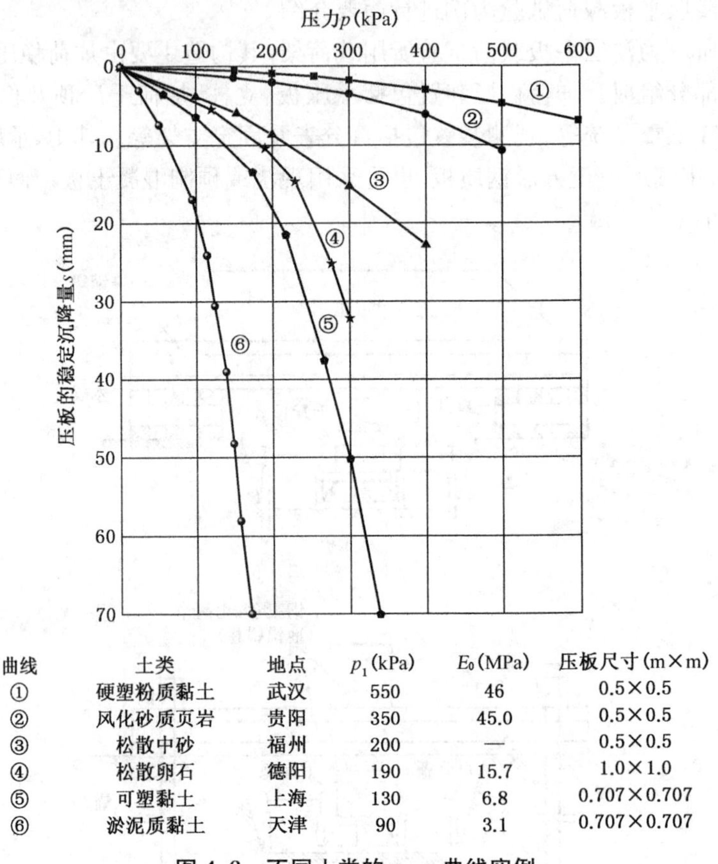

曲线	土类	地点	p_1(kPa)	E_0(MPa)	压板尺寸(m×m)
①	硬塑粉质黏土	武汉	550	46	0.5×0.5
②	风化砂质页岩	贵阳	350	45.0	0.5×0.5
③	松散中砂	福州	200	—	0.5×0.5
④	松散卵石	德阳	190	15.7	1.0×1.0
⑤	可塑黏土	上海	130	6.8	0.707×0.707
⑥	淤泥质黏土	天津	90	3.1	0.707×0.707

图 4-8 不同土类的 $p-s$ 曲线实例

2) 变形模量 E_0

土的变形模量 E_0 是指土体在无侧限条件下的应力与应变的比值，其值大小可由载荷试验结果求得。在 $p-s$ 曲线的直线段或接近于直线段任意选择一压力 p_1 和相应的沉降量 s_1，利用下面弹性力学公式：

$$s_1 = \omega(1-\mu^2)bp_1/E_0 \tag{4-11}$$

来反求地基土的变形模量，其计算公式如下：

$$E_0 = \omega(1-\mu^2)\frac{p_1 b}{s_1} \tag{4-12}$$

式中：p_1——地基表面均布荷载；

ω——沉降影响系数，方形承压板取 0.88，圆形承压板取 0.79；

μ——地基土的泊松比；

b——承压板的边长或直径(mm)；

s_1——与所取定的比例界限 p_1 相对应的沉降。

有时 $p-s$ 曲线不出现起始的直线段，可取 s_1/b 或 $s_1/d=0.010\sim0.015$（低压缩性土取低值，高压缩性土取高值）及其对应的荷载 p_1 代入式中。

载荷试验一般适用于地表浅层地基，其影响深度范围不超过 2 倍承压板宽度（直径）。试验过程中对地基土扰动较小，土中应力状态在承压板较大时与实际基础情况比较接近，测出的数据能够较好地反映土的压缩性质。然而载荷试验工作量较大，费时久，所规定的沉降稳定标准也带有较大的近似性。据有些地区的经验，它所反映的土的固结程度仅相当于实际建筑施工完成时的早期沉降量。

3）变形模量 E_0 与压缩模量 E_s 的关系

土的变形模量 E_0 与压缩模量 E_s 在定义上都是竖向应力与应变的比值，但在概念上有所区别。变形模量 E_0 是在现场试验中，土体在无侧限条件下的应力与应变的比值，而土的压缩模量 E_s 则是在室内试验中，土体在侧限条件下的应力与应变的比值。它们都与其他建筑材料的弹性模量不同，具有相当部分不可恢复的残余变形。但理论上两者是完全可以互相换算的。

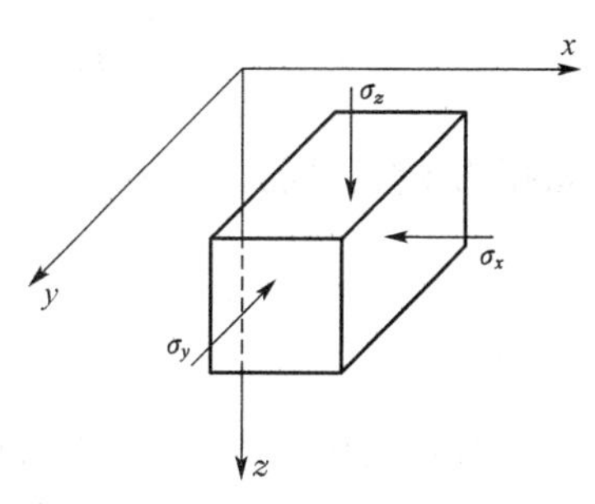

图 4-9　微单元土体

现从侧向不允许膨胀的压缩试验土样中取一微单元体进行分析，如图 4-9 所示。微单元受到三向应力 σ_x、σ_y、σ_z 作用，在 z 轴方向的压力作用下试样中的竖向有效应力为 σ_z，由于试样的受力条件属轴向对称问题，所以相应的水平向正应力 $\sigma_x=\sigma_y$，有：

$$\sigma_x=\sigma_y=K_0\sigma_z \tag{4-13}$$

式中：K_0——土的侧压力系数或静止土压力系数，通过侧限条件下的试验测定，当无试验条件时，可采用表 4-1 所列的经验值。其值一般小于 1，如果地面是经过剥蚀后遗留下来的，或者所考虑的土层曾受过其他超固结作用，则 K_0 值可大于 1。

表 4-1　K_0、μ、β 的经验值

土的种类和状态	K_0	μ	β
碎石土	0.18～0.33	0.15～0.25	0.95～0.83
砂土	0.33～0.43	0.25～0.30	0.83～0.74
粉土	0.43	0.30	0.74
粉质黏土：坚硬状态	0.33	0.25	0.83
可塑状态	0.43	0.30	0.74
软塑及流塑状态	0.53	0.35	0.62
黏土：坚硬状态	0.33	0.25	0.83
可塑状态	0.53	0.35	0.62
软塑及流塑状态	0.72	0.42	0.39

先分析沿 x 轴方向的应变 ε_x，由 σ_x、σ_y、σ_z 分别引起的应变 σ_x/E_0、$-\mu\sigma_y/E_0$、$-\mu\sigma_z/E_0$ 三部分组成（负号表示伸长，μ 为土的泊松比）。由于土样是在不允许侧向膨胀条件下进行试验的，所以 $\varepsilon_x=\varepsilon_y=0$，于是有：

$$\varepsilon_x=\frac{\sigma_x}{E_0}-\mu\frac{\sigma_y}{E_0}-\mu\frac{\sigma_z}{E_0} \tag{4-14}$$

将公式(4-13)代入上式得出土的侧压力系数 K_0 与泊松比 μ 的关系如下：

$$K_0 = \frac{\mu}{1-\mu} \tag{4-15}$$

或

$$\mu = \frac{K_0}{1+K_0} \tag{4-16}$$

又分析沿 z 轴方向的应变 ε_z，可得：

$$\varepsilon_z = \frac{\sigma_z}{E_0} - \mu\frac{\sigma_y}{E_0} - \mu\frac{\sigma_x}{E_0} = \frac{\sigma_z}{E_0}(1-2\mu K_0) \tag{4-17}$$

根据 E_s 定义，则：

$$E_0 = \beta E_s \tag{4-18}$$

式中 $$\beta = 1-2\mu K_0 = 1-2\mu^2/(1-\mu)$$

必须指出，式(4-18)所表示的 E_0 与 E_s 关系，只是理论关系。实际上，由于现场载荷试验测定 E_0 和室内压缩试验测定 E_s 时，各有些无法考虑到的因素，使得上式不能准确地反映 E_0 与 E_s 之间的实际关系。这些因素主要有：压缩试验的土样容易受到扰动(尤其是低压缩性土)；载荷试验与压缩试验的加荷速率、压缩稳定的标准不同；μ 值不易精确确定等。根据统计资料，E_0 值可能是 βE_s 值的几倍，且土越坚硬则倍数越大，而软土的 E_0 值与 βE_s 值比较接近。

4.3 地基最终沉降量计算

4.3.1 沉降

从上一章的学习可知：建筑物和构筑物修建前，地基中存在自重应力，建筑物和构筑物的荷载传递给地基后使地基中产生附加应力。从土的压缩性可知，地基中附加应力的产生将会引起土体的压缩，继而引起地基的竖向变形。这种地基在各种条件下发生的竖向向下的位移称为沉降。地基中某点从初始位置至压缩稳定时的位置之间的竖向下沉量称为地基最终沉降量。地基最终沉降量可划分为三个部分：瞬时沉降、主固结沉降(简称固结沉降)和次固结沉降。

1) 瞬时沉降

瞬时沉降是指外荷载施加的瞬间，地基发生的沉降。对于饱和软土，加荷瞬时孔隙水尚来不及排出时所发生的沉降，此时土体只发生形变而没有体变，一般情况下把这种变形称为剪切变形，按弹性变形计算。在饱和软黏土地基上施加荷载，尤其如临时或活荷载占很大比重的仓库、油罐和受风荷载的高耸建筑物等，由此而引起的初始沉降量将占总沉降量的相当部分，应给以估算。

2）主固结沉降

地基在恒定外加荷载作用下，其附加压力由有效压力和孔隙水压力共同分担。最初，由于土中孔隙水不能及时排出，附加压力几乎全由孔隙水压力承担，产生超静水压力。随着时间的延续，孔隙水在超净孔隙水压力作用下不断排出，孔隙水压力逐渐消散至零，有效应力相应增加，地基在此过程中所发生的沉降称为主固结沉降，是地基沉降的主要部分。

3）次固结沉降

饱和黏性土在主固结完成后，有效应力不再变化，在此条件下地基沉降仍随时间增长的过程称为次固结。次固结沉降量常比主固结沉降量小得多，大都可以忽略。但对极软的黏性土，如淤泥、淤泥质土，尤其是含有腐殖质等有机质时，或当深厚的高压缩性土层受到较小的附加应力作用时，次固结沉降会成为总沉降量的一个主要组成部分，应给以重视。

沉降的发生会对建筑物和构筑物使用功能造成危害，如楼房、路面的下沉导致水淹，如图 4-10 所示。更重要的是，同一建筑物或构筑物的不同部位因荷载、地质条件的差异产生不同的沉降量，称为差异沉降。差异沉降会引起上部结构的附加应力，如框架结构构件的受扭，过大的差异沉降则导致建筑物或构筑物的破坏，如混合结构墙体的开裂、建筑物整体倾斜甚至倾覆，如图 4-11、图 4-12 所示。

图 4-10　地基沉降引起的淹水

图 4-11　差异沉降引起的开裂

图 4-12　差异沉降引起的倾斜

因此，在建筑物、构筑物的设计中必须对地基的沉降进行计算，预测建成后将产生的最终沉降量、沉降差、倾斜以及局部倾斜，并判断这些地基变形值是否超出允许范围，为后续工程措施的选择提供科学依据，确保建筑物和构筑物的安全和正常使用。

地基最终沉降量的计算方法有：弹性力学法、分层总和法、规范法、应力历史法和有限单元法。下面对常用的分层总和法、规范法和应力历史法进行详细介绍，对弹性力学法和有限单元法进行简单介绍。

4.3.2 分层总和法

分层总和法是指将地基沉降计算深度内的土层按土质和应力变化情况划分为若干分层，分别利用土的压缩性指标计算各分层的压缩量，然后求其总和得出地基最终沉降量方法，它是计算地基最终沉降量最基本且常用的方法，详述如下。

1) 基本假定

分层总和法在计算地基最终沉降量时主要有以下两个假定。

(1) 土中的应力计算采用均质各向同性半无限空间体假定。

(2) 地基土在沉降时不发生侧向变形，计算中采用土的压缩性指标。

2) 计算方法和原理

分层总和法一般取基底中心点下地基附加应力来计算各分层土的竖向压缩量，认为基础的平均沉降量 s 为各分层上竖向压缩量 Δs_i 之和。在计算 Δs_i 时，假设地基土只在竖向发生压缩变形，没有侧向变形，利用室内侧限压缩试验成果进行计算。计算步骤如下：

(1) 地基土分层

不同土性、不同深度处的土具有不同的压缩性，因此计算时要首先将地基土进行分层。分层自基础底面开始主要依据为：①天然土层分界处；②地下水位处；③分层厚度一般不大于 $0.4b$（b 为基底宽度）。

(2) 计算各层土的沉降

计算各层土的沉降时利用室内侧限压缩试验成果进行，计算式为：

$$\Delta s_i = \frac{\Delta e_i}{1+e_{1i}}H_i = \frac{e_{1i}-e_{2i}}{1+e_{1i}}H_i \tag{4-19}$$

式中：H_i——第 i 分层土的厚度；

e_{1i}——对应于第 i 分层土上下层面自重应力值的平均值 p_{1i} 从土的压缩曲线上得到的孔隙比，其中 $p_{1i}=\frac{\sigma_{c(i-1)}+\sigma_{ci}}{2}$；

e_{2i}——对应于第 i 分层土自重应力平均值 p_{1i} 与上下层面附加应力值的平均值 Δp_i 之和 p_{2i} 从土的压缩曲线上得到的孔隙比，其中 $\Delta p_i=\frac{\sigma_{z(i-1)}+\sigma_{zi}}{2}$、$p_{2i}=p_{1i}+\Delta p_i$。

因此在计算时，分为六小步：

① 计算各分层界面处地基土的自重应力。

② 计算各分层界面处基底中心点下的竖向附加应力。

③ 计算各层地基土的平均自重应力 p_{1i}、平均自重应力与平均附加应力之和 p_{2i}。

④ 确定地基沉降计算深度(或压缩层厚度)。一般取地基附加应力等于自重应力的20%(即 $\sigma_z/\sigma_c = 0.2$)深度处作为沉降计算深度的限值;若在该深度以下为高压缩性土,则应取地基附加应力等于自重应力的10%(即 $\sigma_z = 0.1$)深度处作为沉降计算深度的限值。

⑤ 根据 p_{1i} 和 p_{2i} 查压缩曲线确定 e_{1i} 和 e_{2i}。

⑥ 对计算深度内的各层土利用式(4-19)计算本层沉降量。

(3) 计算地基最终沉降量

叠加各层土的沉降量计算基础最终沉降量:

$$s = \sum_{i=1}^{n} \Delta s_i \tag{4-20}$$

式中:n——沉降计算深度范围内的分层数。

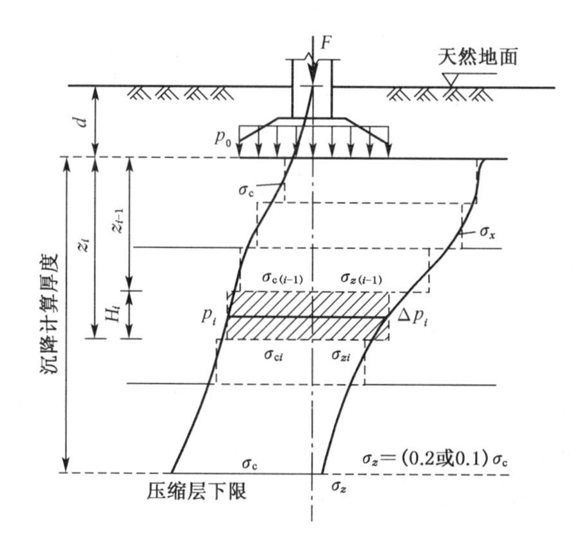

图 4-13 分层总和法计算地基最终沉降量示意图

分层总和法的具体计算过程可参见例题 4-1。

【例 4-1】 墙下条形基础宽度为 2.0 m,传至地面的荷载为 100 kN/m,基础埋置深度为 1.2 m,地下水位在基底以下 0.6 m,如图 4-14 所示,地基土的室内压缩试验 $e-p$ 数据见表 4-2,试用分层总和法求基础中点的沉降量。

表 4-2 地基土的室内压缩试验 $e-p$ 数据

	0	50	100	200	300
黏土①	0.651	0.625	0.608	0.587	0.570
粉质黏土②	0.978	0.889	0.855	0.809	0.773

【解】 (1) 地基分层

考虑分层厚度不超过 $0.4b = 0.8$ m 以及地下水位,基底以下厚 1.2 m 的黏土层分成两层,层厚均为 0.6 m,其下粉质黏土层分层厚度均取为 0.8 m。

(2) 计算自重应力

计算分层处的自重应力,地下水位以下取有效重度进行计算。

计算各分层上下界面处自重应力的平均值，作为该分层受压前所受侧限竖向应力 p_{1i}，各分层点的自重应力值及各分层的平均自重应力值如图 4-14 所示。

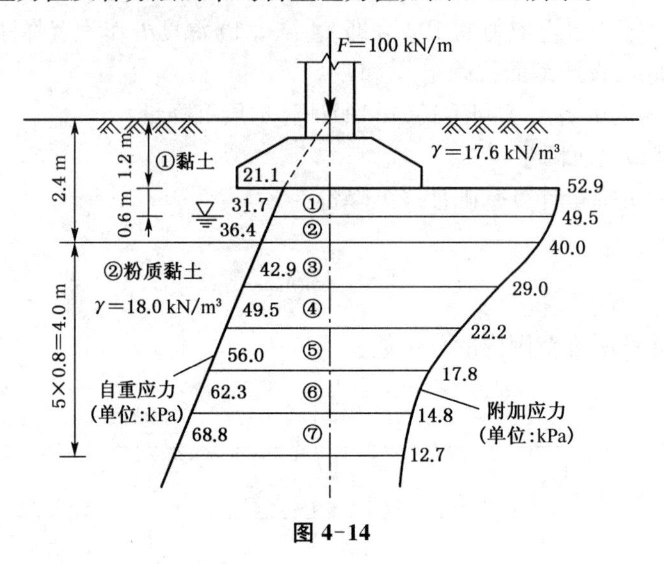

图 4-14

(3) 计算竖向附加应力

基底平均附加应力为：

$$p_0 = \frac{100 + 20 \times 1.0 \times 1.2 \times 2.0}{2.0 \times 1.0} - 1.2 \times 17.6 = 52.9\ \text{kPa}$$

查条形基础竖向应力系数表，可得应力系数 α_{sz} 及计算各分层点的竖向附加应力，并计算各分层上下界面处附加应力的平均值，如图 4-14 所示。

(4) 将各分层自重应力平均值和附加应力平均值之和作为该分层受压后的总应力 p_{2i}

(5) 确定压缩层深度

一般可按 $\sigma_z/\sigma_c = 0.2$ 来确定压缩层深度。在 $z = 4.4$ m 处，$\sigma_z/\sigma_c = 14.8/62.3 = 0.238 > 0.2$；在 $z = 5.2$ m 处，$\sigma_z/\sigma_c = 12.7/68.8 = 0.185 < 0.2$。所以可取压缩层深度 $z_n = 5.2$ m。

(6) 计算各分层的压缩量

如第③层　$\Delta s_3 = \dfrac{e_{1i} - e_{2i}}{1 + e_{1i}} H_i = \dfrac{0.901 - 0.872}{1 + 0.901} \times 800 = 12.2\ \text{mm}$

用相同方法计算得出各分层的压缩量。

(7) 计算基础平均最终沉降量

$$s = \sum_{i=1}^{7} s_i = 7.7\ \text{mm} + 6.6\ \text{mm} + 12.2\ \text{mm} + 9.3\ \text{mm} + 5.5\ \text{mm} + 4.7\ \text{mm} + 3.8\ \text{mm} = 49.8\ \text{mm}$$

4.3.3 规范法

大量的工程实测资料发现，分层总和法的计算结果存在较大的偏差，同时土体分层多，计算过程繁琐。在总结大量实践经验的基础上,《建筑地基基础设计规范》(GB 50007—2002)提出了一种基于应力面积的计算方法——简称“规范法”。规范法有下述三个要点:

1) 采用应力面积法计算分层沉降

假设地基是均匀的,即土在侧限条件下的压缩模量 E_s 不随深度而变,则从基底至地基任意深度 z 范围内的压缩量为(见图 4-15):

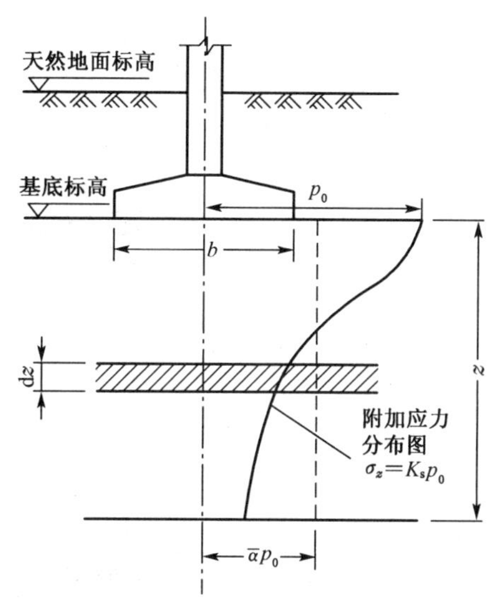

图 4-15　应力面积的概念

$$s=\int_0^z \varepsilon\,\mathrm{d}z=\frac{1}{E}\int_0^z \sigma_z\,\mathrm{d}z=\frac{A}{E_s} \tag{4-21}$$

式中:ε——土的侧限压缩应变,$\varepsilon=\sigma_z/E_s$;

A——深度 z 范围内的附加应力面积,$A=\int_0^z \sigma_z\,\mathrm{d}z$。

因为 $\sigma_z=K_s p_0$,K_s 为基底下任意深度 z 处的附加应力系数。因此,附加应力面积 A 为:

$$A=\int_0^z \sigma_z\,\mathrm{d}z=p_0\int_0^z K_s\,\mathrm{d}z \tag{4-22}$$

为便于计算,引入一个竖向平均附加应力(面积)系数 $\bar{\alpha}=A/(p_0 z)$。则式(4-21)改写为:

$$s'=\frac{p_0\bar{\alpha}z}{E_s} \tag{4-23}$$

式(4-23)就是以附加应力面积等代值引出一个平均附加应力系数表达的从基底至任意深度 z 范围内地基沉降量的计算公式。由此可得成层地基最终沉降量的计算公式(见图 4-16):

$$s'=\sum_{i=1}^{n}\Delta s'_i=\sum_{i=1}^{n}\frac{A_i-A_{i-1}}{E_{si}}=\sum_{i=1}^{n}\frac{p_0}{E_{si}}(\bar{\alpha}_i z_i-\bar{\alpha}_{i-1}z_{i-1}) \tag{4-24}$$

式中:$p_0\bar{\alpha}_i z_i$,$p_0\bar{\alpha}_{i-1}z_{i-1}$——分别为 z_i 和 z_{i-1} 深度范围内竖向附加应力面积 A_i 和 A_{i-1} 的等

代值；

E_{si}——第 i 层土的压缩模量，按实际应力范围取值。

因此，用式(4-24)计算成层地基的沉降量，关键是确定竖向平均附加应力系数$\bar{\alpha}$。为便于计算，矩形面积上均布荷载作用下角点的 $\bar{\alpha}$ 列于表 4-3；矩形面积上三角形荷载作用下角点、圆形面积上均布荷载作用下中心点和周边点的$\bar{\alpha}$值，列于表 4-4 至表 4-6，以供查用。

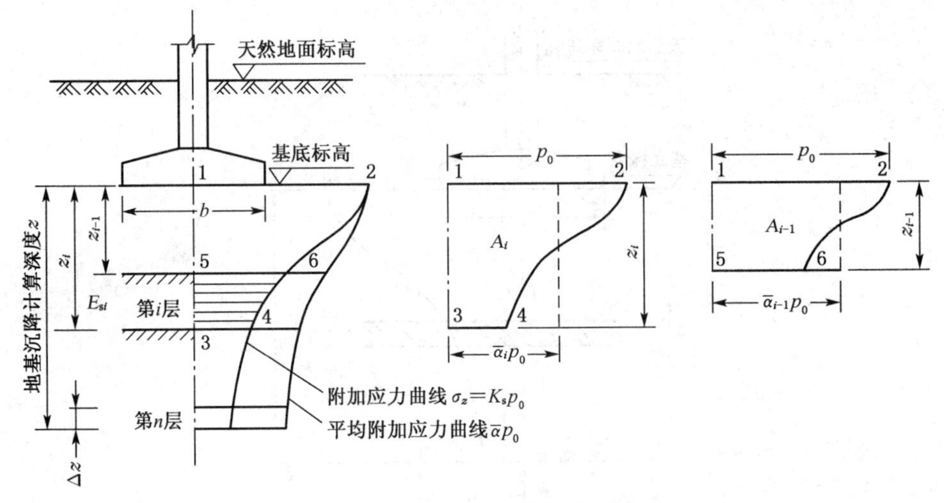

图 4-16　成层地基沉降计算的概念

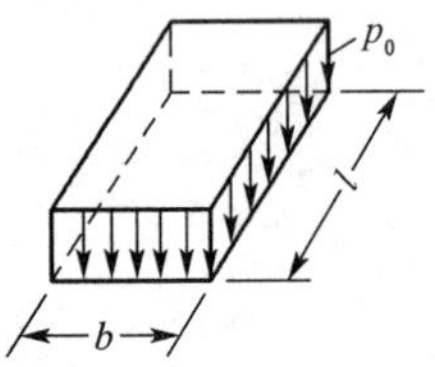

表 4-3　矩形面积上均布荷载作用下角点的平均附加应力系数$\bar{\alpha}$

z/b	l/b												
	1.0	1.2	1.4	1.6	1.8	2.0	2.4	2.8	3.2	3.6	4.0	5.0	10.0
0.0	0.250 0	0.250 0	0.250 0	0.250 0	0.250 0	0.250 0	0.250 0	0.250 0	0.250 0	0.250 0	0.250 0	0.250 0	0.250 0
0.2	0.249 6	0.249 7	0.249 7	0.249 8	0.249 8	0.249 8	0.249 8	0.249 8	0.249 8	0.249 8	0.249 8	0.249 8	0.249 8
0.4	0.247 4	0.247 9	0.248 1	0.248 3	0.248 3	0.248 4	0.248 5	0.248 5	0.248 5	0.248 5	0.248 5	0.248 5	0.248 5
0.6	0.242 3	0.243 7	0.244 4	0.244 8	0.245 1	0.245 2	0.245 4	0.245 5	0.245 5	0.245 5	0.245 5	0.245 5	0.245 6
0.8	0.23 46	0.237 2	0.238 7	0.239 5	0.240 0	0.240 3	0.240 7	0.240 8	0.240 9	0.240 9	0.241 0	0.241 0	0.241 0
1.0	0.225 2	0.229 1	0.231 3	0.232 6	0.233 5	0.234 0	0.234 6	0.234 9	0.235 1	0.235 2	0.235 2	0.235 3	0.235 3
1.2	0.214 9	0.219 9	0.222 9	0.224 8	0.226 0	0.226 8	0.227 8	0.228 2	0.228 5	0.228 6	0.228 7	0.228 8	0.228 9
1.4	0.204 3	0.210 2	0.214 0	0.216 4	0.219 0	0.219 1	0.220 4	0.221 1	0.221 5	0.221 7	0.221 8	0.222 0	0.222 1
1.6	0.193 9	0.200 6	0.204 9	0.207 9	0.209 9	0.211 3	0.213 0	0.213 8	0.214 3	0.214 6	0.214 8	0.215 0	0.215 2
1.8	0.184 0	0.191 2	0.196 0	0.199 4	0.201 8	0.203 4	0.205 5	0.206 6	0.207 3	0.207 7	0.207 9	0.208 2	0.208 4
2.0	0.174 6	0.182 2	0.187 5	0.191 2	0.193 8	0.195 8	0.198 2	0.199 6	0.200 4	0.200 9	0.201 2	0.201 5	0.201 8
2.2	0.165 9	0.173 7	0.179 3	0.183 3	0.186 2	0.188 3	0.191 1	0.192 7	0.193 7	0.194 3	0.194 7	0.195 2	0.195 5
2.4	0.157 8	0.165 7	0.171 5	0.175 7	0.178 9	0.181 2	0.184 3	0.186 2	0.187 3	0.188 0	0.188 5	0.189 0	0.189 5
2.6	0.150 3	0.158 3	0.164 2	0.168 6	0.171 9	0.174 5	0.177 9	0.179 9	0.181 2	0.182 0	0.182 5	0.183 2	0.183 8
2.8	0.143 3	0.151 4	0.157 4	0.161 9	0.165 4	0.168 0	0.171 7	0.173 9	0.175 3	0.176 3	0.176 9	0.177 7	0.178 4

续表 4-3

z/b	l/b												
	1.0	1.2	1.4	1.6	1.8	2.0	2.4	2.8	3.2	3.6	4.0	5.0	10.0
3.0	0.136 9	0.144 9	0.151 0	0.155 6	0.159 2	0.161 9	0.165 8	0.168 2	0.169 8	0.170 8	0.171 5	0.172 5	0.173 3
3.2	0.131 0	0.139 0	0.145 0	0.149 7	0.153 3	0.156 2	0.160 2	0.162 8	0.164 5	0.165 7	0.166 4	0.167 5	0.168 5
3.4	0.125 6	0.133 4	0.139 4	0.144 1	0.147 8	0.150 8	0.155 0	0.157 7	0.159 5	0.160 7	0.161 6	0.162 8	0.163 9
3.6	0.120 5	0.128 2	0.134 2	0.138 9	0.142 7	0.145 6	0.150 0	0.152 8	0.154 8	0.156 1	0.157 0	0.158 3	0.159 5
3.8	0.115 8	0.123 4	0.129 3	0.134 0	0.137 8	0.140 8	0.145 2	0.148 2	0.150 2	0.151 6	0.152 6	0.154 1	0.155 4
4.0	0.111 4	0.118 9	0.124 8	0.129 4	0.133 2	0.136 2	0.140 8	0.143 8	0.145 9	0.147 4	0.148 5	0.150 0	0.151 6
4.2	0.107 3	0.114 7	0.120 5	0.125 1	0.128 9	0.131 9	0.136 5	0.139 6	0.141 8	0.143 4	0.144 5	0.146 2	0.147 9
4.4	0.103 5	0.110 7	0.116 4	0.121 0	0.124 8	0.127 9	0.132 5	0.135 7	0.137 9	0.139 6	0.140 7	0.142 5	0.144 4
4.6	0.100 0	0.107 0	0.112 7	0.117 2	0.120 9	0.124 0	0.128 7	0.131 9	0.134 2	0.135 9	0.137 1	0.139 0	0.141 0
4.8	0.096 7	0.103 6	0.109 1	0.113 6	0.117 3	0.120 4	0.125 0	0.128 3	0.130 7	0.132 4	0.133 7	0.135 7	0.137 9
5.0	0.093 5	0.100 3	0.105 7	0.110 2	0.113 9	0.116 9	0.121 6	0.124 9	0.127 3	0.129 1	0.130 4	0.132 5	0.134 8
5.2	0.090 6	0.097 2	0.102 6	0.107 0	0.110 6	0.113 6	0.118 3	0.121 7	0.124 1	0.125 9	0.127 3	0.129 5	0.132 0
5.4	0.087 8	0.094 3	0.099 6	0.103 9	0.107 5	0.110 5	0.115 2	0.118 6	0.121 1	0.122 9	0.124 3	0.126 5	0.129 2
5.6	0.085 2	0.091 6	0.096 8	0.101 0	0.104 6	0.107 6	0.112 2	0.115 6	0.118 1	0.120 0	0.121 5	0.123 8	0.126 6
5.8	0.082 8	0.089 0	0.094 1	0.098 3	0.101 8	0.104 7	0.109 4	0.112 8	0.115 3	0.117 2	0.118 7	0.121 1	0.124 0
6.0	0.080 5	0.086 6	0.091 6	0.095 7	0.099 1	0.102 1	0.106 7	0.110 1	0.112 6	0.114 6	0.116 1	0.118 5	0.121 6
6.2	0.078 3	0.084 2	0.089 1	0.093 2	0.096 6	0.099 5	0.104 1	0.107 5	0.110 1	0.112 0	0.113 6	0.116 1	0.119 3
6.4	0.076 2	0.082 0	0.086 9	0.090 9	0.094 2	0.097 1	0.101 6	0.105 0	0.107 6	0.109 6	0.111 1	0.113 7	0.117 1
6.6	0.074 2	0.079 9	0.084 7	0.088 6	0.091 9	0.094 8	0.099 3	0.102 7	0.105 3	0.107 3	0.108 8	0.111 4	0.114 9
6.8	0.072 3	0.077 9	0.082 6	0.086 5	0.089 8	0.092 6	0.097 0	0.100 4	0.103 0	0.105 0	0.106 6	0.109 2	0.112 9
7.0	0.070 5	0.076 1	0.080 6	0.084 4	0.087 7	0.090 4	0.094 9	0.098 2	0.100 8	0.102 8	0.104 4	0.107 1	0.110 9
7.2	0.068 8	0.074 2	0.078 7	0.082 5	0.085 7	0.088 4	0.092 8	0.096 2	0.098 7	0.100 8	0.102 3	0.105 1	0.109 0
7.4	0.067 2	0.072 5	0.076 9	0.080 6	0.083 8	0.086 5	0.090 8	0.094 2	0.096 7	0.098 8	0.100 4	0.103 1	0.107 1
7.6	0.065 6	0.070 9	0.075 2	0.078 9	0.082 0	0.084 6	0.088 9	0.092 2	0.094 8	0.096 8	0.098 4	0.101 2	0.105 4
7.8	0.064 2	0.069 3	0.073 6	0.077 1	0.080 2	0.082 8	0.087 1	0.090 4	0.092 9	0.095 0	0.096 6	0.099 4	0.103 6
8.0	0.062 7	0.067 8	0.072 0	0.075 5	0.078 5	0.081 1	0.085 3	0.088 6	0.091 2	0.093 2	0.094 8	0.097 6	0.102 0
8.2	0.061 4	0.066 3	0.070 5	0.073 9	0.076 9	0.079 5	0.083 7	0.086 9	0.089 4	0.091 4	0.093 1	0.095 9	0.100 4
8.4	0.060 1	0.064 9	0.069 0	0.072 4	0.075 4	0.077 9	0.082 0	0.085 2	0.087 8	0.089 3	0.091 4	0.094 3	0.093 8
8.6	0.058 8	0.063 6	0.067 6	0.071 0	0.073 9	0.076 4	0.080 5	0.083 6	0.086 2	0.088 2	0.089 8	0.092 7	0.097 3
8.8	0.057 6	0.062 3	0.066 3	0.069 6	0.072 4	0.074 9	0.079 0	0.082 1	0.084 6	0.086 6	0.088 2	0.091 2	0.959
9.2	0.055 4	0.059 9	0.063 7	0.067 0	0.069 7	0.072 1	0.076 1	0.079 2	0.081 7	0.083 7	0.085 3	0.088 2	0.093 1
9.6	0.053 3	0.057 7	0.061 4	0.064 5	0.067 2	0.069 6	0.073 4	0.076 5	0.078 9	0.080 9	0.082 5	0.085 5	0.090 5
10.0	0.051 4	0.055 6	0.059 2	0.062 2	0.064 9	0.067 2	0.071 0	0.073 9	0.076 3	0.078 3	0.079 9	0.082 9	0.088 0
10.4	0.049 6	0.053 7	0.057 2	0.060 1	0.062 7	0.064 9	0.068 6	0.071 6	0.073 9	0.075 9	0.077 5	0.080 4	0.085 7
10.8	0.047 9	0.051 9	0.055 3	0.058 1	0.060 6	0.062 8	0.066 4	0.069 3	0.071 7	0.073 6	0.075 1	0.078 1	0.083 4
11.2	0.046 3	0.050 2	0.053 5	0.056 3	0.058 7	0.060 9	0.064 4	0.067 2	0.069 5	0.071 4	0.073 0	0.075 9	0.081 3
11.6	0.044 8	0.048 6	0.051 8	0.054 5	0.056 9	0.059 0	0.062 5	0.065 2	0.067 5	0.069 4	0.070 9	0.073 8	0.079 3
12.0	0.043 5	0.047 1	0.050 2	0.052 9	0.055 2	0.057 3	0.060 6	0.063 4	0.065 6	0.067 4	0.069 0	0.071 9	0.077 4
12.8	0.040 9	0.044 4	0.047 4	0.049 9	0.052 1	0.054 1	0.057 3	0.059 9	0.062 1	0.063 9	0.065 4	0.068 2	0.073 9
13.6	0.038 7	0.042 0	0.044 8	0.047 2	0.049 3	0.051 2	0.054 3	0.056 8	0.058 9	0.060 7	0.062 1	0.064 9	0.070 7

续表 4-3

z/b	l/b												
	1.0	1.2	1.4	1.6	1.8	2.0	2.4	2.8	3.2	3.6	4.0	5.0	10.0
14.4	0.036 7	0.039 8	0.042 5	0.044 8	0.046 8	0.048 6	0.051 6	0.054 0	0.056 1	0.057 7	0.059 2	0.061 9	0.067 7
15.2	0.034 9	0.037 9	0.040 4	0.042 6	0.044 6	0.046 3	0.049 2	0.051 5	0.053 5	0.055 1	0.056 5	0.059 2	0.065 0
16.0	0.033 2	0.036 1	0.038 5	0.040 7	0.042 5	0.044 2	0.046 9	0.049 2	0.051 1	0.052 7	0.054 0	0.056 7	0.062 5
18.0	0.029 7	0.032 3	0.034 5	0.036 4	0.038 1	0.039 6	0.042 2	0.044 2	0.046 0	0.047 5	0.048 7	0.051 2	0.057 0
20.0	0.026 9	0.029 2	0.031 2	0.033 0	0.034 5	0.035 9	0.038 3	0.040 2	0.041 8	0.043 2	0.044 4	0.046 8	0.052 4

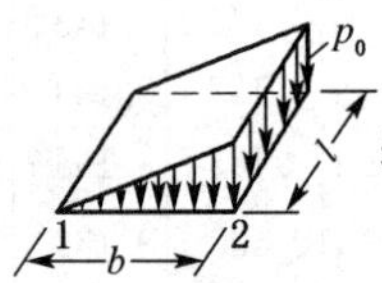

表 4-4 矩形面积上三角形分布荷载作用下角点的平均附加应力系数$\bar{\alpha}$

z/b	$l/b=0.2$		$l/b=0.4$		$l/b=0.6$		$l/b=0.8$		$l/b=1.0$	
	角点 1	角点 2	角点 1	角点 2	角点 1	角点 2	角点 1	角点 2	角点 1	角点 2
0.0	0.000 0	0.250 0	0.000 0	0.250 0	0.000 0	0.250 0	0.000 0	0.250 0	0.000 0	0.250 0
0.2	0.011 2	0.216 1	0.014 0	0.230 8	0.014 8	0.233 3	0.015 1	0.233 9	0.015 2	0.234 1
0.4	0.017 9	0.181 0	0.024 5	0.208 4	0.027 0	0.215 3	0.028 0	0.217 5	0.028 5	0.218 4
0.6	0.020 7	0.150 5	0.030 8	0.185 1	0.035 5	0.196 6	0.037 6	0.201 1	0.038 8	0.203 0
0.8	0.021 7	0.127 7	0.034 0	0.164 0	0.040 5	0.178 7	0.044 0	0.185 2	0.045 9	0.188 3
1.0	0.021 7	0.110 4	0.035 1	0.146 1	0.043 0	0.162 4	0.047 6	0.170 4	0.050 2	0.174 6
1.2	0.021 2	0.097 0	0.035 1	0.131 2	0.043 9	0.148 0	0.049 2	0.157 1	0.052 5	0.162 1
1.4	0.020 4	0.086 5	0.034 4	0.118 7	0.043 6	0.135 6	0.049 5	0.145 1	0.053 4	0.150 7
1.6	0.019 5	0.077 9	0.033 3	0.108 2	0.042 7	0.124 7	0.049 0	0.134 5	0.053 3	0.140 5
1.8	0.018 6	0.070 9	0.032 1	0.099 3	0.041 5	0.115 3	0.048 0	0.125 2	0.052 5	0.131 3
2.0	0.017 8	0.065 0	0.030 8	0.091 7	0.040 1	0.107 1	0.046 7	0.116 9	0.051 3	0.123 2
2.5	0.015 7	0.053 8	0.027 6	0.076 9	0.036 5	0.090 8	0.042 9	0.100 0	0.047 8	0.106 3
3.0	0.014 0	0.045 8	0.024 8	0.066 1	0.033 0	0.078 6	0.039 2	0.087 1	0.043 9	0.093 1
5.0	0.009 7	0.028 9	0.017 5	0.042 4	0.023 6	0.047 6	0.028 5	0.057 6	0.032 4	0.062 4
7.0	0.007 3	0.021 1	0.013 3	0.031 1	0.018 0	0.035 2	0.021 9	0.042 7	0.025 1	0.046 5
10.0	0.005 3	0.015 0	0.009 7	0.022 2	0.013 3	0.025 3	0.016 2	0.030 8	0.018 6	0.033 6

z/b	$l/b=1.2$		$l/b=1.4$		$l/b=1.6$		$l/b=1.8$		$l/b=2.0$	
0.0	0.000 0	0.250 0	0.000 0	0.250 0	0.000 0	0.250 0	0.000 0	0.250 0	0.000 0	0.250 0
0.2	0.015 3	0.234 2	0.015 3	0.234 3	0.015 3	0.234 3	0.015 3	0.234 3	0.015 3	0.234 3
0.4	0.028 8	0.218 7	0.028 9	0.218 9	0.029 0	0.219 0	0.029 0	0.219 0	0.029 0	0.219 1
0.6	0.039 4	0.203 9	0.039 7	0.204 3	0.039 9	0.204 6	0.040 0	0.204 7	0.040 1	0.204 8
0.8	0.047 0	0.189 9	0.047 6	0.190 7	0.048 0	0.191 2	0.048 2	0.191 5	0.048 3	0.191 7
1.0	0.051 8	0.176 9	0.052 8	0.178 1	0.053 4	0.178 9	0.053 8	0.179 4	0.054 0	0.179 7
1.2	0.054 6	0.164 9	0.056 0	0.166 6	0.056 8	0.167 8	0.057 4	0.168 4	0.057 7	0.168 9
1.4	0.055 9	0.154 1	0.057 5	0.156 2	0.058 6	0.157 6	0.059 4	0.158 5	0.059 9	0.159 1
1.6	0.056 1	0.144 3	0.058 0	0.146 7	0.059 4	0.148 4	0.060 3	0.149 4	0.060 9	0.150 2
1.8	0.055 6	0.135 4	0.057 8	0.138 1	0.059 3	0.140 0	0.060 4	0.141 3	0.061 1	0.142 2

续表 4-4

z/b	$l/b=1.2$		$l/b=1.4$		$l/b=1.6$		$l/b=1.8$		$l/b=2.0$	
	角点 1	角点 2	角点 1	角点 2	角点 1	角点 2	角点 1	角点 2	角点 1	角点 2
2.0	0.054 7	0.127 4	0.057 0	0.130 3	0.058 7	0.132 4	0.059 9	0.133 8	0.060 8	0.134 8
2.5	0.051 3	0.110 7	0.054 0	0.113 9	0.056 0	0.116 3	0.057 5	0.118 0	0.058 6	0.119 3
3.0	0.047 6	0.097 6	0.050 3	0.100 8	0.052 5	0.103 3	0.054 1	0.105 2	0.055 4	0.106 7
5.0	0.035 6	0.066 1	0.038 2	0.069 0	0.040 3	0.071 4	0.042 1	0.073 4	0.043 5	0.074 9
7.0	0.027 7	0.049 6	0.029 9	0.052 0	0.031 8	0.054 1	0.033 3	0.055 8	0.034 7	0.057 2
10.0	0.020 7	0.035 9	0.022 4	0.037 9	0.023 9	0.039 5	0.025 2	0.040 9	0.026 3	0.040 3
z/b	$l/b=3.0$		$l/b=4.0$		$l/b=6.0$		$l/b=8.0$		$l/b=10.0$	
0.0	0.000 0	0.250 0	0.000 0	0.250 0	0.000 0	0.250 0	0.000 0	0.250 0	0.000 0	0.250 0
0.2	0.015 3	0.234 3	0.015 3	0.234 3	0.015 3	0.234 3	0.015 3	0.234 3	0.015 3	0.234 3
0.4	0.029 0	0.219 2	0.029 1	0.219 2	0.029 1	0.219 2	0.029 1	0.219 2	0.029 1	0.219 2
0.6	0.040 2	0.205 0	0.040 2	0.205 0	0.040 2	0.205 0	0.040 2	0.205 0	0.040 2	0.205 0
0.8	0.048 6	0.192 0	0.048 7	0.192 0	0.048 7	0.192 1	0.048 7	0.192 1	0.048 7	0.192 1
1.0	0.054 5	0.180 3	0.054 6	0.180 3	0.054 6	0.180 4	0.054 6	0.180 4	0.054 6	0.180 4
1.2	0.058 4	0.16 97	0.058 6	0.169 9	0.058 7	0.170 0	0.058 7	0.170 0	0.058 7	0.170 0
1.4	0.060 9	0.160 3	0.061 2	0.160 5	0.061 3	0.160 6	0.061 3	0.160 6	0.061 3	0.160 6
1.6	0.062 3	0.151 7	0.062 6	0.152 1	0.062 8	0.152 3	0.062 8	0.152 3	0.062 8	0.152 3
1.8	0.062 8	0.144 1	0.063 3	0.144 5	0.063 5	0.144 7	0.063 5	0.144 8	0.063 5	0.144 8
2.0	0.062 9	0.137 1	0.063 4	0.137 7	0.063 7	0.138 0	0.063 8	0.138 0	0.063 8	0.138 0
2.5	0.061 4	0.122 3	0.062 3	0.123 3	0.062 7	0.123 7	0.062 8	0.123 8	0.062 8	0.123 9
3.0	0.058 9	0.110 4	0.060 0	0.111 6	0.060 7	0.112 3	0.060 9	0.112 4	0.060 9	0.112 5
5.0	0.048 0	0.079 7	0.050 0	0.081 7	0.051 5	0.083 3	0.051 9	0.083 7	0.052 1	0.083 9
7.0	0.039 1	0.061 9	0.041 4	0.064 2	0.043 5	0.066 3	0.044 2	0.067 1	0.044 5	0.067 4
10.0	0.030 2	0.046 2	0.032 5	0.048 5	0.034 9	0.050 9	0.035 9	0.052 0	0.036 4	0.052 6

表 4-5　圆形面积上均布荷载作用下中心点平均附加应力系数$\bar{\alpha}$

z/r	$\bar{\alpha}$	z/r	$\bar{\alpha}$	z/r	$\bar{\alpha}$
0.0	1.000	1.1	0.855	2.1	0.640
0.1	1.000	1.2	0.831	2.2	0.623
0.2	0.998	1.3	0.808	2.3	0.606
0.3	0.993	1.4	0.784	2.4	0.590
0.4	0.986	1.5	0.762	2.5	0.574
0.5	0.974	1.6	0.739	2.6	0.560
0.6	0.960	1.7	0.718	2.7	0.546
0.7	0.942	1.8	0.697	2.8	0.532
0.8	0.923	1.9	0.677	2.9	0.519
0.9	0.901	2.0	0.658	3.0	0.507
1.0	0.878				

续表 4-5

z/r	$\bar{\alpha}$	z/r	$\bar{\alpha}$	z/r	$\bar{\alpha}$
3.1	0.495	4.1	0.401	6.0	0.292
3.2	0.484	4.2	0.393	7.0	0.255
3.3	0.473	4.3	0.386	8.0	0.227
3.4	0.463	4.4	0.379	9.0	0.206
3.5	0.453	4.5	0.372	10.0	0.187
3.6	0.443	4.6	0.365	12.0	0.156
3.7	0.434	4.7	0.359	14.0	0.134
3.8	0.425	4.8	0.353	16.0	0.117
3.9	0.417	4.9	0.347	18.0	0.104
4.0	0.409	5.0	0.341	20.0	0.094

表 4-6 圆形面积上均布荷载作用下圆周点平均附加应力系数$\bar{\alpha}$

z/r	$\bar{\alpha}$	z/r	$\bar{\alpha}$	z/r	$\bar{\alpha}$
0.0	0.500	1.8	0.353	4.2	0.215
0.2	0.484	2.0	0.338	4.6	0.202
0.4	0.468	2.2	0.324	5.0	0.190
0.6	0.448	2.4	0.311	5.5	0.177
0.8	0.434	2.6	0.299	6.0	0.166
1.0	0.417	2.8	0.287		
1.2	0.400	3.0	0.276		
1.4	0.384	3.4	0.257		
1.6	0.368	3.8	0.239		

由于附加应力随深度的变化是非线性的，分层总和法中分层厚度过大时，用上下层面的附加应力平均值作为该层的附加应力存在较大的误差，因此在分层时一般要求厚度不大于0.4b。规范法采用了精确的“应力面积”的概念，因而可以划分较少的层数，一般可以按地基土的天然层面划分，分层数大大减少，简化了计算过程。

2) 引入一个沉降计算经验系数 ψ_s

为了提高计算准确度，地基沉降计算深度范围内的计算沉降量 s'，尚需乘以一个沉降计算经验系数 ψ_s。《建筑地基基础设计规范》规定 ψ_s 的确定方法为：

$$\psi_s = s_\infty / s' \tag{4-25}$$

式中：s_∞——利用地基沉降观测资料推算的最终沉降量。

各地区宜按实测资料制定适合于本地区各类土的 ψ_s 值，而《建筑地基基础设计规范》提供了一个参考值，见表 4-7。

表 4-7　《建筑地基基础设计规范》沉降计算经验系数 ψ_s

基底附加压力	$\overline{E}_s$(MPa)				
	2.5	4.0	7.0	15.0	20.0
$p_0 \geqslant f_{ak}$	1.4	1.3	1.0	0.4	0.2
$p_0 \leqslant 0.75 f_{ak}$	1.1	1.0	0.7	0.4	0.2

注：(1) $\overline{E}_s$ 为沉降计算深度范围内压缩模量的当量值，应按下式计算：$\overline{E}_s = \sum A_i / \sum (A_i / E_{si})$。其中 A_i 为第 i 层土附加应力沿土层厚度的积分值，即 $A_i = p_0(\overline{\alpha}_i z_i - \overline{\alpha}_{i-1} z_{i-1})$。

(2) f_{ak} 为地基承载力特征值。

引入沉降计算经验系数后，《建筑地基基础设计规范》推荐的地基最终沉降量 s 的计算公式如下：

$$s = \psi_s \sum_{i=1}^{n} p_0(\overline{\alpha}_i z_i - \overline{\alpha}_{i-1} z_{i-1}) / E_{si} \tag{4-26}$$

式中：n——地基沉降计算深度范围内所划分的土层数。

规范法引入的沉降计算经验系数是从大量的工程实际沉降资料经数理统计得到的，综合反映了各种假定带来的误差，如侧限条件的假定、地基土均质性的假定，半无限空间体的假定等。因此，规范法的计算结果更接近实际。

3) 地基沉降计算深度(地基压缩层厚度)

该方法中地基沉降计算深度 z_n 可通过试算确定，要求满足下式条件：

$$\Delta s'_n \leqslant 0.025 \sum_{i=1}^{n} \Delta s'_i \tag{4-27}$$

式中：$\Delta s'_i$——在计算深度 z_n 范围内第 i 层土的计算沉降量(mm)；

$\Delta s'_n$——在计算深度 z_n 处向上取厚度为 Δz 土层的计算沉降量(mm)，Δz 按表 4-8 确定。

表 4-8　Δz 值表

基底宽度 b(m)	$b \leqslant 2$	$2 < b \leqslant 4$	$4 < b \leqslant 8$	$b > 8$
Δz(m)	0.3	0.6	0.8	1.0

当无相邻荷载影响，基础宽度在 1～30 m 范围内时，基础中点的地基沉降计算深度 z_n(m)也可按下式估算：

$$z_n = b(2.5 - 0.4\ln b) \tag{4-28}$$

式中：b——基础宽度(m)。

按式(4-28)所确定的沉降计算深度下如有较软土层时，尚应向下继续计算，直至软弱土层中所取规定厚度 Δz 的计算沉降量满足式(4-27)的要求为止。

当沉降计算深度范围内存在基岩(不可压缩层)时，z_n 可取至基岩表面为止。

在计算地基变形时，应考虑相邻荷载的影响，其值可按应力叠加原理，采用角点法计算。

规范法计算基础沉降量的步骤为：

(1) 计算基底附加应力

(2) 以天然土层作为分层面

(3) 根据实际尺寸查表确定$\bar{\alpha}$

(4) 计算每层土的应力面积 A

(5) 分别计算每层土的变形量

$$s_i = \frac{p_0}{E_{si}}(\bar{\alpha}_i z_i - \bar{\alpha}_{i-1} z_{i-1})$$

(6) 采用变形比确定压缩层厚度 z_n

$$\frac{\Delta s_n'}{\sum_{i=1}^{n} \Delta s_i'} \leqslant 0.025$$

(7) 计算压缩模量当量值

$$\overline{E}_s = \sum A_i / \sum (A_i / E_{si})$$

(8) 按照压缩模量当量值和基底压力确定沉降计算经验系数

(9) 计算地基最终总沉降量

$$s = \psi_s s' = \psi_s \sum_{i=1}^{i=n} \frac{p_0}{E_{si}}(\bar{\alpha}_i z_i - \bar{\alpha}_{i-1} z_{i-1})$$

【例 4-2】 试按规范推荐的方法计算如图 4-17 所示基础Ⅰ的最终沉降量,并考虑基础Ⅱ的影响。已知基础Ⅰ和Ⅱ各承受相应于准永久组合的总荷载值 $Q = 1\,134$ kN,基础底面尺寸 $b \times l = 2$ m×3 m,基础埋置深度 $d = 2$ m。其他条件见图 4-17 所示。

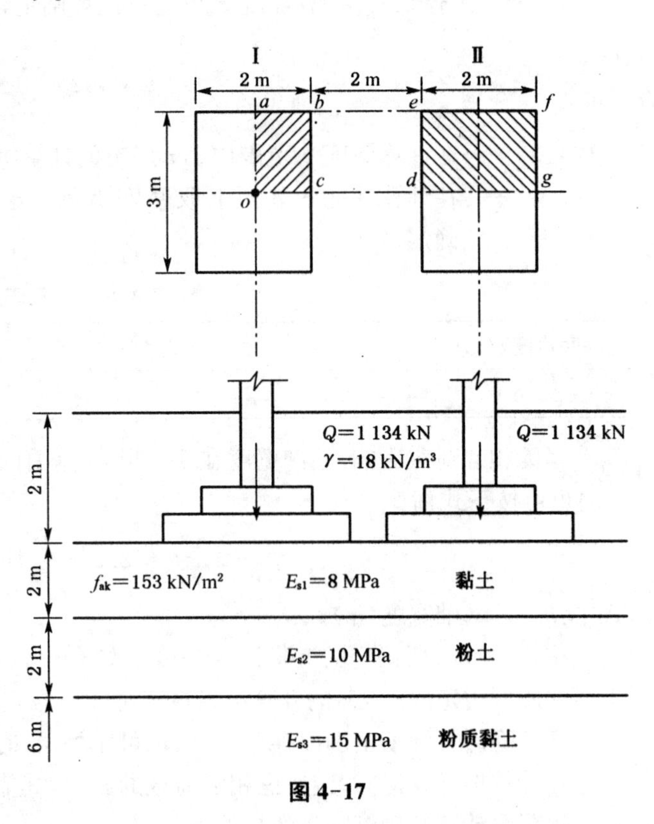

图 4-17

【解答】 (1) 计算基底压力

基底处总压力:

$$p = \frac{Q}{A} = \frac{1\,134}{2 \times 3} = 189 \text{ kN/m}^2$$

基底附加压力:

$$p_0 = p - \sigma_{cz} = 189 - 36 = 153 \text{ kN/m}^2$$

(2) 根据地基土层情况,假设压缩层深度 $z_n = 4.0$ m,计算压缩层范围内各土层压缩量,如表 4-9 所示

表 4-9 地基沉降量计算表

z_i(m)	基础Ⅰ			基础Ⅱ对基础Ⅰ的影响				$\bar{\alpha}_i$
	$m=l/b$	$n=z/b$	$\bar{\alpha}_{\mathrm{I}i}$	$m=l/b$		$n=z/b$	$\bar{\alpha}_{\mathrm{II}i}=\bar{\alpha}_{\mathrm{II}i}=\bar{\alpha}_{\mathrm{aogf}}=\bar{\alpha}_{\mathrm{aode}}$	
0	1.5	0	1.000	3.3	2.0	0	0	
2.0	1.5	2	0.757 6	3.3	2.0	1.3	0.004 2	0.761 8
4.0	1.5	4	0.508 5	3.3	2.0	2.7	0.014 2	0.522 7
3.7	1.5	3.7	0.536 5	3.3	2.0	2.5	0.013 0	0.549 5

z_i (m)	$\bar{\alpha}_i z_i$ (m)	$\bar{\alpha}_i z_i-\bar{\alpha}_{i-1}z_{i-1}$ (m)	E_{si} (kPa)	$\Delta s_i'=p_0(\bar{\alpha}_i z_i-\bar{\alpha}_{i-1}z_{i-1})/E_{si}$ (mm)	$\sum\Delta s'$ (mm)	$\Delta s_n'/\sum\Delta s_i'$
0	0					
2.0	1.522	1.522	8	29.1	29.1	
4.0	2.091	0.569	10	8.7	37.8	
3.7	2.033	0.058	10	0.88		0.023

(3) 确定压缩层下限

$$\frac{\Delta s_n'}{\sum_{i=1}^{n}\Delta s_i'}=\frac{0.88}{37.8}=0.023\leqslant 0.025$$

故所取沉降计算深度 $z_n=4$ m 满足规范要求。

(4) 确定沉降计算经验系数

压缩层范围内土层压缩模量的平均值：

$$\overline{E}_s=\frac{\sum_{i=1}^{n}A_i}{\sum_{i=1}^{n}\frac{A_i}{E_{si}}}=\frac{2.091}{\frac{1.522}{8}+\frac{0.569}{10}}=8.47\ \mathrm{MPa}$$

查表 4-6 得 $\psi_s=0.9$。

(5) 计算基础最终沉降量

$$s=0.9\times 37.8=34\ \mathrm{mm}$$

4.3.4 弹性力学法和有线单元法简介

弹性力学法计算地基沉降是基于布辛奈斯克课题的位移解，其基本假定为地基是均质的、各向同性的、线弹性的半无限体;此外还假定基础整个底面和地基一直保持接触。需要指出的是布辛奈斯克课题是研究荷载作用于地表的情形,因此可以近似用来研究荷载作用面埋置深度较浅的情况。该方法计算结果误差大,应用较少。

有限元法改进了弹性力学法的线弹性假定带来的误差,采用非线性弹性本构模型或弹塑性本构模型,并能够考虑复杂的边界条件、土体的应力历史以及水与骨架上应力的耦合效应,还可以考虑土与结构的共同作用、土层的各向异性,还可以模拟现场逐级加荷,能考虑侧向变形及三维渗流对沉降的影响,并能求得任意时刻的沉降、水平位移、孔隙压力和有效应力的变化。从计算方法上来说,由于其计算参数多,且需通过三轴试验确定,程序复杂,难以为一般工程设计人员接受,在实际工程中尚未得到普遍应用,只能用于重要工程、重要地段地基沉降的计算。

4.4 土的应力历史及其对地基沉降的影响

4.4.1 天然土层应力历史

土体在形成及存在过程中所经受的地质作用和应力变化不同,所产生的压密过程和固结状态就不同,这会对地基的沉降产生影响。通常将上述土体在地质年代中所经受的应力状态的变化情况称为应力历史。

压力与现有固结压力的大小关系,可以将土体分为超固结土、正常固结土和欠固结土。我们还经常用超固结比来表征土体的应力历史,超固结比定义为前期固结应力与现有固结应力之比,用符号 OCR 表示。分类后的三种固结状态如下:

1) 正常固结土

土体在历史最大固结压力下压缩稳定,后来固结应力既没有增加,也没有减少,前期固结应力等于现有固结应力,超固结比等于 1,这种土体称为正常固结土[如图 4-18(a)]。

2) 超固结土

土体在历史最大固结应力 p_c 下压缩稳定,后由于河流冲刷、人工挖土、冰川融化、地下水位上升等原因,固结应力减小,所以前期固结应力大于现有固结应力,超固结比大于 1,这种土体称为超固结土[如图 4-18(b)]。

3) 欠固结土

土层逐渐沉积到地面,但土体尚未压缩稳定,固结应力小于自重应力(现有固结应力),所以先期固结应力小于现有的固结应力,超固结比小于 1,称为欠固结土[如图 4-18(c)]。

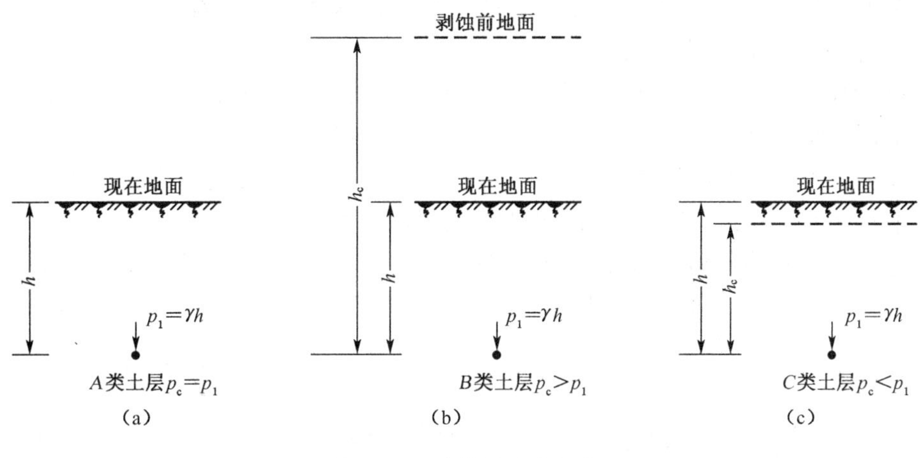

图 4-18　土体的应力历史

4.4.2　前期固结应力的确定和现场压缩曲线的推求

1) 前期固结应力的确定

根据室内大量试验资料证明：室内压缩曲线开始弯曲平缓，随着压力增大明显下弯，当压力接近 p_c 时，曲线急剧变陡，并随压力的增长近似直线向下延伸。根据本特征，卡萨格兰德提出确定 p_c 的经验作图法，如图 4-19 所示，是目前最常用的方法，其步骤如下：

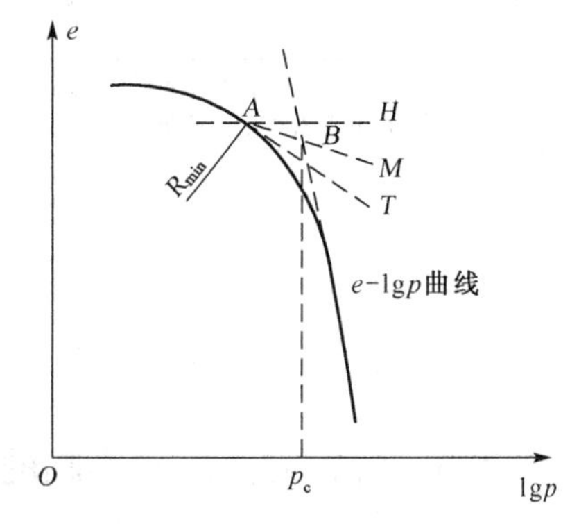

图 4-19　求 p_c 的卡萨格兰德经验作图法

(1) 从室内 $e-\lg p$ 压缩曲线上找出曲率最大点 A。

(2) 过 A 点作水平线 AH 和切线 AT。

(3) 作水平线 AH 与切线 AT 所夹角的平分线 AM。

(4) 作 $e-\lg p$ 曲线直线段的向上延长交 AM 于 B 点，则 B 点的横坐标即为所求的前期固结应力 p_c。

2) 现场压缩曲线的推求

室内压缩试验的结果发现，无论试样扰动如何，当压力增大时，曲线都近于直线段，且大都经过 $0.42e_0$ 点(e_0——试样的原位孔隙比)。

由室内压缩曲线加以修正求得现场土层的压缩曲线的方法：由现场取样时确定试样的原位孔隙比 e_0 及固结应力(即有效覆盖应力)；由室内压缩曲线求出土层的 p_c。

判断：

(1) 当 p_0(现有固结力) $= p_c$ 时(正常固结土)

① 作 $e=e_0$ 水平线交 $\lg p=p_c$ 线于 B 点，B 点坐标为(p_c，e_0)。

② 作 $e=0.42e_0$ 水平线交室内压缩曲线直线段于 C 点。

③ 连接 bc 直线段，即为现场压缩曲线；bc 直线段的斜率——压缩指数 C_c。

(2) 当 $p_0 < p_c$ 时（超固结土）

在取样前已产生了回弹，例如沉积剥蚀等，在建筑物荷载作用下，应属于再压缩过程。

① 作 $e = e_0$ 平行线交 $\lg p = \lg p_0$ 线于 b_1 点，b_1 点坐标为 (p_0, e_0)。

② 自 b_1 点作 DF 线的平行线交 $\lg p = p_c$ 线于 b 点，注 DF 为室内试验滞回圈连线。

③ 作 $e = 0.42e_0$ 平行线交室内压缩曲线直线段于 C 点。

④ 连接 b_1b、bC 直线段，现场压缩曲线就是由 b_1b 段和 bC 段直线所组成。相应于 b_1b 段、bC 段直线的斜率分别用 C_s、C_c 表示。

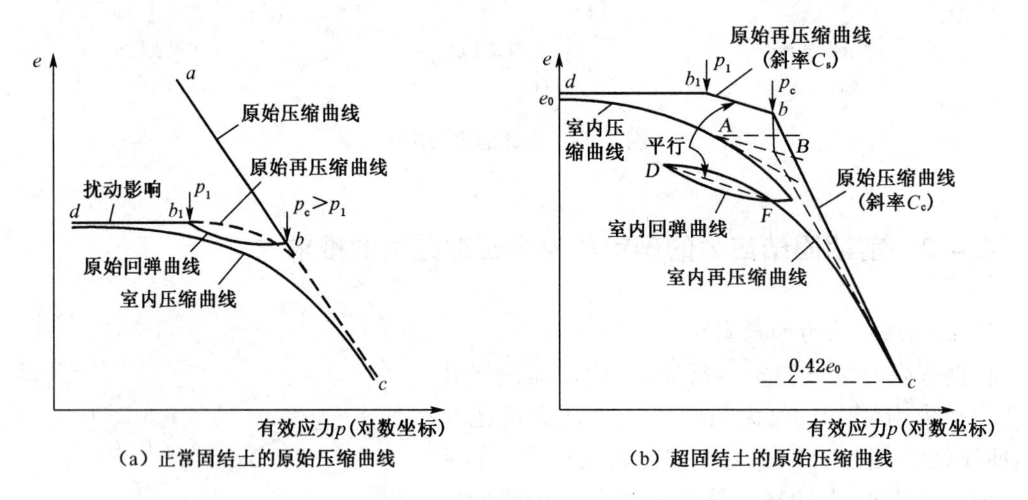

图 4-20 原始压缩曲线的推求

(3) 当 $p_0 > p_c$ 时（欠固结土）

它的现场压缩曲线的推求方法类似于正常固结土。

4.4.3 考虑应力历史影响的地基最终沉降量计算

考虑应力历史影响的沉降计算方法，也采用无侧向变形条件下的压缩量基本公式 $s = \dfrac{e_1 - e_2}{1 + e_1}H$ 和分层总和法进行。所不同的是初始孔隙比应取 E_0，由现场压缩曲线的压缩指数按 e - $\lg p$ 曲线获取 Δe。

1) 正常固结土的沉降计算

当土层属于正常固结土时，建筑物外荷引起的附加应力是对土层产生压缩的压缩应力。设现场土层的分层厚度为 h_i，压缩指数为 C_{ci}，则该分层的沉降量 s_i 为：

$$s_i = \frac{\Delta e_i}{1 + e_2} h_i$$

又因为 $$\Delta e_i = C_{ci}[\lg(p_{0i} + \Delta p_i) - \lg p_{0i}] = C_{ci}\lg\left[\frac{p_{0i} + \Delta p_i}{p_{0i}}\right]$$

$$s_i = \frac{h_i C_{ci}}{1+e_{0i}}\left[\lg \frac{p_{0i}+\Delta p_i}{p_{0i}}\right] \tag{4-29}$$

当地基又 n 分层时，则地基的总沉降量为：

$$s = \sum_{i=1}^{n} s_i = \sum_{i=1}^{n} \frac{h_i C_{ci}}{1+e_{0i}}\left[\lg \frac{p_{0i}+\Delta p_i}{p_{0i}}\right] \tag{4-30}$$

式中：e_{0i}——第 i 分层的初始孔隙比；

p_{0i}——第 i 分层的平均自重应力(kPa)；

C_{ci}——第 i 分层的现场压缩指数；

h_i——第 i 分层的厚度(m)；

Δp_i——第 i 分层的平均压缩应力(kPa)。

2) 超固结土的沉降计算

计算超固结土层的沉降时，涉及使用压缩曲线的压缩指数 C_c 和 C_s，因此计算时应该区别两种情况：

(1) 当建筑物荷载引起的压缩应力 $\Delta p_i < (p_{ci} - p_{0i})$ 时，土层属于超固结阶段的再压缩过程，第 i 层在 Δp_i 作用下，孔隙比的改变将只沿再压缩曲线 bb' 段发生，应使用 C_{si} 指数，则该分层的压缩量：

$$s_i = \frac{h_i}{1+e_{0i}} C_{si} \lg\left(\frac{p_{0i}+\Delta p_i}{p_{0i}}\right) \tag{4-31}$$

$$s = \sum_{i=1}^{n} s_i = \sum_{i=1}^{n} \left(\frac{h_i C_{si}}{1+e_{0i}}\right)\left(\lg \frac{p_{0i}+\Delta p_i}{p_{0i}}\right) \tag{4-32}$$

(2) 当压缩应力(平均固结力) $\Delta p_i > (p_{ci} - p_{0i})$ 时，则该分层的压缩量分为 p_{0i} 至 p_{ci} 段超固结压缩 s_{1i} 和 p_{ci} 至 $(p_{0i} + \Delta p_i)$ 段正常固结压缩 s_{2i} 两部分，即：

$$s_i = s_{1i} + s_{2i} \tag{4-33}$$

$$s_{1i} = \frac{h_i}{1+e_{0i}} C_{si} \lg \frac{p_{ci}}{p_{0i}} \tag{4-34}$$

$$s_{2i} = \frac{h_i}{1+e_{0i}} C_{ci} \lg \frac{p_{0i}+\Delta p_i}{p_{ci}} \tag{4-35}$$

$$s = \sum_{i=1}^{n} s_i = \sum_{i=1}^{n} (s_{1i} + s_{2i}) = \sum_{i=1}^{n} \frac{h_i}{1+e_{0i}}\left[C_{si} \lg \frac{p_{ci}}{p_{0i}} + C_{ci} \lg \frac{p_{0i}+\Delta p_i}{p_{ci}}\right] \tag{4-36}$$

式中：p_{ci}——第 i 分层的前期固结应力。

其余符号同前。

3) 欠固结土的沉降计算

对于欠固结土，由于在自重等作用下还未达到完全压缩稳定，$p_c < p_0$，因而沉降量应该包括由于自重作用引起的压缩和建筑物荷载引起的沉降量之和。

$$s_i = \frac{h_i}{1+e_{0i}} C_{ci}\left[\lg \frac{p_{0i}}{p_{ci}} + \lg \frac{p_{0i}+\Delta p_i}{p_{0i}}\right]$$

$$= \frac{h_i}{1+e_{0i}} C_{ci} \lg \frac{p_{0i}+\Delta p_i}{p_{ci}} \tag{4-37}$$

$$s = \sum_{i=1}^{n} s_i = \sum_{i=1}^{n} \frac{h_i}{1+e_i} C_{ci} \lg \frac{p_{0i}+\Delta p_i}{p_{ci}} \tag{4-38}$$

【例 4-3】 某超固结黏土层厚 2.0 m,前期固结应力 $p_c = 300$ kPa,现存自重应力 $p_0 = 100$ kPa,建筑物对该土层引起的平均附加应力为 400 kPa,已知土层的压缩指数为 $C_c = 0.4$,在压缩指数 $C_s = 0.1$ 时,初始孔隙比为 $e_0 = 0.81$,求该土层产生的最终沉降量。

【解】 已知 $h, p_c, p_0, \Delta p = 400$ kPa, C_c, C_s, e_0,因为 $\Delta p = 400$ kPa,而 $p_c - p_0 = 300 - 100 = 200$ kPa

所以

$$\Delta p > (p_c - p_0)$$

$$s_i = s_{1i} + s_{2i}$$

由

$$s_i = \frac{h_i}{1+e_{0i}}\left[C_{si} \lg \frac{p_{ci}}{p_{0i}} + C_{ci} \lg \frac{p_{0i}+\Delta p_i}{p_{ci}}\right]$$

$$s = \frac{200}{1+0.81}\left[0.1\lg \frac{300}{100} + 0.4\lg \frac{100+400}{300}\right] = 15.08 \text{ cm}$$

4.5 地基沉降与时间的关系——土的单向固结理论

饱和土体的压缩是由于孔隙水的排除、孔隙体积的减小引起的。碎石土和砂土透水性好,压缩很快完成;但黏性土的渗透性差,压缩变形稳定的时间较长。在工程中,往往需要了解建筑物在施工期间的沉降量,以便控制加载速度;需要考虑施工后一段时间的沉降量,以便确定建筑物正常使用的安全措施;在地基处理中,往往需要地基变形与时间的关系,以便确定卸载的时间。

饱和土体在压力作用下,孔隙水逐渐排出,土体积逐渐减小的过程称为固结。为研究饱和土渗透固结过程中任意时间的变形,通常采用太沙基 1925 年提出的一维固结理论进行计算。

4.5.1 饱和土的有效应力原理

作用于饱和土体内某截面上总的正应力 σ 由两部分组成:一部分为孔隙水压力 u,它沿着各个方向均匀作用于土颗粒上,其中由孔隙水自重引起的称为静水压力,由附加应力引起的称为超静孔隙水压力(通常简称为孔隙水压力);另一部分为有效应力 σ',它作用于土的骨架(土颗粒)上,其中由土粒自重引起的即为土的自重应力,由附加应力引起的称为附加有效应力。饱和土中总应力与孔隙水压力、有效应力之间存在如下关系:

$$\sigma = \sigma' + u \tag{4-39}$$

上式称为饱和土的有效应力公式，加上有效应力在土中的作用，可以进一步表述成如下的有效应力原理：

(1) 饱和土体内任一平面上受到的总应力等于有效应力加孔隙水压力之和；

(2) 土的强度的变化和变形只取决于土中有效应力的变化。

4.5.2 饱和土的渗流固结

饱和土体渗流固结过程可用一个弹簧活塞力学模型进行说明。在一个装满水的圆筒中，上部安装一个带细孔的活塞，活塞与筒底之间安装一个弹簧，模拟饱和土层。弹簧视为土骨架，水相当于孔隙中的自由水。

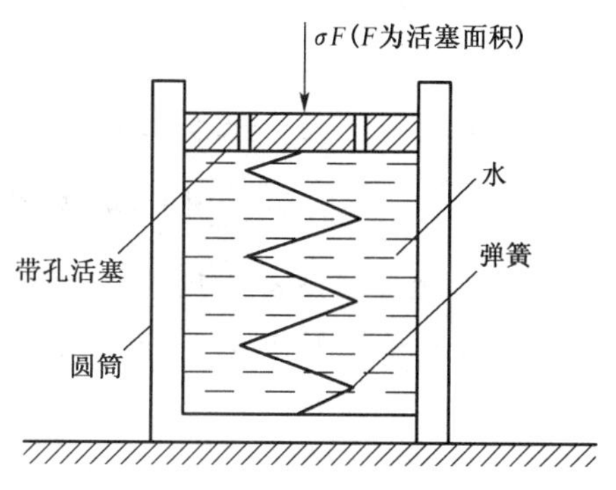

图 4-21 饱和土固结的弹簧活塞模型

(1) 在活塞顶面骤然施加压力的一瞬间，圆筒中的水尚未从活塞的细孔中排出时，压力 σ 完全由水来承担，弹簧没有变形和受力，即 $u=\sigma, \sigma'=0$。

(2) 经过时间 t 后，因水压力增大，筒中水不断从活塞底部通过细孔向活塞顶面流出，从而使活塞下降，迫使弹簧压缩而受力。此时有效应力 σ' 逐渐增大，孔隙水压力 u 逐渐减小，$\sigma'+u=\sigma$。

(3) 当时间 t 经历很长后，孔隙水压力 u 逐渐减小到零，筒中水停止流出，外力 σ 完全作用在弹簧上，这时，有效应力 $\sigma'=\sigma$，而孔隙水压力 $u=0$，土体渗流固结完成。

由此可见，饱和土体的渗流固结，就是土中的孔隙水压力 u 消散，逐渐转移为有效应力的过程。

4.5.3 太沙基一维固结理论

太沙基(K. Terzaghi，1925)一维固结理论可用于求解一维有侧限应力状态下，饱和黏性土地基受外荷载作用发生渗流固结过程中任意时刻的土骨架及孔隙水的应力分担量，如大面积均布荷载下薄压缩层地基的渗流固结等。

1) 基本假设

(1) 土是均质的、各向同性和完全饱和的。

(2) 土粒和水是不可压缩的。

(3) 土层的压缩和土中水的渗流只沿竖向发生，是单向(一维)的。

(4) 土中水的渗流服从达西定律，且土的渗透系数 k 和压缩系数 a 在渗流过程中保持不变。

(5) 外荷载是一次瞬时施加的。

需了解饱和土的一维渗流固结过程可观看如下一维渗流固结过程演示。

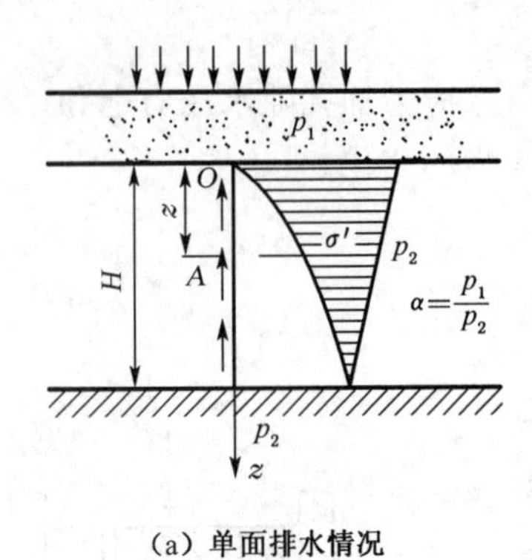

(a) 单面排水情况

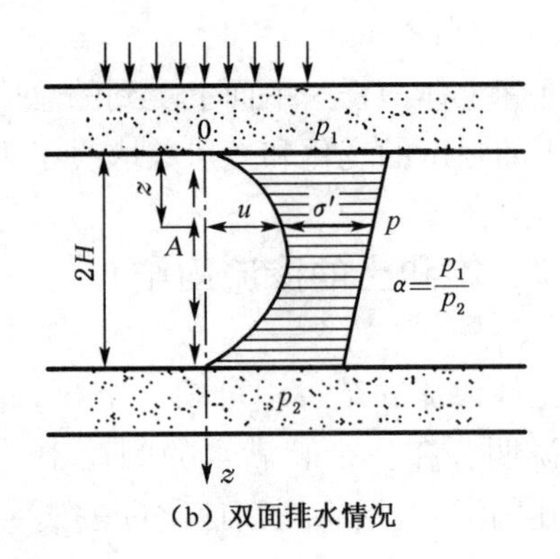

(b) 双面排水情况

图 4-22 饱和土固结的单面排水和双面排水情形

2) 一维固结微分方程

太沙基一维固结微分方程可表示为如下形式：

$$\frac{\partial u}{\partial t}=C_{\mathrm{v}}\frac{\partial^{2}u}{\partial z^{2}} \tag{4-40}$$

式中：C_{v}——土的竖向固结系数($\mathrm{cm^2/s}$)，其值为：

$$C_{\mathrm{v}}=\frac{k(1+e_0)}{a\gamma_{\mathrm{w}}}=\frac{kE_{\mathrm{s}}}{\gamma_{\mathrm{w}}} \tag{4-41}$$

上述固结微分方程可以根据土层渗流固结的初始条件与边界条件求出其特解，当附加应力 σ_z 沿土层均匀分布时孔隙水压力 $u(z,t)$ 的解答如下：

$$u(z,t)=\frac{4}{\pi}\sigma_z\sum_{m=1}^{\infty}\frac{1}{m}\exp\left(-\frac{m^2\pi^2}{4}T_{\mathrm{v}}\right)\sin\frac{m\pi z}{2H} \tag{4-42}$$

式中：m——奇正整数(1,3,5,…)；

T_{v}——时间因数，即：

$$T_{\mathrm{v}}=\frac{C_{\mathrm{v}}t}{H^2} \tag{4-43}$$

H——孔隙水的最大渗径，单面排水条件下为土层厚度，双面排水条件下为土层厚度之半。

3) 一维固结的初始条件与边界条件

(1) 单面排水土层中的初始条件与边界条件

当初始孔隙水压力沿深度为线性分布时，定义土层边界应力比为：

$$\alpha=\frac{p_1}{p_2} \tag{4-44}$$

式中：p_1——排水面边界处应力；

p_2——不排水面边界处应力。

表 4-10 饱和土固结单面排水情况下的边界条件

序号	时间	坐标	条件
1	$t=0$	$0 \leqslant z \leqslant H$	$u=p_2\left[1+(\alpha-1)\dfrac{H-z}{H}\right]$
2	$0<t<\infty$	$z=0$	$u=0$
3	$0<t<\infty$	$z=H$	$\dfrac{\partial u}{\partial t}=0$
	$t \rightarrow \infty$	$0 \leqslant z \leqslant H$	$u=0$

(2) 双面排水土层中的初始条件与边界条件

当初始孔隙水压力沿深度为线性分布时，定义土层边界应力比为：

$$\alpha=\frac{p_1}{p_2}$$

式中：p_1——上边界处应力；

p_2——下边界处应力。

表 4-11 饱和土固结双面排水情况下的边界条件

序号	时间	坐标	条件
1	$t=0$	$0 \leqslant z \leqslant H$	$u=p_2\left[1+(\alpha-1)\dfrac{H-z}{H}\right]$
2	$0<t<\infty$	$z=0$	$u=0$
3	$0<t<\infty$	$z=H$	$u=0$

4.5.4 固结度及其应用

1) 固结度的基本概念

土层在固结过程中，t 时刻土层各点土骨架承担的有效应力图面积与起始超孔隙水压力(或附加应力)图面积之比，称为 t 时刻土层的固结度，用 U_t 表示，即：

$$U_t=\frac{\text{有效应力图面积}}{\text{起始超孔隙水压力图面积}}=1-\frac{t\text{ 时刻超孔隙水压力图面积}}{\text{起始超孔隙水压力图面积}} \tag{4-45}$$

由于土层的变形取决于土中有效应力，故土层的固结度又可表述为土层在固结过程中任一时刻的压缩量 s_t 与最终压缩量 s_c 之比，即：

$$U_t=\frac{s_t}{s_c} \tag{4-46}$$

2) 固结度的计算

当地基受连续均布荷载作用时，起始超孔隙水压力 u 沿深度为矩形分布，此时固结度 U_t 可由下式计算：

$$U_t = 1 - \frac{8}{\pi^2}\sum_{m=1,3,\cdots}^{\infty}\frac{1}{m^2}\exp\left(-\frac{m^2\pi^2}{4}T_v\right) \tag{4-47}$$

当起始超孔隙水压力 u 沿深度为一般的线性分布时，在单面排水条件下，固结度 U_t 可由下式近似计算：

$$U_t = 1 - \frac{32\left(\frac{\pi}{2}\alpha - \alpha + 1\right)}{\pi^3(1+\alpha)}\exp\left(-\frac{\pi^2}{4}T_v\right) \tag{4-48}$$

式中：α——排水面附加应力 p_1 与不排水面附加应力 p_2 的比值。

为便于实际使用，对应不同的 α 值，将其 U_t- T_v 关系制成图 4-23 形式供查用。

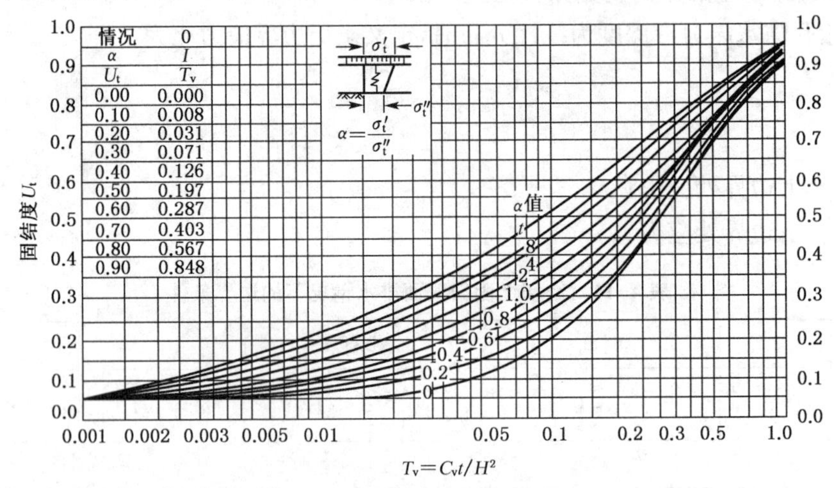

图 4-23　固结度 U_t-时间因数 T_v 关系图

4.5.5　地基沉降与时间的关系计算

在地基固结分析中，通常有两类问题：一是已知土层固结条件时可求出某一时间对应的固结度，从而计算出相应的地基沉降 s_t；二是推算达到某一固结度（或某一沉降 s_t）所需的时间 t。

地基沉降与时间关系计算步骤如下：

(1) 计算地基最终沉降量 s：按前述分层总和法或《建筑地基基础设计规范》(GB 50007—2002)法进行计算。

(2) 计算附加应力比值 α。由地基附加应力计算，应用公式 $\alpha = \frac{\text{排水面附加应力}}{\text{不排水面附加应力}} = \frac{\sigma_1}{\sigma_2}$ 计算可得 α 值。

(3) 假定一系列地基平均固结度如 U_t=10%，20%，40%，60%，80%，90%。

(4) 计算时间因数 T_v。由假定的每一个平均固结度 U_t 和 α 值，应用图 4-23，查出纵坐标时间因数 T_v。

(5) 计算时间 t。由地基图的性质指标和土层厚度，计算每一 U_t 的时间 t。

【例 4-4】　在厚 10 m 的饱和黏土层表面瞬时大面积均匀堆载 p_0 = 150 kPa，如图 4-24

所示。若干年后，用测压管分别测得土层中 A，B，C，D，E 五点的孔隙水压力为 51.6 kPa，94.2 kPa，133.8 kPa，170.4 kPa，198.0 kPa，已知土层的压缩模量 E_s 为 5.5 MPa，渗透系数 k 为 5.14×10^{-8} cm/s。

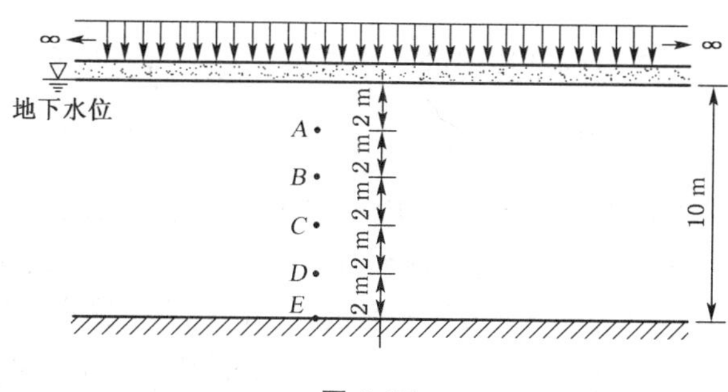

图 4-24

(1) 试估算此时黏土层的固结度，并计算此黏土层已固结了几年。

(2) 再经过 5 年，则该黏土层的固结度将达到多少，黏土层 5 年间产生了多大的压缩量？

【解】 (1) 用测压管测得的孔隙水压力值包括静止孔隙水压力和超孔隙水压力，扣除静止孔隙水压力后，A，B，C，D，E 五点的超孔隙水压力分别为 32.0 kPa，55.0 kPa，75.0 kPa，92.0 kPa，100.0 kPa，计算此超孔隙水压力图的应力面积近似为 608 kPa·m。

起始超孔隙水压力(或最终有效附加应力)图的面积为 150×10 kPa·m $=$ 1 500 kPa·m。此时的固结度为：

$$U_t = 1-\frac{608}{1\,500} = 59.5\%$$

因 $\alpha=1.0$，查图 4-23 得　　　　$T_v = 0.29$

黏土层的竖向固结系数

$$C_v = \frac{k(1+e)}{a\gamma_w} = \frac{kE_s}{\gamma_w} = \frac{5.14\times10^{-8}\times5\,500\ \text{kPa}\times100\ \text{cm/m}}{9.8\ \text{kN/mm}^3} = 2.88\times10^{-3}\ \text{cm}^2/\text{s}$$

由于是单面排水，则竖向固结时间因数：

$$T_v = \frac{C_v t}{H^2} = \frac{0.9\times10^5\ \text{cm}^2/\text{年}\times t}{1\,000^2\ \text{cm}^2} = 0.29$$

得 $t=3.22$ 年，即此黏土层已固结了 3.22 年。

(2) 再经过 5 年，则竖向固结时间因数为：

$$T_v = \frac{C_v t}{H^2} = \frac{0.9\times10^5\ \text{cm}^2/\text{年}\times(3.22+5)\ \text{年}}{1\,000^2\ \text{cm}^2} = 0.74$$

查图 4-23 得 $U_t=0.861$，即该黏土层的固结度达到 86.1%。在整个固结过程中，黏土层的最终压缩量为：

$$\frac{p_0 H}{E_s} = \frac{150\ \text{kPa}\times1\,000\ \text{cm}}{5\,500\ \text{kPa}} = 27.3\ \text{cm}$$

因此这 5 年间黏土层产生的压缩量为 $(86.1-59.5)\% \times 27.3\ \text{cm}=7.26\ \text{cm}$。

4.5.6 固结系数的测定方法

土的固结系数是反映土体固结快慢的一个重要指标。在地基的固结沉降计算中，土的竖向固结系数 C_v 是一个控制性指标，C_v 与固结过程中孔隙水压力消散的速度 $\frac{\partial u}{\partial t}$ 成正比。C_v 值越大，在其他条件相同的情况下，土体内孔隙水排出速度也越快。

固结系数的确定方法有多种，如果能测出其某一孔隙比时的渗透系数和压缩系数，就可计算出相应的固结系数。但最常用的方法是通过固结试验直接测定，得到某一级压力下的试样压缩量与时间的关系曲线，对土的竖向固结度 U_z（是指饱和土体在某一压力作用下经历时间 t 时的固结沉降与最终固结沉降之比）与时间因数 T_v 的关系曲线进行拟合。由于试样压缩量与固结度 U_z 成正比，而时间又与时间因数 T_v 成正比，因此这两种曲线有相似形状得以拟合。必须指出，所测定的固结系数是针对某一级压力的，应尽可能与实际工程的荷载相一致。

固结试验测定固结系数的方法有时间平方根法、时间对数法和时间对数坡度法等，国标《土工试验方法标准》(GB/T 50123—1999)和《公路土工试验规程》(JTJ 051—93)推荐两种误差较小的时间平方根法和时间对数法。在应用时，宜先采用误差小的时间平方根法，如此法不能准确定出首段为直线，再使用时间对数法。

时间平方根法是根据 U_z-T_v 理论曲线，表达式 $U_z=1-\left(\frac{8}{\pi^2}\right)\exp\left(-\frac{\pi^2 T_v}{4}\right)$ 的首段为抛物线的特征，而绘成 $U_z-\sqrt{T_v}$ 曲线图则首段成为一直线，如图 4-25(a)所示。此直线关系可用 $U_z=1.128\sqrt{T_v}$ 或 $T_v=\frac{\pi U_z^2}{4}$ 来近似表达。现若将该直线延长到 $U_z=90\%$ 处，则其所对应的 $T_v=0.636$ 或 $\sqrt{T_v}=0.798$，而理论曲线达到 90%的固结度处则为曲线段上的一点，由式(4-48)算出 $T_v=0.848$ 或 $\sqrt{T_v}=0.920$，两者之比为 $0.920/0.798=1.15$，如图 4-25(a)所示。

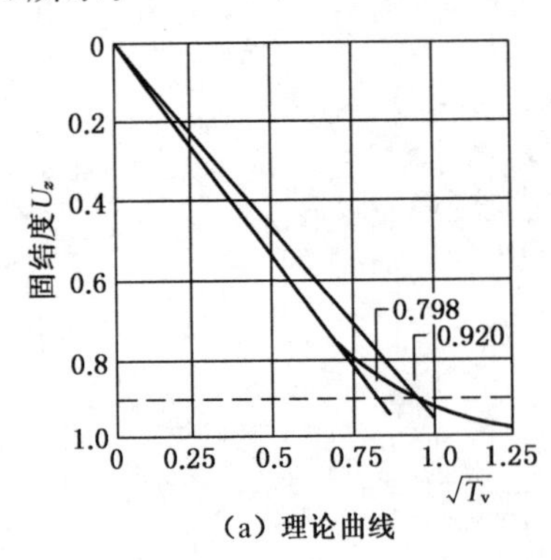

(a) 理论曲线

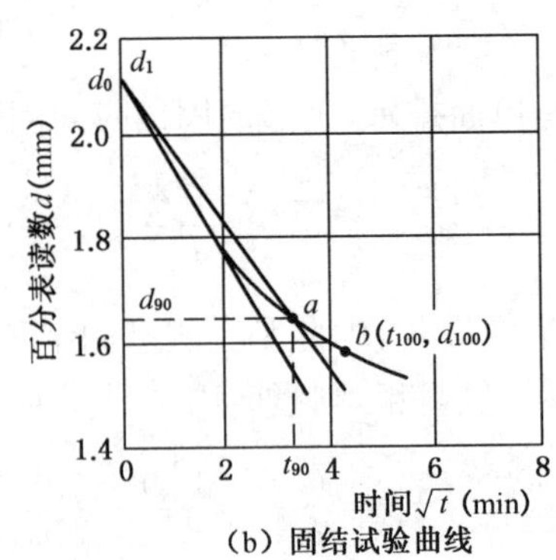

(b) 固结试验曲线

图 4-25 时间平方根法求 t_0

时间平方根法室内固结试验利用上述特征，推求出固结试验百分表读数 d 与时间平方根 $\sqrt{t}$ 曲线的理论零点和对应于 90%固结度的时间，据此计算竖向固结系数。如图 4-25(b)

所示，为求某一级压力下固结度为 90%的时间 t_{90}，以百分表读数 d(mm)为纵坐标，时间平方根 $\sqrt{t}$(min)为横坐标，绘制 $d-\sqrt{t}$曲线，延长曲线开始段的直线，交纵坐标轴于 d_0 点(理论零点)，通过 d_0 点作另一直线，令其横坐标为前一直线段的 1.15 倍，与 $d-\sqrt{t}$曲线交点所对应的时间平方根即为试样固结度达 90%所需的时间 t_{90}。当固结度为 90%时，时间因数 $T_v=\frac{C_v t_{90}}{H^2}=0.848$，于是以 $\bar{h}$ 代替 H，C_v 按下式计算：

$$C_v=\frac{0.848\bar{h}^2}{t_{90}} \tag{4-49}$$

$$\bar{h}=\frac{(h_1+h_2)}{4} \tag{4-50}$$

式中：C_v——竖向固结系数(cm²/s)；

$\bar{h}$——最大排水距离，等于某级压力下试样初始和终了高度的平均值之半(cm)；

t_{90}——固结度达 90%时所需的时间(s)。

时间对数法是将式(4-48)表达的固结度 U_z 与时间因数 T_v 的理论关系，绘在半对数坐标上[图 4-26(a)]，此理论曲线首段符合抛物线的规律，即在首段任选两点 a 和 b，使 b 点的横坐标为 a 点的 4 倍(即时间比值为 1∶4)，则点的纵坐标为 a 点的两倍(即固结度比值为 1∶2)。又发现理论曲线尾段的渐近线与曲线反弯点之切线交点的纵坐标恰好为 100%的固结度。

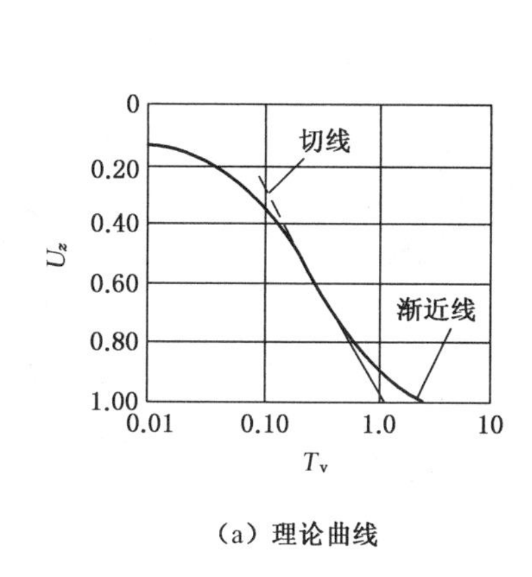

(a) 理论曲线

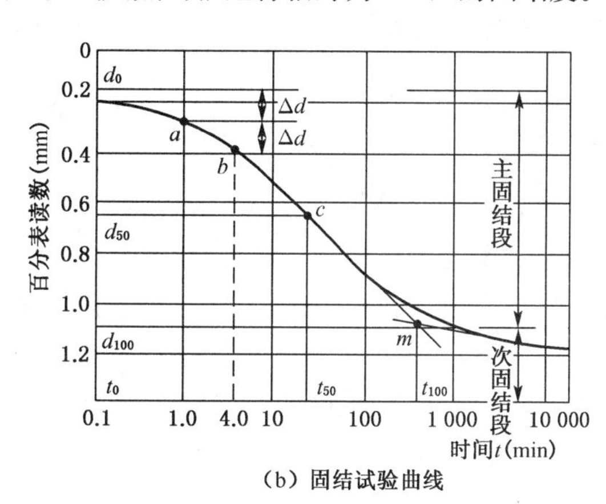

(b) 固结试验曲线

图 4-26 时间对数法求 t_{50}

时间对数法根据上述特征，推求出固结试验百分表读数与时间对数的关系曲线上的理论零点和终点及其对应于 0、100%固结度的 t_0、t_{100}，从而得到 t_{60}，据此计算竖向固结系数。如图 4-26(b)所示，为求某一级压力下固结度为 50%的 t_{50}，以百分表读数 d(mm)为纵坐标，以时间的常用对数 lg t(min)为横坐标，在半对数纸上作 $d-\lg t$ 曲线，在曲线首段选择任意点时间 t_1 和相应百分表读数 d_2，再取时间 $t_2=\frac{t_1}{4}$ 处得相应 d_2，根据纵坐标两读数差相等的关系求找理论零点读数 d_{01}，即 $d_1-d_2=d_2-d_{01}$，则 $2d_2-d_1=d_{01}$。另取任一时间依同法求 d_{02}、d_{03}、d_{04} 等取其平均值为理论零点 d_0。另外，延长曲线中部的直线段和曲线尾段数点的切线相交点即为理论终点 d_{100}。则 $d_{50}=(d_0+d_{100})/2$，其对应的时间即为试样固结度达 50%时所需的时间 t_{50}。由式(4-48)可知,当固结度为 50%的时间因数 $T_v=0.196$,于是 C_v 按下式计算:

$$C_v=\frac{0.196\bar{h}^2}{t_{50}} \tag{4-51}$$

式中 $\bar{h}$ 意义同式(4-50)。

思考题

1. 室内固结试验可以测定哪些压缩性指标?怎样根据土的压缩性指标判断土的压缩性?

2. 简述有效应力原理的基本概念。在地基土的最终沉降量计算中,土中附加应力是指有效应力还是总应力?

3. 试述压缩系数、压缩指数、压缩模量和固结系数的定义、用途和确定方法。

4. 前期固结压力代表什么意义?如何用它来判别土的固结情况?

5. 黏性土和砂土地基在受荷载后,其沉降特性是否相同?

6. 在正常固结(压密)土层中,如果地下水位升降,对建筑物的沉降有什么影响?

习题

1. 某钻孔土样的压缩试验数据如表 4-12 所示,试绘制压缩曲线,并计算 a_{1-2} 和评价其压缩性。

表 4-12

垂直压力(kPa)		0	50	100	200	300	400
孔隙比	土样 1	0.866	0.799	0.770	0.736	0.721	0.714
	土样 2	1.085	0.960	0.890	0.803	0.748	0.707

2. 如图 4-27 所示的矩形基础的底面尺寸为 4 m×2.5 m,基础埋深 1 m。地下水位位于基底标高,地基土的物理指标见图,室内压缩试验结果如表 4-13 所示。用分层总和法计算基础中点的沉降。

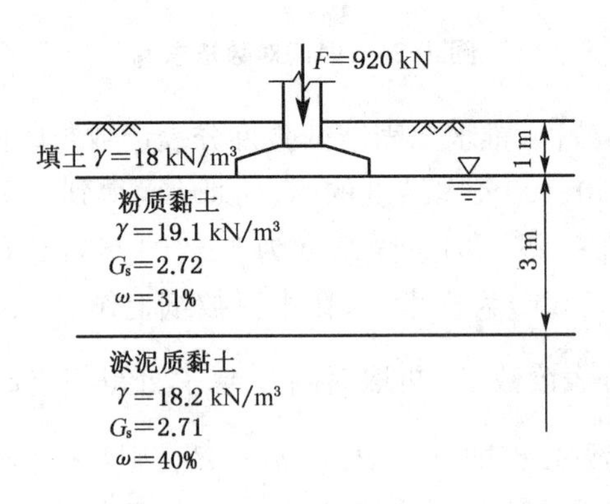

图 4-27

表 4-13 室内压缩试验 $e-p$ 关系

土层 \ e	p(kPa)				
	0	50	100	200	300
粉质黏土	0.942	0.889	0.855	0.807	0.733
淤泥质粉质黏土	1.045	0.925	0.891	0.848	0.823

3. 用应力面积法计算上题中基础中点下粉质黏土层的压缩量(土层分层同上)。

4. 某超固结黏土层厚 2.0 m,先期固结应力 $p_c = 300$ kPa,现自重应力 $p_0 = 100$ kPa,建筑物对该土层引起的平均附加应力为 400 kPa,已知土层的压缩指数为 $C_c = 0.4$,压缩指数 $C_s = 0.1$,初始孔隙比为 $e_0 = 0.81$,求该土层产生的最终沉降量。

5. 如图 4-28 所示厚度为 8 m 的黏土层,上下面均为排水砂层,已知黏土层孔隙比 $e_0 = 0.8$,压缩系数 $a = 0.25\ \text{MPa}^{-1}$,渗透系数 $k = 6.3 \times 10^{-8}$ cm/s,地表瞬时加一无限均布荷载 $p = 180$ kPa。试求:

(1) 加荷半年后地基的沉降量。

(2) 黏土层达到 50%固结度所需要的时间。

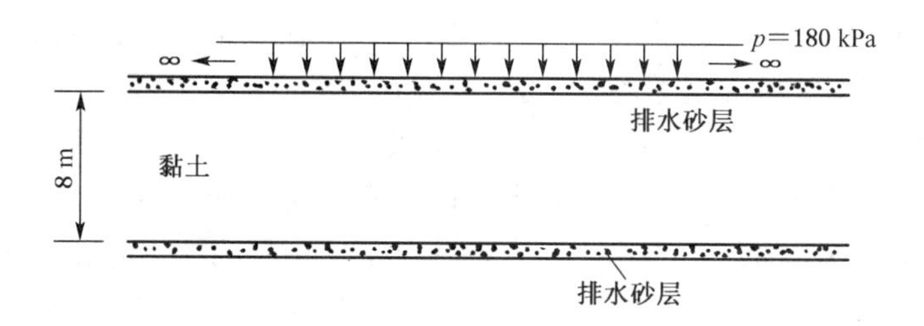

图 4-28

6. 若有一黏土层,厚为 10 m,上、下两面均可排水。现从黏土层中心取样后切取一厚 2 cm 的试样,放入固结仪做试验(上、下均有透水面),在某一级固结压力作用下,测得其固结度达到 80%时所需的时间为 10 min,问该黏土层在同样固结压力作用下达到同一固结度所需的时间为多少?若黏性土改为单面排水,所需时间又为多少?

7. 在不透水不可压缩土层上,填 5 m 厚的饱和软黏土,已知软黏土层 $\gamma = 18\ \text{kN/m}^3$,压缩模量 $E_s = 1\,500$ kPa,固结系数 $C_v = 19.1\ \text{m}^2$/年。试求:

(1) 软黏土在自重下固结,当固结度 $U_t = 0.6$ 时产生的沉降量。

(2) 当软黏土层 $U_t = 0.6$ 时,在其上填筑路堤,路堤引起的附加应力 $\sigma = 120$ kPa,为矩形分布,求路堤填筑后 0.74 年,软黏土又增加了多少沉降量?(计算中假设路堤土是透水的,路堤填筑时间很快,不考虑施工固结影响)

5 土的抗剪强度

5.1 概述

土是一种三相介质的堆积体，与一般固体不同，通常它不能承受拉应力，但能承受一定的剪应力。所谓土的抗剪强度就是指土体对于外荷载所产生的极限抵抗能力。在外荷载作用下，土体中将产生剪应力和剪切变形，当土中某点由外力所产生的剪应力达到土的抗剪强度时，土就会沿着剪应力作用的方向产生相对滑移，该点的剪应力也就达到了抗剪强度极限，便会发生剪切破坏。工程实践和室内试验都表明，土体发生破坏的根本原因都是由于土体中的剪应力达到了其抗剪强度，因此，土的强度问题实质上就是土的抗剪强度问题。

如果土体内的某一部分的剪应力达到了抗剪强度，在该部分就出现了剪切破坏。随着荷载的继续增加，剪切破坏的范围逐渐扩大，最终在土体中形成连续的滑动面而丧失其稳定性。在工程实践中与土的抗剪强度有关的工程问题，可以归纳为三类(图 5-1)：一是土作为建筑物地基的承载力问题，如果基础下的土体产生整体滑动或因局部剪切破坏而产生过大的地基变形，都会造成上部结构的破坏或影响其正常使用等问题，如图 5-1(a)所示；二是土作为材料构成的土工构筑物的稳定性问题，如土坝、路堤等填方边坡以及天然土坡等稳定性问题，如图 5-1(b)所示；三是土作为工程构筑物的环境问题，即土压力问题，如挡土墙、地下结构等周围的土体，其强度破坏将给墙体造成过大的侧向土压力，可能导致这些工程构筑物发生滑动、倾覆等工程问题，如图 5-1(c)所示。这些工程问题都与抗剪强度有直接关系，在进行计算时，必须选用合适的抗剪强度指标。土的抗剪强度指标不仅与土的种类有关，还与土样的天然结构是否被扰动、室内试验的排水条件是否符合现场条件有关，不同的排水条件所测定的抗剪强度指标值是有差别的。

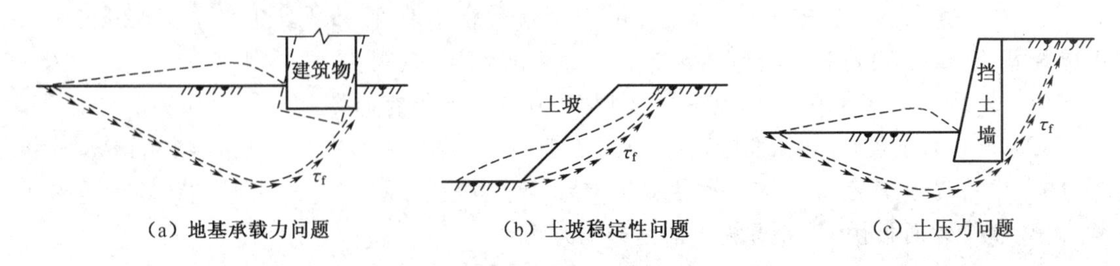

(a) 地基承载力问题　　(b) 土坡稳定性问题　　(c) 土压力问题

图 5-1 与土的强度有关的工程问题

土的抗剪强度指标可通过室内或现场试验测定，主要试验有：室内直接剪切试验、三轴压缩试验、无侧限抗压强度试验和现场的十字板剪切试验。还有室内天然休止角试验(适用于测定无黏性土边坡的抗剪强度指标)和现场大型直接剪切试验(适用于测定堆石料的抗剪强度指标)等。

5.2　土的抗剪强度理论

5.2.1　土中一点的应力状态

在自重与外荷载作用下土体(如地基)中任意一点在某一平面上发生剪切破坏时,该点就达到了极限平衡状态。对于平面应力问题,只要知道应力分量 σ_x、σ_z 和 τ_{xz},即可确定一点的应力状态。对于土中任意一点,所受的应力又随所取平面的方向不同而发生变化。但可以证明,在所有的平面中必有一组平面的剪应力为零,该平面称为主应力面。其作用于主应力面的法向应力称为主应力。那么,对于平面应力问题,土中一点的应力可用主应力 σ_1 和 σ_3 表示。σ_1 称为最大主应力,σ_3 称为最小主应力。由材料力学可知当土中任一点的应力 σ_x、σ_z、τ_{xy} 为已知时,主应力可以由下面的应力转换关系得出:

$$\begin{matrix}\sigma_1\\ \sigma_3\end{matrix} = \frac{\sigma_z+\sigma_x}{2} \pm \sqrt{\left(\frac{\sigma_z-\sigma_x}{2}\right)^2+\tau_{xz}^2} \tag{5-1}$$

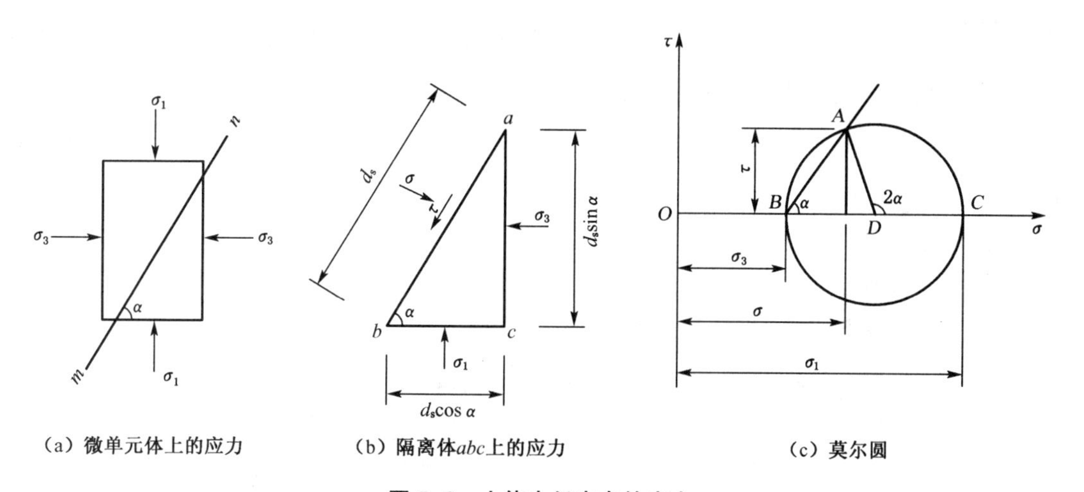

图 5-2　土体中任意点的应力

从土中取出一微单元体[图 5-2(a)],作用在该单元体上的两个主应力为 σ_1 和 σ_3 ($\sigma_1 > \sigma_3$),在单元体内与大主应力 σ_1 作用平面成任意角 α 的 mn 平面上有正应力 σ 和剪应力 τ。为了建立 σ、τ 与 σ_1、σ_3 之间的关系,取微棱柱体 abc 部分为隔离体[图 5-2(b)],将各力分别在水平和垂直方向投影,根据静力平衡条件得:

$$\begin{aligned}\sigma_3 d_s \sin\alpha - \sigma d_s \sin\alpha + \tau d_s \cos\alpha = 0\\ \sigma_1 d_s \cos\alpha - \sigma d_s \cos\alpha - \tau d_s \sin\alpha = 0\end{aligned} \tag{5-2}$$

联立以上方程求解,在 mn 平面上的正应力和剪应力为:

$$\left.\begin{aligned}\sigma &= \frac{1}{2}(\sigma_1+\sigma_3)+\frac{1}{2}(\sigma_1-\sigma_3)\cos 2\alpha \\ \tau &= \frac{1}{2}(\sigma_1-\sigma_3)\sin 2\alpha\end{aligned}\right\} \tag{5-3}$$

由材料力学可知，以上σ、τ与σ_1、σ_3之间的关系也可以用莫尔应力圆表示[图 5-2(c)]，即在$\sigma-\tau$直角坐标系中，按照一定的比例，沿σ轴截取OB和OC分别表示σ_3和σ_1，以D点为圆心，$\frac{\sigma_1-\sigma_3}{2}$为半径作圆，从$DC$开始逆时针旋转$2\alpha$角，使$DA$线与圆周交于$A$点，可以证明，$A$点的横坐标即为斜面$mn$上的正应力$\sigma$，纵坐标即为剪应力$\tau$。这样，莫尔圆就可以表示土体中的一点的应力状态，莫尔圆圆周上各点的坐标就表示该点在相应平面上的正应力和剪应力。

5.2.2 莫尔-库仑破坏准则

1) 库仑公式及抗剪强度指标

库仑根据砂土的试验，将土的抗剪强度τ_f表达为剪切破坏面上法向总应力σ的函数，即：

$$\tau_f = \sigma\tan\varphi \tag{5-4}$$

以后又提出了适合黏性土的更普遍的表达式：

$$\tau_f = c + \sigma\tan\varphi \tag{5-5}$$

式中：τ_f——抗剪强度(kPa)；

σ——总应力(kPa)；

c——土的黏聚力(kPa)；

φ——土的内摩擦角(°)。

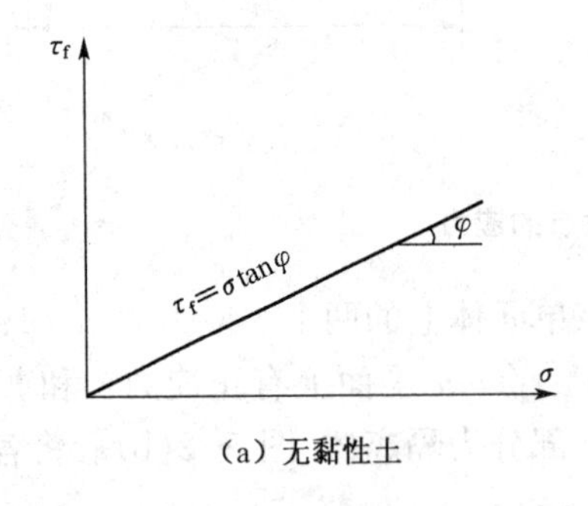

(a) 无黏性土

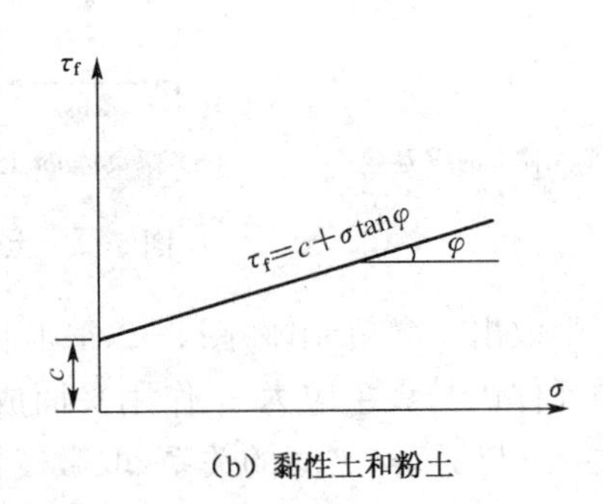

(b) 黏性土和粉土

图 5-3 抗剪强度与法向压应力之间的关系

式(5-4)和式(5-5)统称为库仑公式或库仑定律，c、φ称为抗剪强度指标，将库仑公式表示在$\tau_f-\sigma$坐标中为两条直线，如图 5-3 所示。由库仑公式可以看出，无黏性土的抗剪强度与剪切面上的法向应力成正比，其本质是由于土粒之间的滑动摩擦以及凹凸面间的镶嵌作用所产生的摩阻力，其大小决定于土粒表面的粗糙度、土的密实度以及颗粒级配等因素。黏性土和粉土的抗剪强度由两部分组成，一部分是与法向应力成正比的摩阻力；另一部分是黏土土粒之间的胶结作用和静电引力效应等因素引起的黏聚力。

长期的实验研究指出，土的抗剪强度不仅与土的性质有关，还与试验时的排水条件、剪切速率、应力状态和应力历史等许多因素有关，其中最重要的因素是试验时的排水条件。根据太沙基的有效应力原理，土体内的剪应力只能由土的骨架承担，因此，土的抗剪强度 τ_f 应表示为剪切破坏面上法向有效应力 σ' 的函数，库仑公式应表达为：

$$\tau_f = \sigma' \tan \varphi' \tag{5-6}$$

$$\tau_f = c' + \sigma' \tan \varphi' \tag{5-7}$$

式中：σ'——有效应力（kPa）；

c'——土的有效黏聚力（kPa）；

φ'——土的有效内摩擦角（°）。

因此，土的抗剪强度有两种表达方法，一种是以总应力 σ 表示剪切破坏面上的法向应力，称为抗剪强度总应力法，相应的 c、φ 称为总应力强度指标；另一种则以有效应力 σ' 表示剪切破坏面上的法向应力，称为抗剪强度有效应力法，相应的 c'、φ' 称为有效应力强度指标。试验研究表明，土的抗剪强度取决于土粒间的有效应力。然而，总应力在应用上比较方便，许多土工问题的分析方法都还建立在总应力概念的基础上，故在工程上仍沿用至今。

2）莫尔-库仑破坏准则

莫尔提出材料的破坏是剪切破坏，当体内任一平面上的剪应力等于材料的抗剪强度时该点就发生破坏，并提出在破坏面上的剪应力，即抗剪强度 τ_f，是该面上法向应力 σ 的函数，即：

$$\tau_f = f(\sigma) \tag{5-8}$$

这个函数在 τ_f - σ 坐标中是一条曲线，称为莫尔包络线，简称莫尔包线，或称为破坏包线、抗剪强度包线，如图 5-4 中曲线所示，莫尔包线表示材料受到不同应力作用达到极限状态时，剪切破坏面上法向应力 σ 与抗剪强度 τ_f 的关系。理论分析和实验都证明，土的莫尔包线通常可以近似地用直线代替，如图 5-4 中直线所示，该直线方程就是库仑公式表达的方程。由库仑公式表示莫尔包线的强度理论，称为莫尔-库仑强度理论。

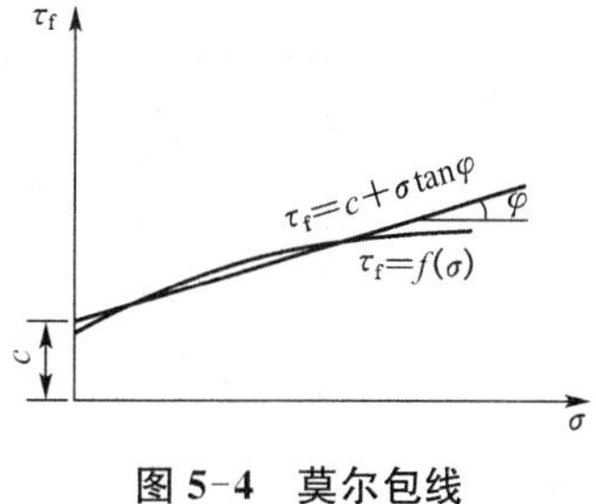

图 5-4 莫尔包线

如果给定了土的抗剪强度指标 c、φ 以及土中某点的应力状态，则可将抗剪强度包线与莫尔圆画在同一坐标图上（图 5-5）。

它们之间的关系有以下三种情况：①整个莫尔圆（圆Ⅰ）位于抗剪强度包线的下方，说明该点在任何平面上的剪应力都小于土所能发挥的抗剪强度（$\tau < \tau_f$），该点处于弹性平衡状态，不会发生剪切破坏；②莫尔圆（圆Ⅱ）与抗剪强度包线相切，切点为 A，说明在 A 点所

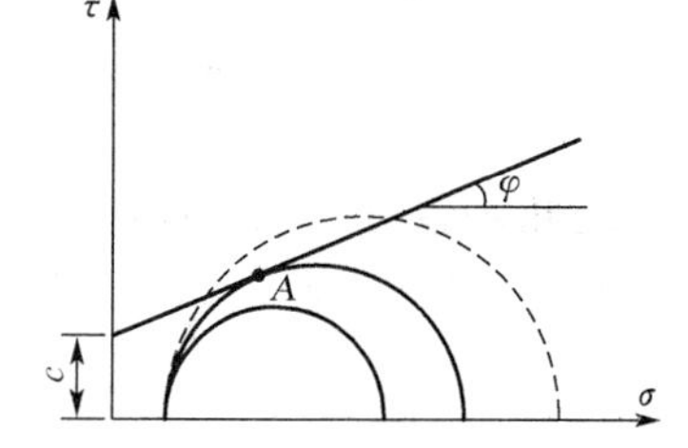

图 5-5 莫尔圆与抗剪强度之间的关系

代表的平面上，剪应力正好等于抗剪强度（$\tau=\tau_f$），该点就处于极限平衡状态，此莫尔圆（圆Ⅱ）称为极限应力圆；③抗剪强度包线是莫尔圆（圆Ⅲ，以虚线表示）的一条割线，实际上这种情况是不可能存在的，因为该点在任何方向上的剪应力都不可能超过土的抗剪强度，即不存在 $\tau>\tau_f$ 的情况，该点已经发生破坏。

5.2.3 土中一点的极限平衡条件

根据极限应力圆与抗剪强度包线相切时的几何关系，可建立下面的极限平衡条件。设在土体中取一微单元体，如图 5-6(a)所示，mn 为破裂面，它与大主应力的作用面成破裂角 α_f。该点处于极限平衡状态时的莫尔圆如图 5-6(b)所示。将抗剪强度包线延长，与 σ 轴相交于 R 点，由三角形 ARD 可知：$\overline{AD}=\frac{1}{2}(\sigma_1-\sigma_3)$，$\overline{RD}=c\cot\varphi+\frac{1}{2}(\sigma_1+\sigma_3)$，因 $\overline{AD}=\overline{RD}\sin\varphi$ 代入得：

$$\sin\varphi=\frac{\sigma_1-\sigma_3}{\sigma_1+\sigma_3+2c\cot\varphi} \tag{5-9}$$

上式也可表达为：

$$\sigma_1=\sigma_3\frac{1+\sin\varphi}{1-\sin\varphi}+2c\sqrt{\frac{1+\sin\varphi}{1-\sin\varphi}} \tag{5-10}$$

或

$$\sigma_3=\sigma_1\frac{1-\sin\varphi}{1+\sin\varphi}-2c\sqrt{\frac{1-\sin\varphi}{1+\sin\varphi}} \tag{5-11}$$

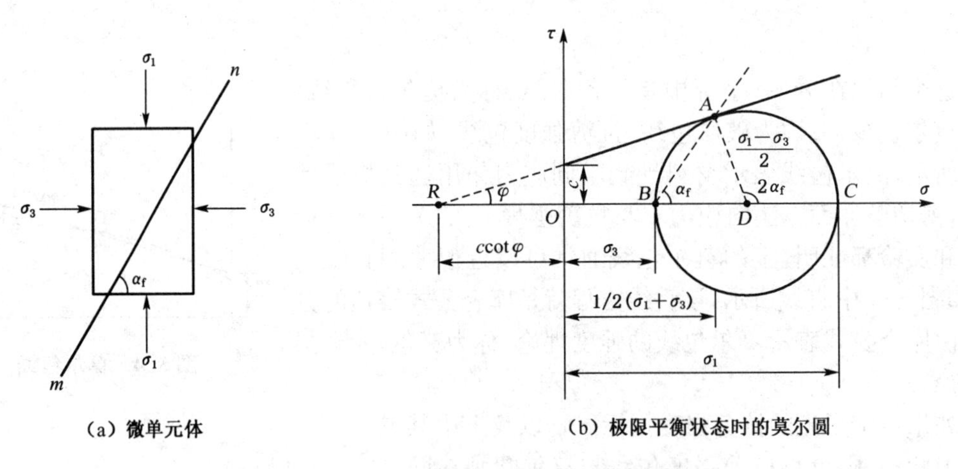

(a) 微单元体　　(b) 极限平衡状态时的莫尔圆

图 5-6　土体中一点达极限平衡状态时的莫尔圆

由三角函数可以证明：

$$\frac{1+\sin\varphi}{1-\sin\varphi}=\tan^2\left(45^\circ+\frac{\varphi}{2}\right)$$

$$\frac{1-\sin\varphi}{1+\sin\varphi}=\tan^2\left(45^\circ-\frac{\varphi}{2}\right)$$

代入式(5-10)、(5-11)得出黏性土和无黏性土的极限平衡条件为：

$$\sigma_1=\sigma_{1f}=\sigma_3\tan^2\left(45^\circ+\frac{\varphi}{2}\right)+2c\tan\left(45^\circ+\frac{\varphi}{2}\right) \tag{5-12}$$

或

$$\sigma_3=\sigma_{3f}=\sigma_1\tan^2\left(45^\circ-\frac{\varphi}{2}\right)-2c\tan\left(45^\circ-\frac{\varphi}{2}\right) \tag{5-13}$$

对于无黏性土，只需将式(5-12)、式(5-13)中的 $c=0$ 代入，即可得到无黏性土的极限平衡条件：

$$\sigma_1=\sigma_{1f}=\sigma_3\tan^2\left(45^\circ+\frac{\varphi}{2}\right) \tag{5-14}$$

或

$$\sigma_3=\sigma_{3f}=\sigma_1\tan^2\left(45^\circ-\frac{\varphi}{2}\right) \tag{5-15}$$

在图 5-6(b)的三角形 ABD 中，由外角与内角的关系可得破裂角为：

$$\alpha_f=45^\circ+\frac{\varphi}{2} \tag{5-16}$$

说明破坏面与大主应力 σ_1 作用面的夹角为 $\left(45^\circ+\frac{\varphi}{2}\right)$，或破坏面与小主应力 σ_3 作用面的夹角为 $\left(45^\circ-\frac{\varphi}{2}\right)$。

【例 5-1】 已知某黏性土 $\varphi=20^\circ$，$c=20$ kPa，土中一点 M 所受的大小主应力分别为 $\sigma_1=480$ kPa 和 $\sigma_3=200$ kPa，试问该点处在何种状态？

【解】 将 c、φ 和 σ_3 作为已知，根据极限平衡公式(5-12)得：

$$\begin{aligned}\sigma_{1f}&=\sigma_3\tan^2\left(45^\circ+\frac{\varphi}{2}\right)+2c\tan\left(45^\circ+\frac{\varphi}{2}\right)\\&=200\tan^2(45^\circ+10^\circ)+2\times20\tan(45^\circ+10^\circ)\\&=465.04\text{ kPa}<\sigma_1\end{aligned}$$

计算结果表明：σ_{1f}小于该单元土体实际大主应力 σ_1，实际应力圆半径大于极限应力圆半径，所以该点处于破坏状态。

【例 5-2】 地基中某一单元土体上的大主应力为 430 kPa，小主应力为 200 kPa，通过试验测得土的抗剪强度指标 $c=15$ kPa，$\varphi=20^\circ$，试问：(1) 该单元体处于何种状态？(2) 单元土体最大剪应力出现在哪个面上，是否会沿着剪应力最大的面发生剪切破坏？

【解】 已知 $\sigma_1=430$ kPa，$\sigma_3=200$ kPa，$c=15$ kPa，$\varphi=20^\circ$

(1) $\sigma_{1f}=\sigma_3\tan^2\left(45^\circ+\frac{\varphi}{2}\right)+2c\tan\left(45^\circ+\frac{\varphi}{2}\right)=450.8$ kPa

计算结果表明：σ_{1f}大于该单元土体实际大主应力 σ_1，实际应力圆半径小于极限应力圆半径，所以该点处于弹性平衡状态。

(2) 最大剪应力与主应力作用面成45°，则有：

$$\tau_{max}=\frac{1}{2}(\sigma_1-\sigma_3)\sin 90^\circ=115\text{ kPa}$$

最大剪应力面上的法向应力：

$$\sigma = \frac{1}{2}(\sigma_1 + \sigma_3) + \frac{1}{2}(\sigma_1 - \sigma_3)\cos 90^\circ = 315\ \text{kPa}$$

库仑定律　　　$\tau_f = \sigma \tan \varphi + c = 315 \tan 20^\circ + 15 = 129.7\ \text{kPa}$

最大剪应力面上 $\tau < \tau_f$，所以不会沿着剪应力最大的面发生破坏。

5.3 土的抗剪强度指标的测定方法

土的抗剪强度的试验方法有很多，目前室内最常用的是直接剪切试验、三轴压缩试验和无侧向抗压强度试验，现场的十字板剪切试验等。

5.3.1 直接剪切试验

测定土的抗剪强度最简单的方法是直接剪切试验。这种试验所使用的仪器是直接剪切仪（简称直剪仪），按照加荷方式的不同，直剪仪可分为应变控制式和应力控制式两种。前者是等速水平推动试样分级施加水平剪应力测定相应的位移。我国目前普遍采用的是应变控制式直剪仪，如图 5-7 所示。该仪器的主要部件由固定的上盒和活动的下盒组成，试样放在盒内，上下两块透水石。对试样施加某一法向应力 σ，然后均匀地推动下盒，使试样在沿上下盒之间的水平面上受剪直至破坏，剪应力 τ 的大小可借助于与上盒接触的量力环而确定。

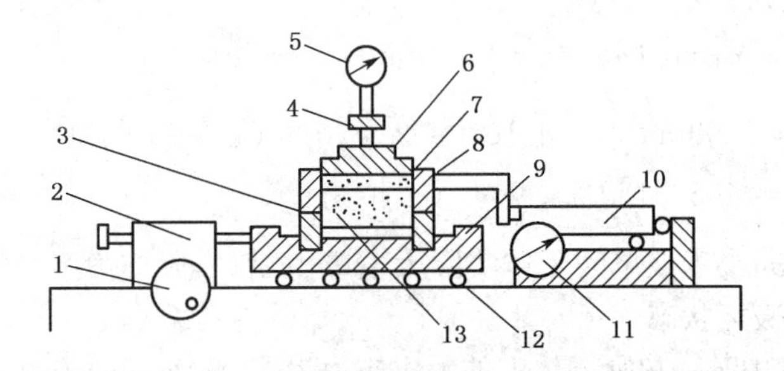

图 5-7　应变控制式直剪仪

1—剪切传动机构；2—推动器；3—下盒；4—垂直加压框架；5—垂直位移器；6—传压板；7—透水板；8—上盒；9—储水盒；10—测力器；11—水平位移计；12—滚珠；13—试样

图 5-8(a)表示剪切过程中剪应力 τ 与剪切位移 δ 之间的关系，通常可取峰值或稳定值作为破坏点，如图中箭头所示。对同一种土（重度和含水量相同）至少取 4 个试样，分别在不同垂直压力 σ 下剪切破坏，一般可取垂直压力为 100 kPa、200 kPa、300 kPa、400 kPa，将试验结果绘制成如图 5-8(b)所示的抗剪强度 τ_f 和垂直压力 σ 之间关系，试验结果表明，对于黏性土和粉土，$\tau_f - \sigma$ 关系曲线基本上成直线关系，该直线与横轴的夹角为内摩擦角 φ，在纵轴上的截距为黏聚力 c，直线方程可用库仑公式(5-7)表示，对于无黏性土，τ_f 与 σ 之间关系则是通过原点的一条直线，可用式(5-6)表示。

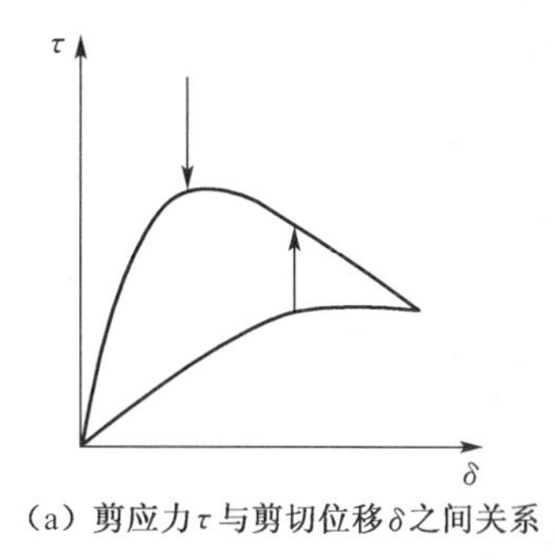

（a）剪应力τ与剪切位移δ之间关系

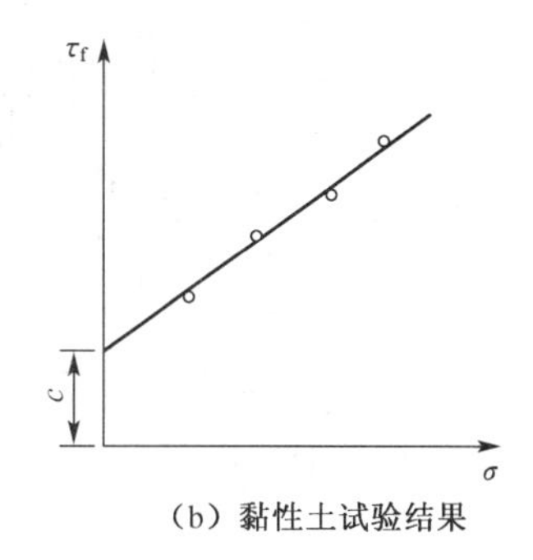

（b）黏性土试验结果

图 5-8　直接剪切试验结果

为了近似模拟土体在现场受剪的排水条件，直接剪切试验可分为快剪、固结快剪和慢剪三种方法。快剪是在试样施加竖向压力σ后，立即快速（0.02 mm/min）施加水平剪应力使试样剪切。固结快剪试验是允许试样在竖向压力下排水，待固结稳定后，再快速施加水平剪应力使试样剪切破坏。慢剪试验也是在允许试样在竖向压力下排水，待固结稳定后，则以缓慢的速率施加水平剪应力使试样剪切。

直剪试验具有设备简单、土样制备及试验操作方便等优点，因而至今仍为国内一般工程所广泛使用。但它也存在不少缺点，主要如下：

（1）剪切面限定在上下盒之间的平面，而不是沿土样最薄弱的面剪切破坏。

（2）剪切面上剪应力分布不均匀，且竖向荷载会发生偏转（上下盒的中轴线不重合），主应力的大小及方向都是变化的。

（3）在剪切过程中，土样剪切面逐渐缩小，而在计算抗剪强度时仍按土样的原截面积计算。

（4）试验时不能严格控制排水条件，并且不能量测孔隙水压力。

（5）试验时上下盒之间的缝隙中易嵌入砂粒，使试验结果偏大。

为了克服直剪仪试样因剪应力分布不均匀、不能严格控制排水条件及剪切面限定等缺点，不同结构形式的单剪仪问世。试样置于单剪仪有侧限的容器中，施加法向应力后，在试样顶部和底部借透水石表面摩阻力施加剪应力直至剪损。

5.3.2　三轴压缩试验

三轴压缩试验也称为三轴剪切试验（简称三轴试验），是测定抗剪强度的一种较为完善的方法。

1）三轴试验的基本原理

图 5-9 所示为三轴压缩试验所使用的仪器——三轴压缩仪（也称三轴剪切仪）的构造示意图，主要由主机、稳压调压系统以及量测系统三个部分组成，各系统之间用管路和各种阀门开关连接。

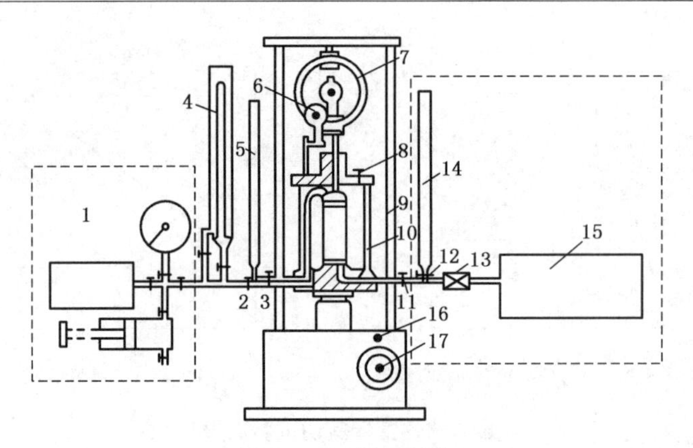

图 5-9 三轴压缩仪

1—周围压力系统;2—周围压力阀;3—排水阀;4—体变管;5—排水管;6—轴向位移表;
7—测力计;8—排气孔;9—轴向加压设备;10—压力室;11—孔压阀;12—量管阀;
13—孔压传感器;14—量管;15—孔压量测系统;16—离合器;17—手轮

主机部分包括压力室、横向加荷系统等。压力室是三轴压缩仪的主要组成部分,它是一个由金属上盖、底座以及透明有机玻璃圆筒组成的密闭容器,压力室底座通常有 3 个小孔分别与稳压系统以及体积变形和孔隙水压力量测系统相连。

稳压调压系统由压力泵、调压阀和压力表等组成。试验时通过压力室对试样施加周围压力,并在试验过程中根据不同的试验要求对压力予以控制或调节,如保持恒压或变化压力等。

量测系统由排水管、体变管和孔隙水压力量测装置等组成。试验时分别测出试样受力后土中排出的水量变化以及土中孔隙水压力的变化。对于试样的竖向变形,则利用置于压力室上方的测微表或位移传感器测读。

常规三轴试验的一般步骤是:将土样切割成圆柱体套在橡胶膜内,放在密闭的压力室中,然后向压力室内注入气压或液压,使试件在各向均受到周围压力 σ_3,并使该周围压力在整个试验过程中保持不变,这时试件内各向的主应力都相等,因此在试件内不产生任何剪应力,如图 5-10(a)所示。然后通过轴向加荷系统对试件施加竖向压力,当作用在试件上的水平向压力保持不变,而竖向压力逐渐增大时,试件终因受剪而破坏,如图 5-10(b)所示。设剪切破坏时轴向加荷系统加在试件上的竖向压应力(称为偏应力)为 $\Delta\sigma_1$,则试件上的大主应力为 $\sigma_1=\sigma_3+\Delta\sigma_1$,而小主应力为 σ_3,据此可作出一个莫尔极限应力圆,如图 5-10(c)中的圆Ⅰ,用同一种土样的若干个试件(3 个以上)分别在不同的周围压力 σ_3 下进行试验,可得一组莫尔极限应力圆,并作一条公切线,由此可求得土的抗剪强度指标 c、φ 值。

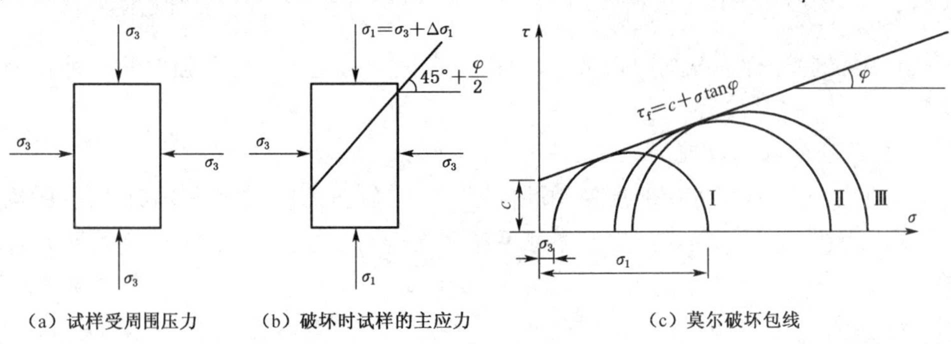

(a) 试样受周围压力 (b) 破坏时试样的主应力 (c) 莫尔破坏包线

图 5-10 三轴压缩试验原理

2）三轴试验方法

根据土样剪切前固结的排水条件和剪切时的排水条件，三轴试验可分为以下三种试验方法。

（1）不固结不排水剪（*UU* 试验）

试验在施加周围压力和随后施加偏应力直至剪坏的整个试验过程中都不允许排水，这样从开始加压直至试样剪坏，土中的含水量始终保持不变，孔隙水压力也不可能消散。这种试验方法所对应的实际工程条件相当于饱和软黏土中快速加荷时的应力状况，得到的抗剪强度指标用 c_u、φ_u 表示。

（2）固结不排水剪（*CU* 试验）

在施加周围压力 σ_3 时，将排水阀门打开，允许试样充分排水，待固结稳定后关闭排水阀门，然后再施加偏应力，使试样在不排水的条件下剪切破坏。由于不排水，试样在剪切过程中没有任何体积变形。若要在受剪过程中量测孔隙水压力，则要打开试样与孔隙水压力量测系统间的管路阀门。试验得到的抗剪强度指标用 c_{cu}、φ_{cu}表示。

固结不排水剪试验是经常要做的工程试验，它适用的工程条件常常是一般正常固结土层在工程竣工或使用阶段受到大量、快速的活荷载或新增加的荷载作用时所对应的受力情况。

（3）固结排水剪（*CD* 试验）

在施加周围压力和随后施加偏应力直至剪切破坏的整个试验过程中都将排水阀门打开，并给予充分的时间让试样中的孔隙水压力能够完全消散。试验得到的抗剪强度指标用 c_d、φ_d 表示。

三轴试验的突出优点是能够控制排水条件以及可以量测土样中孔隙水压力的变化。此外，三轴试验中试件的应力状态也比较明确，剪切破坏时的破裂面在试件的最弱处，而不像直剪试验那样限定在上下盒之间。一般来说，三轴试验的结果还是比较可靠的，因此，三轴压缩仪是土工试验不可缺少的仪器设备。三轴压缩试验的主要缺点是试件所受的力是轴对称的，也即试件所受的三个主应力中，有两个是相等的，但在工程实际中土体的受力情况并不属于这类轴对称的情况，而真三轴仪可在不同的三个主应力（$\sigma_1 \neq \sigma_2 \neq \sigma_3$）作用下进行试验。

3）三轴试验结果的整理与表达

从以上不同试验方法的讨论可以看到，同一种土施加的总应力 σ 虽然相同，但若试验方法不同，或者说控制的排水条件不同，则所得的强度指标就不相同，故土的抗剪强度与总应力之间没有唯一的对应关系。有效应力原理指出，土中某点的总应力 σ 等于有效应力 σ' 和孔隙水压力 μ 之和，即 $\sigma = \sigma' + \mu$。因此，若在试验时量测了土样的孔隙水压力，可以据此算出土中的有效应力，从而就可以用有效应力与抗剪强度的关系表达式来试验成果。

5.3.3　无侧限抗压强度试验

无侧限抗压强度试验实际上是三轴压缩试验的一种特殊情况，即周围压力 $\sigma_3 = 0$ 的三轴试验，所以又称单轴试验。无侧限抗压强度试验所使用的无侧限压力仪如图 5-11(a)所示。但现在也常利用三轴仪做该种试验。试验时，在不加任何侧向压力的情况下，对圆柱体试样施加轴向压力，直至试样剪切破坏为止。试样破坏时的轴向压力以 q_u 表示，称为无侧限抗压强度。

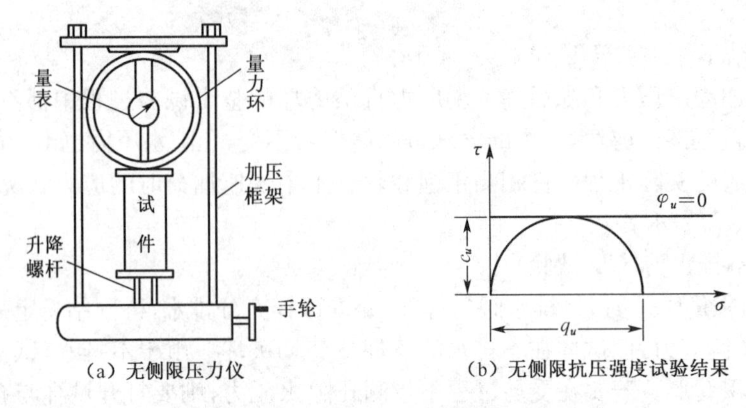

(a) 无侧限压力仪　　(b) 无侧限抗压强度试验结果

图 5-11　无侧限抗压强度试验

由于不能变化周围压力，因而根据试验结果，只能作一个极限应力圆，难以得到破坏包线，如图 5-11(b)所示。饱和黏性土的三轴不固结不排水试验结果表明，其破坏包线为一个水平线，即 $\varphi_u=0$。因此，对于饱和黏性土的不排水抗剪强度，利用无侧限抗压强度 q_u 得到，即：

$$\tau_f = c_u = \frac{q_u}{2} \tag{5-17}$$

式中：τ_f——土的不排水抗剪强度(kPa)；

c_u——土的不排水黏聚力(kPa)；

q_u——无侧限抗压强度(kPa)。

5.3.4　十字板剪切试验

前面所介绍的三种试验方法都是室内测定土的抗剪强度的方法，这些试验方法都要求事先取得原状土样，但由于试样在采取、运送、保存和制备等过程中不可避免地会受到扰动，土含水量也难以保持天然状态，特别是对于高灵敏度的黏性土，因此，室内试验结果对土的实际情况的反映就会受到不同程度的影响。十字板剪切试验是一种土的抗剪强度的原位测试方法，这种试验方法适合于在现场测定饱和黏性土的原位不排水抗剪强度，特别适用于均匀饱和软黏土。

十字板剪力仪的构造如图 5-12 所示。试验时，先把套筒打入土中要求测试的深度以上 75 cm 处，并用套管将安装在钻杆下的十字板压入土中至测试的深度。由地面上的扭力装置对钻杆施加扭矩，使埋在土中的十字板扭转，直至土体剪切破坏，破坏面为十字板旋转所形成的圆柱面。

设土体剪切破坏时所施加的扭矩为 M，则它应该与剪切破坏圆柱面(包括侧面和上下面)上土的抗剪强度所产生的抵抗力矩相等，即：

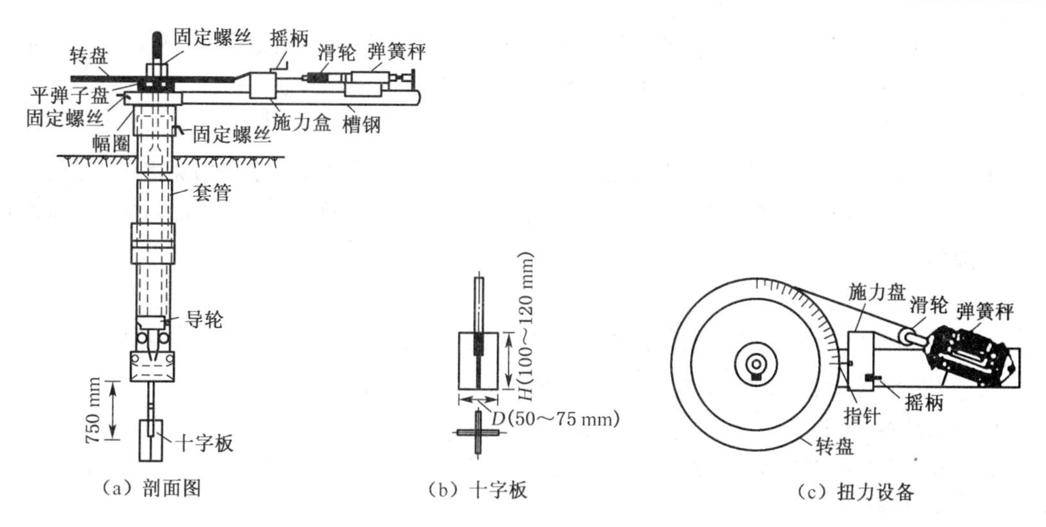

(a) 剖面图 (b) 十字板 (c) 扭力设备

图 5-12 十字板剪力仪

$$M=\pi DH\cdot\frac{D}{2}\tau_v+2\cdot\frac{\pi D^2}{4}\cdot\frac{D}{3}\cdot\tau_H=\frac{1}{2}\pi D^2H\tau_v+\frac{1}{6}\pi D^3\tau_H \tag{5-18}$$

式中：M——剪切破坏时的扭矩(kN·m)；

τ_v、τ_H——分别为剪切破坏时圆柱体侧面和上下面土的抗剪强度(kPa)；

H——十字板的高度(m)；

D——十字板的直径(m)。

天然状态的土体是各向异性的，但应用上为了简化计算，假定土体为各向同性体，即 $\tau_v=\tau_H$，并记作 τ_+，则式(5-18)可写成：

$$\tau_+=\frac{2M}{\pi D^2\left(H+\frac{D}{3}\right)} \tag{5-19}$$

式中：τ_+——十字板测定的土的抗剪强度(kPa)。

十字板剪切试验由于是直接在原位进行试验，不必取土样，故土体所受的扰动较小，被认为是比较能反映土体原位强度的测试方法。但如果在软土层中夹有薄层粉砂，则十字板试验结果就可能偏大。

5.4 土的抗剪强度指标影响因素

黏性土的抗剪强度指标影响因素较多，概括起来可分为两类：一类是土体自身的因素，如土的组成、矿物成分、结构性和应力历史等；另一类是外部因素，如试验方法、排水条件和加荷速率等。

1) 土体自身的因素

(1) 土的颗粒组成、矿物成分

对于无黏性土来说，土的颗粒级配会对内摩擦角有一定的影响。一般来说，级配良好，内摩擦角大；级配不良，则内摩擦角小。对于黏性土来说，土的矿物成分对黏聚力有一定的影响。一般来说，随着胶结物质含量的增加，黏聚力会有一定程度的增长。

(2) 土的含水量

土的含水量的变化对黏性土影响较大。当土的含水量增加时，水分在颗粒之间起着润滑作用，使得内摩擦角减小；另外使得土颗粒表面的结合水膜增厚，甚至增加自由水，从而使黏聚力降低。

(3) 土的原始密度

土的原始密度越大，颗粒间的接触点越多，则颗粒间的摩阻力越大，即内摩擦角越大；另外，颗粒间的距离越小，水膜越薄，则黏聚力越大。

(4) 土的结构性

黏性土具有结构性，如黏性土受扰动，抗剪强度会降低，静置一段时间后，能恢复一定的强度但恢复不到原来的强度。

2) 外部因素

土的总应力抗剪强度指标影响因素还与试验方法有关。相对来说，直剪试验的试验结果没有三轴试验准确。《建筑地基基础设计规范》(GB 50007—2002)中规定甲级建筑物应采用三轴压缩试验，对于其他等级建筑物可采用直剪试验。三轴试验中不同的试验方法所对应的总应力指标也不同，如对于相同的饱和黏性土，在相同的围压下固结，使之为正常固结的饱和黏性土试样，分别做三种三轴试验，可得出 $\varphi_{d} > \varphi_{cu} > \varphi_{u}$ 的结论。

5.5 抗剪强度指标的选择

土的有效应力强度指标不论采取哪种试验方法都基本相同，而总应力强度指标则因采用的试验方法的不同而有所不同。那么在实际工程中到底如何来选择合适的试验方法以及与之对应的抗剪强度指标呢？

(1) 直剪试验设备简单，操作方便，工程实践中应用广泛。但由于直剪试验不能严格控制试件的排水条件、剪切面不一定是最薄弱面等缺点，影响试验的可靠性。

(2) 三种三轴剪切试验的排水条件是很明确的。不固结不排水试验在整个试验过程中始终不排水，相当于所施加的外力全部转化为孔隙水压力，土样保持原有的有效应力状态；固结不排水试验施加围压过程排水，施加轴向压力直至试样剪切破坏这个过程不排水，相当于施加的偏应力转化为孔隙水压力；固结排水试验在整个试验过程中充分排水，所施加的外力没有产生孔隙水压力。如果实际工程中的有效应力状态与前面三种情况相同，则可分别采用相应的试验方法及抗剪强度指标。因此，对于透水性差的或排水不良的饱和黏性土地基，施工速度较快，则可采用不固结不排水试验及相应的抗剪强度指标；当建筑物竣工后较长时间，突遇荷载增大，可采用固结不排水试验的强度指标；对于透水性好和排水条件良好的地基，且施工速度慢的工程，则可采用固结排水试验的强度指标。

(3) 当土体内的孔隙水压力能通过试验或其他方法确定时，宜采用有效应力强度指标。

实际工程中应尽可能根据现场条件决定采用试验室的试验方法，以获得合适的抗剪强度指标。但由于实际工程与实验室的理想条件有一定的差距,因此使用总应力强度指标时还应结合工程经验,具体情况具体分析。

思考题

1. 什么是土的抗剪强度? 何谓土的抗剪强度指标? 试说明土的抗剪强度的来源。

2. 什么是土的莫尔-库仑强度理论?

3. 如何从库仑定律和莫尔应力圆原理解释:当 σ_3 不变,而 σ_1 变大时土可能破坏;当 σ_1 不变,而 σ_3 变小时土也可能破坏的现象。

4. 直剪试验和三轴试验的试验原理是什么? 各有哪些优缺点? 分别适用于什么范围?

5. 何谓土的无侧限抗压强度试验? 适用于什么条件?

6. 影响土的抗剪强度指标影响因素有哪些? 如何选择土的抗剪强度指标?

习题

1. 对一黏土土样进行固结不排水剪切试验,施加围压 $\sigma_3 = 200\,\text{kPa}$,试件破坏时主应力差 $\sigma_{1f} - \sigma_{3f} = 280\,\text{kPa}$,破坏面与水平面的夹角 $\alpha_f = 60°$,求内摩擦角及破坏面上的法向应力和剪应力。

2. 某砂土试样,经试验测得内摩擦角 $\varphi = 30°$,围压 $\sigma_3 = 150\,\text{kPa}$,当垂直压力达到 200 kPa时,求该土样是否被剪坏。

3. 已知地基中某点 $\sigma_1 = 300\,\text{kPa}$,$\sigma_3 = 100\,\text{kPa}$,地基强度指标 $c = 40\,\text{kPa}$,$\varphi = 22°$,求:

(1) 图 5-13 中 AB 面和 CD 面的剪应力。

(2) 哪个面更接近剪切破坏状态?

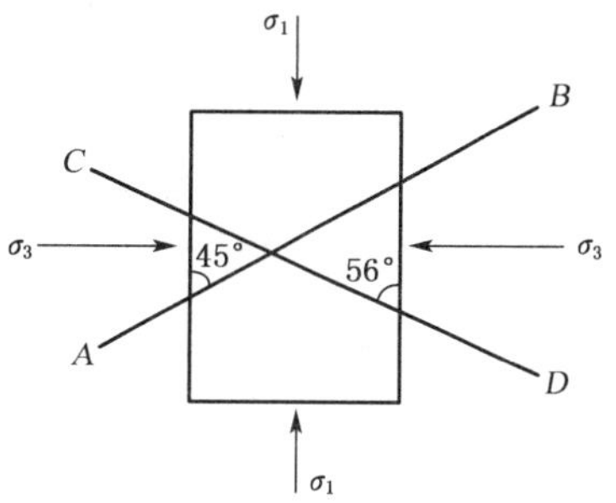

图 5-13

4. 某条形基础下地基中某点 $\sigma_z = 250\,\text{kPa}$,$\sigma_x = 100\,\text{kPa}$,$\tau = 40\,\text{kPa}$,已知地基土强度指标为 $\varphi = 30°$,$c = 0$,求:

(1) 该点是否剪坏?

(2) 如 σ_z 和 σ_x 不变,τ 值增至 60 kPa,该点是否会剪坏?

5. 某土的压缩系数为 $0.16\,\text{kPa}^{-1}$,强度指标 $c = 20\,\text{kPa}$,$\varphi = 30°$,求:

(1) 如作用在土样上的大、小主应力分别为 350 kPa 和 150 kPa,该土样是否会破坏? 为什么?

(2) 如小主应力为 100 kPa,该土样所能承受的最大主应力为多少?

6. 某完全饱和土样,已知抗剪强度指标为 $c_u = 35\,\text{kPa}$,$\varphi = 0°$;$c_{cu} = 12\,\text{kPa}$,$\varphi_{cu} = 12°$;$c' = 3\,\text{kPa}$,$\varphi' = 28°$,求:

(1) 若该土样在 $\sigma_3 = 200\,\text{kPa}$ 作用下进行三轴固结不排水压缩试验,求破坏时 σ_1 的值。

(2) 若 $\sigma_3 = 250\,\text{kPa}$,$\sigma_1 = 400\,\text{kPa}$,$u = 160\,\text{kPa}$,则土样可能破裂面上的剪应力值,并判断土样是否会破坏。

7. 某土样进行三轴压缩试验,剪坏时 $\sigma_1 = 500\,\text{kPa}$,$\sigma_3 = 100\,\text{kPa}$,剪坏面与大主应力面交角为 60°。绘出极限应力圆,求 c、φ 和剪坏面上的正应力与剪应力。

6 土 压 力

6.1 概述

6.1.1 挡土结构物

在建筑工程中常遇到天然土坡上修建建筑物。为了防止土体的滑坡和坍塌,经常使用各种类型的挡土结构加以支挡,挡土墙是最常见的支挡结构物。挡土墙按结构形式不同分为重力式、悬臂式、扶壁式、锚杆式及加筋式等型式,其构筑材料通常用块石、砖、素混凝土及钢筋混凝土等,中小型工程可以就地取材由块石、砖建成,重要工程用素混凝土或钢筋混凝土材料建成。

挡土结构物的作用是用来挡住墙后的填土并承受来自填土的压力,它被广泛用于工业与民用建筑、水利工程、铁路工程以及桥梁工程中,如图 6-1 所示。

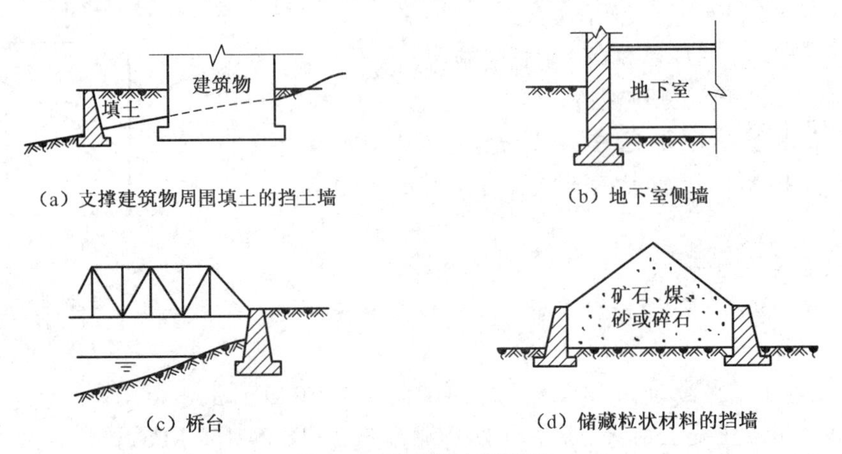

(a) 支撑建筑物周围填土的挡土墙　(b) 地下室侧墙　(c) 桥台　(d) 储藏粒状材料的挡墙

图 6-1 挡土墙应用举例

6.1.2 土压力的类型

土压力是指挡土墙后的填土因自生或外荷载作用对墙背产生的侧压力。设计挡土墙首先要确定土压力的性质、大小、方向和作用点。

土压力的大小和分布规律不仅与挡土墙的刚度、高度以及填土的性质有关,还与挡土墙的位移方向、大小密切相关。其中,挡土墙的位移方向和大小是决定性因素。

根据墙后填土的位移情况和墙后土体所处的应力状态,土压力可以分为静止土压力、主动土压力和被动土压力。

(1) 静止土压力:当挡土墙静止不动时,既不能移动也不能转动,这时土体作用在挡土墙的压力称为静止土压力,用 E_0 表示,单位为 kN/m;称分布于每延米挡土墙墙背单位面积上的土压力为静止土压力强度,用 σ_0 表示,单位为 kPa,如图 6-2(a)所示。

(2) 主动土压力:挡土墙向前移离填土,随着墙的位移量的逐渐增大,土体作用于墙上的土压力逐渐减小,当墙后土体达到主动极限平衡状态并出现滑动面时,作用于墙上的土压力减至最小,称为主动土压力 E_a,单位为 kN/m;称分布于每延米挡土墙墙背单位面积上的土压力为主动土压力强度,用 σ_a 表示,单位为 kPa,如图 6-2(b)所示。

(3) 被动土压力:挡土墙在外力作用下移向填土,随着墙位移量的逐渐增大,土体作用于墙上的土压力逐渐增大,当墙后土体达到被动极限平衡状态并出现滑动面时,作用于墙上的土压力增至最大,称为被动土压力 E_p,单位为 kN/m;称分布于每延米挡土墙墙背单位面积上的土压力为被动土压力强度,用 σ_p 表示,单位为 kPa,如图 6-2(c)所示。

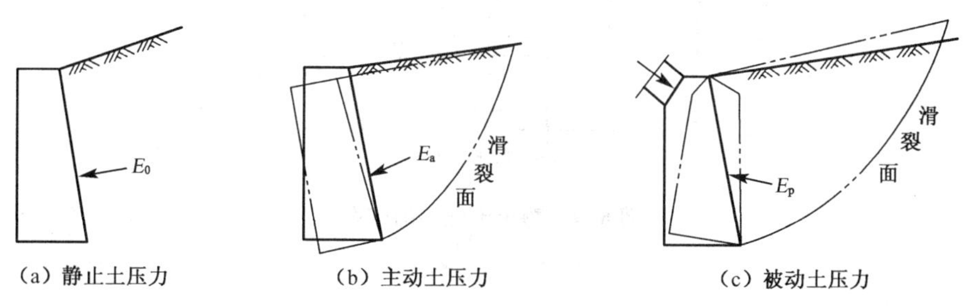

图 6-2 挡土墙的三种土压力

上述三种土压力的移动情况和它们在相同条件下的数值比较,可用图 6-3 来表示。由图可知 $E_a < E_0 < E_p$。而且产生被动土压力所需的位移 Δ_p 大大超过产生主动土压力所需的位移 Δ_a。

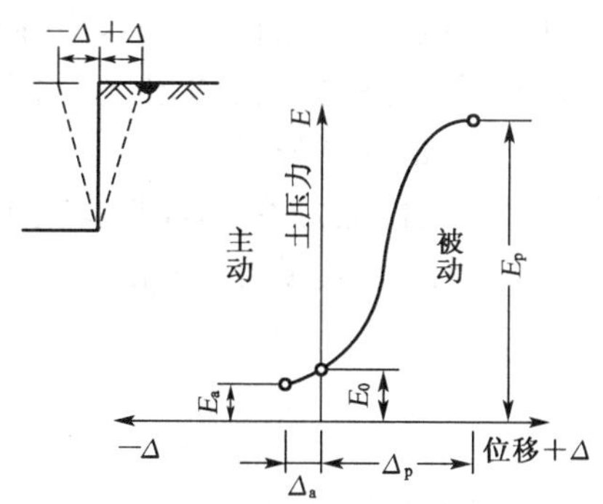

图 6-3 墙身位移和土压力的关系

6.2 静止土压力的计算

静止土压力可按以下所述方法进行计算:

任一深度 z 处取一微单元体，其上作用土的竖向自重应力，则该处的静止土压力强度可按下式计算：

$$\sigma_0 = K_0 \gamma z \tag{6-1}$$

式中：K_0——静止侧压力系数，按 $K_0 = 1 - \sin\varphi'$ 计算。

可知：静止土压力沿墙高为三角形分布。取单位长挡墙计算静止土压力为：

$$E_0 = \frac{1}{2}\gamma H^2 K_0 \tag{6-2}$$

作用点在距墙底的 $H/3$ 处，如图 6-4 所示。

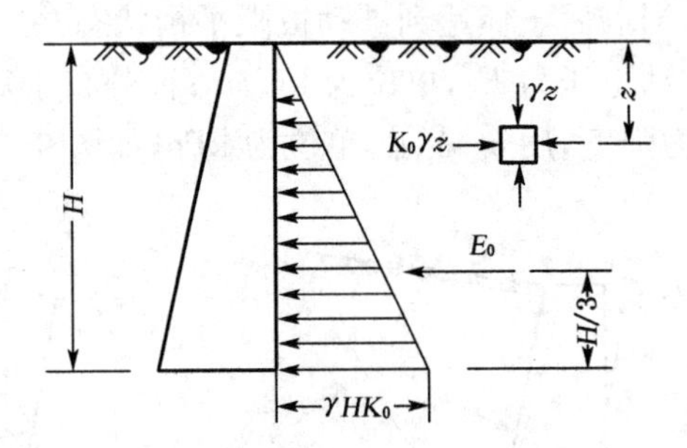

图 6-4 静止土压力的分布

6.3 朗肯土压力理论

朗肯土压力理论是土压力计算中两个著名的古典土压力理论之一，由英国科学家(W J M RanKine)于 1857 年提出。基本原理是根据墙后填土半空间的应力状态，应用极限平衡条件，推导出主动土压力和被动土压力的计算公式。

为了使挡土墙符合半无限弹性体内的应力条件，朗肯将挡土墙作了一定的假设，即墙后填土是具有水平表面的半无限体，挡土墙墙背竖直且光滑。

6.3.1 基本理论

图 6-5(a)表示一表面为水平面的半空间，在离地表面深度为 z 处取一微小单元体，当整个土体处于静止状态时，各点都处于弹性平衡状态。设土体重度为 γ，作用在单元体顶面的法向应力即为该处土的自重应力，即：

$$\sigma_z = \gamma z$$

而单元体垂直面上的法向应力为：

$$\sigma_x = K_0 \gamma z$$

考察挡土墙后土体表面下深度 z 处的微小单元体的应力状态变化过程。由于土体内每个竖直面都是对称面，因此竖直截面和水平截面上的剪力都等于零，因而相应截面上的法向应力都是主应力，此时应力状态可用莫尔圆表示，如图 6-5(b)所示。由于该点处于弹性平衡状态，故莫尔圆没有与抗剪强度包线相切，应力状态如图 6-5(b)中莫尔应力圆Ⅰ。

当挡土墙在土压力的作用下向远离土体的方向位移时，如图 6-5(c)所示，作用在微单元体上的竖向应力 σ_z 保持不变，而水平向应力 σ_x 逐渐减小，直至达到土体处于极限平衡状态。土体处于极限平衡状态时的最大主应力为 $\sigma_1=\sigma_z$，而最小主应力 σ_3 即为主动土压力强度 σ_a，应力状态如图 6-5(b)中莫尔应力圆Ⅱ。

当挡土墙在土压力的作用下向着土体方向位移时，如图 6-5(d)所示，作用在微单元体上的竖向应力 σ_z 保持不变，而水平向应力 σ_x 逐渐增大，由小主应力变为大主应力，直至达到土体处于极限平衡状态。土体处于极限平衡状态时的最小主应力为 $\sigma_3=\sigma_z$，而最大主应力 σ_1 即为被动土压力强度 σ_p，应力状态如图 6-5(b)中莫尔应力圆Ⅲ。

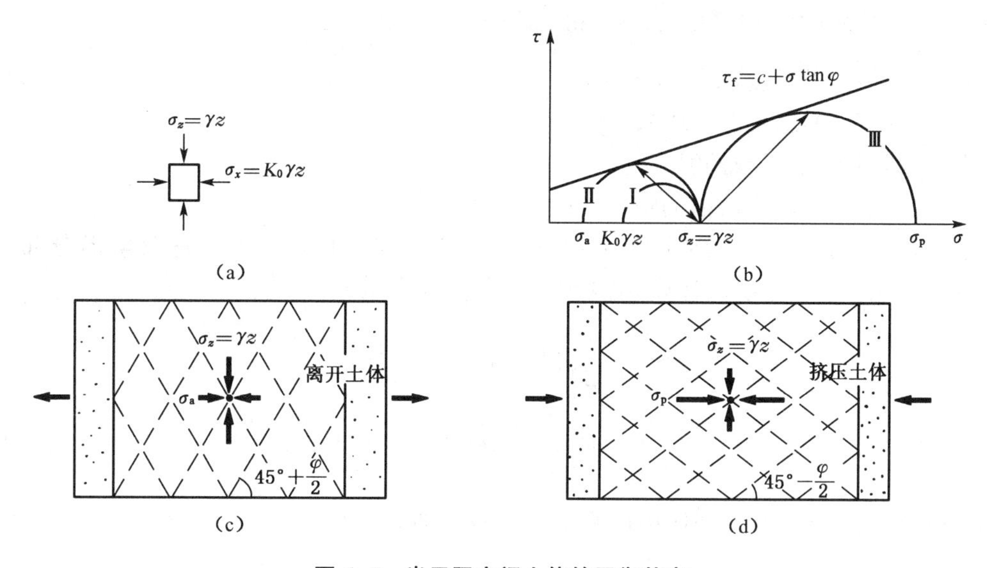

图 6-5　半无限空间土体的平衡状态

6.3.2　朗肯主动土压力计算

由于挡土墙在外力作用下偏离填土，应力状态发生改变，水平应力逐渐减少至产生主动朗肯状态。此时作用于任意深度 z 处土体单元上的大主应力 $\sigma_1=\gamma z$，小主应力 $\sigma_3=\sigma_a$，由极限平衡状态大小主应力条件式可得：

无黏性土：

$$\sigma_3=\sigma_1\tan^2\left(45°-\frac{\varphi}{2}\right) \tag{6-3}$$

则主动土压力强度 σ_a 为：

$$\sigma_a=\gamma z\tan^2\left(45°-\frac{\varphi}{2}\right) \tag{6-4}$$

$$\sigma_a = \gamma z K_a \tag{6-5}$$

黏性土、粉土：

$$\sigma_3 = \sigma_1 \tan^2\left(45° - \frac{\varphi}{2}\right) - 2c\tan\left(45° - \frac{\varphi}{2}\right) \tag{6-6}$$

则主动土压力强度 σ_a 为：

$$\sigma_a = \gamma z \tan^2\left(45° - \frac{\varphi}{2}\right) - 2c\tan\left(45° - \frac{\varphi}{2}\right) \tag{6-7}$$

$$\sigma_a = \gamma z K_a - 2c\sqrt{K_a} \tag{6-8}$$

式中：σ_a——主动土压力强度(kPa)；

K_a——主动土压力系数，$K_a = \tan^2\left(45° - \frac{\varphi}{2}\right)$；

γ——地基土的重度(kN/m³)；

c——地基土的黏聚力(kPa)；

φ——地基土的内摩擦角(°)；

z——计算点离填土表面的距离(m)。

由式(6-5)可知：无黏性土的主动土压力与 z 成正比，沿墙高呈三角形分布，如图 6-6(b)所示。取单位墙长计算，则无黏性土的主动土压力 E_a 为：

$$E_a = \frac{1}{2}\gamma H^2 \tan^2\left(45° - \frac{\varphi}{2}\right) \tag{6-9}$$

$$E_a = \frac{1}{2}\gamma H^2 K_a \tag{6-10}$$

E_a 通过三角形的形心，即作用在离墙底的 $H/3$ 处。

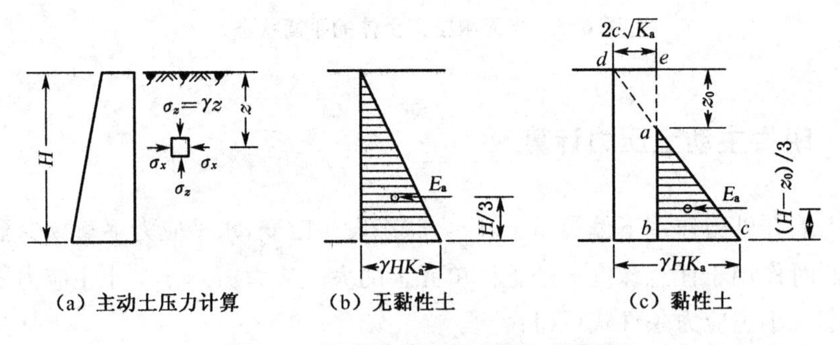

(a) 主动土压力计算 (b) 无黏性土 (c) 黏性土

图 6-6 郎肯主动土压力强度分布图

黏性土和粉土的主动土压力包括两部分：一部分是由土自重引起的土压力，另一部分是由黏聚力引起的负侧压力。其中虚线部分是由黏聚力引起的负侧压力，对墙背是拉力，但实际上墙与土在很小的拉力作用下就会分离，故在计算土压力时，这部分应忽略不计。作用于墙背上的土压力只是图中△abc 部分。

a 点离填土面的 z_0 经常称为临界深度，在填土面无荷载的条件下，可令式(6-8)为零求

得 z_0 值，即：

$$\sigma_a = \gamma z K_a - 2c\sqrt{K_a} = 0 \tag{6-11}$$

$$z_0 = \frac{2c}{\gamma\sqrt{K_a}} \tag{6-12}$$

如取单位墙长计算，则黏性土和粉土的主动土压力为：

$$E_a = \frac{1}{2}(H - z_0)(\gamma H K_a - 2c\sqrt{K_a}) \tag{6-13}$$

主动土压力 E_a 通过三角形 abc 的形心，即作用在离墙底 $(H-z_0)/3$ 处，如图 6-6(c)所示。

6.3.3 朗肯被动土压力计算

由于挡土墙在外力作用下移向填土，应力状态发生改变，水平应力逐渐增加至产生被动朗肯状态。此时作用于任意深度 z 处土体单元上的大主应力 $\sigma_1 = \sigma_p$，小主应力 $\sigma_3 = \gamma z$，由极限平衡状态大小主应力条件式可得：

无黏性土

$$\sigma_1 = \sigma_3 \tan^2\left(45° + \frac{\varphi}{2}\right) \tag{6-14}$$

则被动土压力强度 σ_p 为：

$$\sigma_p = \gamma z K_p \tag{6-15}$$

黏性土、粉土

$$\sigma_1 = \sigma_3 \tan^2\left(45° + \frac{\varphi}{2}\right) + 2c\tan\left(45° + \frac{\varphi}{2}\right) \tag{6-16}$$

则被动土压力强度 σ_p 为：

$$\sigma_p = \gamma z K_p + 2c\sqrt{K_p} \tag{6-17}$$

式中：σ_p——主动土压力强度(kPa)；

K_p——主动土压力系数，$K_p = \tan^2\left(45° + \frac{\varphi}{2}\right)$。

无黏性土的被动土压力呈三角形分布，黏性土、粉土被动土压力呈梯形分布，如取单位墙长计算，则被动土压力 E_p 可由下式计算：

无黏性土

$$E_p = \frac{1}{2}\gamma H^2 K_p \tag{6-18}$$

黏性土、粉土

$$E_p = \frac{1}{2}\gamma H^2 K_p + 2cH\sqrt{K_p} \tag{6-19}$$

被动土压力 E_p 通过三角形或梯形分布图的形心，如图 6-7 所示。

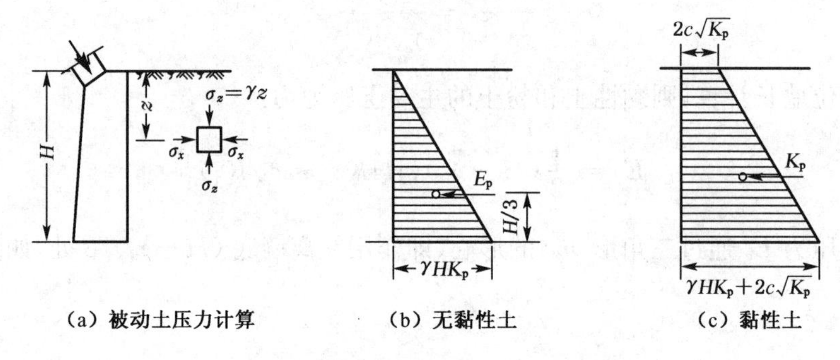

(a) 被动土压力计算　(b) 无黏性土　(c) 黏性土

图 6-7　郎肯被动土压力强度分布图

6.3.4　常见情况下朗肯土压力的计算

1) 填土面上有均布荷载

当挡土墙后填土面有连续均布荷载 q 作用时(如图 6-8 所示)，用郎肯理论计算主动土压力，在墙后填土面深度 z 处土体单元所受的大主应力 $\sigma_1 = q + \gamma z$，小主应力 $\sigma_3 = \sigma_a = \sigma_1 K_a - 2c\sqrt{K_a}$，以无黏性土为例，主动土压力强度为：

$$\sigma_a = (q + \gamma z)K_a \tag{6-20}$$

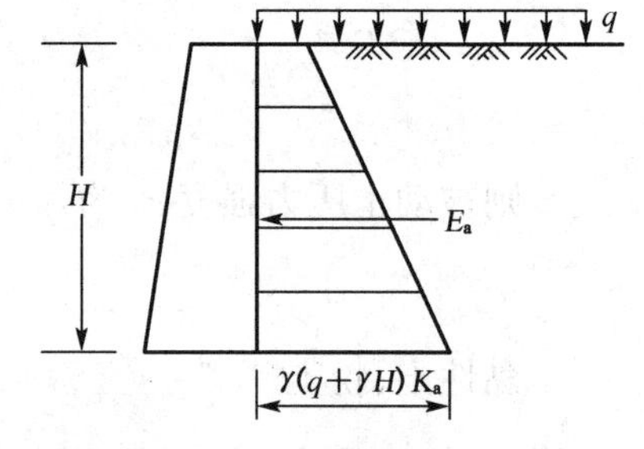

图 6-8　填土面有连续均布荷载

当填土面的均布荷载是从墙背后某一距离开始，在这种情况下的土压力计算可以按照下面方法进行：

从均布荷载起点 O 作 OC 及 OD 两条直线，分别与水平线成 φ 和 $45° + \varphi/2$ 角，交墙背于 C、D 点，可以认为 C 点以上的土压力不受地表荷载的影响，D 点以下全部受均布荷载的影响，C 和 D 点之间的土压力用直线连接，最后的主动土压力强度分布如图 6-9(a)中阴影部分所示。

若填土表面上均布荷载分布在一定宽度范围内时(图 6-9(b))，自局部荷载 q 的两个端点 O、O' 分别作与水平面成 $\theta = 45° + \varphi/2$ 的两条辅助线交墙背于 C、D 两点，认为 C 点以上和 D 点以下的土压力均不受地面荷载的影响，C 点和 D 点之间的土压力按均布荷载计算，作用于墙背 AB 上的土压力分布如图 6-9(b)中的阴影部分。

【例 6-1】　挡土墙高 6 m，填土的物理力学性质指标如下：$\varphi = 20°$，$c = 10\ \text{kPa}$，$\gamma = 16\ \text{kN/m}^3$，墙背直立，光滑，填土面水平并有均布荷载 $q = 20\ \text{kPa}$。试求主动土压力，并绘出土压力的分布图。

【解】　$K_a = \tan^2(45° - \varphi/2) = \tan^2(45° - 20°/2) = 0.49$

$\sigma_a^A = qK_a - 2c\sqrt{K_a} = 20 \times 0.49 - 2 \times 10 \times \sqrt{0.49} = -4.2\ \text{kPa}$

$\sigma = 0$ 处，$(q + \gamma z)K_a - 2c\sqrt{K_a} = 0$，则：

$$z_0=\frac{2c\sqrt{K_a}-qK_a}{\gamma K_a}=\frac{2\times10\times\sqrt{0.49}-20\times0.49}{16\times0.49}=0.54\ \text{m}$$

$$\sigma_a^B=(q+\gamma H)K_a-2c\sqrt{K_a}=(20+16\times6)\times0.49-2\times10\times\sqrt{0.49}=42.84\ \text{kPa}$$

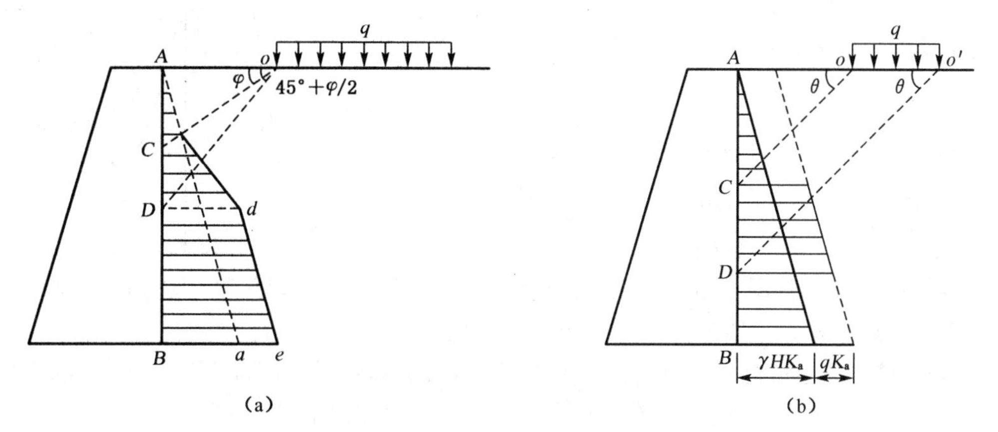

图 6-9　填土表面有局部均布荷载的土压力计算

主动土压力合力大小：

$$E_a=\frac{1}{2}\times42.84\times(6-0.54)=116.95\ \text{kN/m}$$

主动土压力合力作用点位置：

$$z=\frac{1}{3}\times(6-0.54)=1.82\ \text{m}$$

土压力分布如图 6-10 所示。

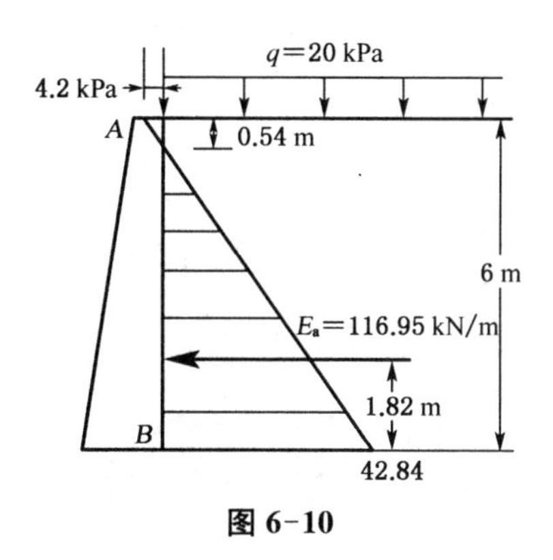

图 6-10

2) 填土成层分布

当墙后填土是由多层不同种类的水平分布的土层组成时(图 6-11)，可以根据郎肯理论计算土压力。此时在填土面下任意深度 z 处土体单元所受的竖向应力为其上覆土的自重应力之和。以无黏性土为例，成层土产生的主动土压力强度大小为：

$$\sigma_a=\sigma_1 K_a \tag{6-21}$$

式中 σ_1 为任意深度土体单元所受的竖向应力，其大小为 $\sum_{i=1}^{n}\gamma_i h_i$，$\gamma_i$ 和 h_i 为第 i 层土的重度和厚度。图 6-11 所示挡土墙各层面的主动土压力强度为：

0 点：$\sigma_{a0}=0$

1 点：$\sigma_{a1上}=\gamma_1 h_1 K_{a1}-2c_1\sqrt{K_{a1}}$

$\sigma_{a1下}=\gamma_1 h_1 K_{a2}-2c_2\sqrt{K_{a2}}$

2 点：$\sigma_{a2上}=(\gamma_1 h_1+\gamma_2 h_2)K_{a2}-2c_2\sqrt{K_{a2}}$

$\sigma_{a2下}=(\gamma_1 h_1+\gamma_2 h_2)K_{a3}-2c_3\sqrt{K_{a3}}$

3 点：$\sigma_{a3}=(\gamma_1 h_1+\gamma_2 h_2+\gamma_3 h_3)K_{a3}-2c_3\sqrt{K_{a3}}$

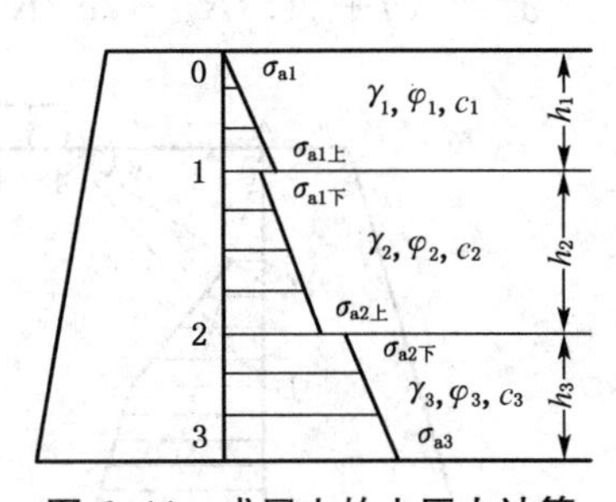

图 6-11　成层土的土压力计算

必须注意，由于各层土的性质不同，主动土压力系数也不同，需要注意在相邻土层分界面上土压力的变化。

【例 6-2】 挡土墙高 5 m，背直立，光滑，墙后填土面水平，共分两层。各层土的物理力学性质指标如图 6-12 所示。试求主动土压力，并绘出土压力的分布图。

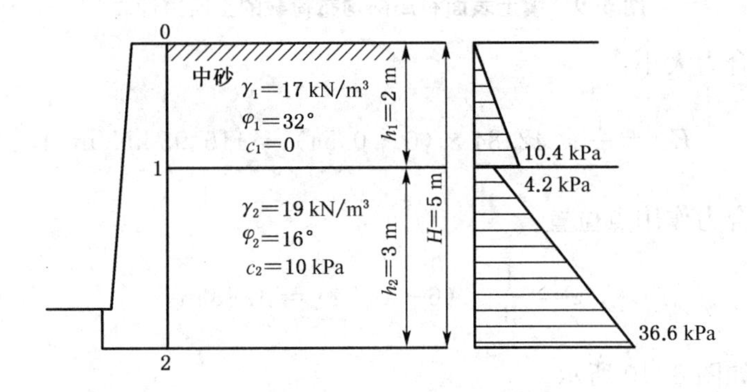

图 6-12　主动土压力分布图

【解】 第一层土的土压力强度为：

$$\sigma_{a0}=0$$

$$\sigma_{a1上}=\gamma_1 h_1\tan^2(45°-\varphi_1/2)=17\times2\times\tan^2(45°-32°/2)=10.4\ \text{kPa}$$

第二层填土顶面和底面的土压力强度分别为：

$$\begin{aligned}\sigma_{a1下}&=\gamma_1 h_1\tan^2(45°-\varphi_2/2)-2c_2\tan(45°-\varphi_2/2)\\&=17\times2\times\tan^2(45°-16°/2)-2\times10\times\tan(45°-16°/2)\\&=4.2\ \text{kPa}\end{aligned}$$

$$\begin{aligned}\sigma_{a2}&=(\gamma_1 h_1+\gamma_2 h_2)\tan^2(45°-\varphi_2/2)-2c_2\tan(45°-\varphi_2/2)\\&=(17\times2+19\times3)\times\tan^2(45°-16°/2)-2\times10\times\tan(45°-16°/2)\\&=36.6\ \text{kPa}\end{aligned}$$

主动土压力为：

$$E_a=10.4\times2/2+(4.2+36.6)\times3/2=71.6\ \text{kN/m}$$

主动土压力分布如图 6-12 所示。

3) 墙后填土有地下水

挡土墙后的填土会部分或全部处于地下水位以下，由于地下水的存在将使土的含水量增加，抗剪强度降低，而使土压力增大。

当墙后填土有地下水时，作用在墙背上的侧压力有土压力和水压力两部分。计算土压力时，假设地下水位上下土的内摩擦角和黏聚力相同，地下水位以下取有效重度计算。若以无黏性土为例，则土压力和水压力如图 6-13 所示，作用在墙背上的总压力为主动土压力和水压力之和。

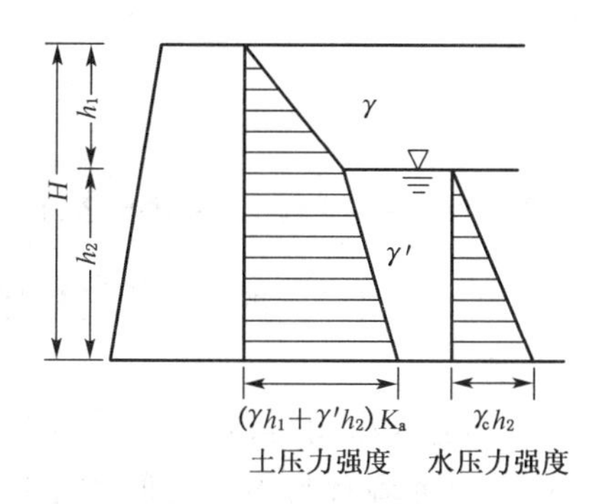

图 6-13 墙后有地下水时的土压力

6.4 库仑土压力理论

6.4.1 基本原理和假定

库仑于 1776 年根据研究挡土墙墙后滑动土楔体的静力平衡条件，提出了计算土压力的理论。他假定挡土墙是刚性的，墙后填土是无黏性土。当墙背移离或移向填土，墙后土体达到极限平衡状态时，墙后填土是以一个三角形滑动土楔体的形式，沿墙背和填土土体中某一滑裂平面通过墙踵同时向下发生滑动。根据三角形土楔的力系平衡条件，求出挡土墙对滑动土楔的支承反力，从而解出挡土墙墙背所受的总土压力。

其基本假设：

(1) 墙后的填土是理想的散粒体(黏聚力 $c=0$)。

(2) 滑动楔体是刚性的，滑动破坏面为一平面。

6.4.2 库仑主动土压力计算

一般挡土墙的计算均属于平面应变问题，均沿墙的长度方向取 1 m 进行分析，如图 6-14(a)所示。当墙向前移动或转动而使墙后土体沿某一破坏面 BC 破坏时，土楔 ABC 向下滑动而处于主动极限平衡状态。此时，作用于土楔 ABC 上的力有：

(1) 土楔体的自重 $G=\triangle ABC\cdot\gamma$，$\gamma$ 为填土的重度，只要确定破坏面 BC 的位置，土楔体的自重 G 的大小就是已知值，其方向向下。

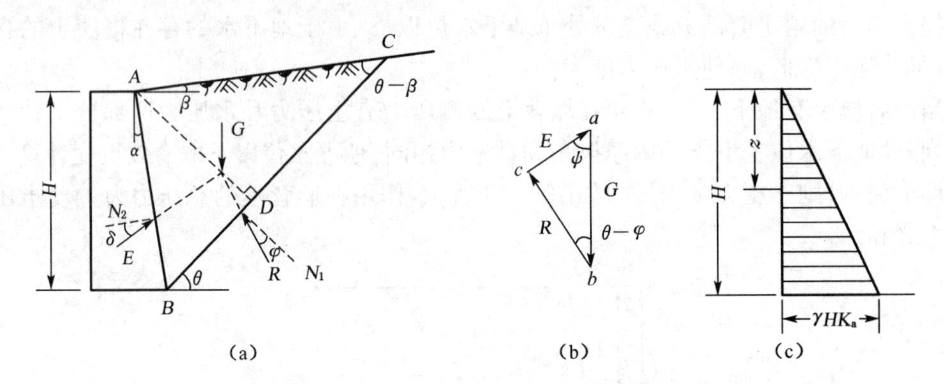

图 6-14 按库仑理论求主动土压力

(2) 破坏面 BC 上的反力 R，其大小是未知的。反力与破坏面的法线 N_1 之间的夹角等于土的内摩擦角 φ，并位于 N_1 下侧。

(3) 墙背对土楔体的反力 E，与它大小相等、方向相反的力就是墙背上的土压力。反力的方向与墙背的法线 N_2 成 δ 角，δ 角为墙背与填土之间的摩擦角，称为外摩擦角。当土楔体下滑时，墙对土楔体的阻力是向上的，故反力必在 N_2 下侧。土楔体在以上三个力作用下处于静力平衡状态，因此必构成一个闭合的力矢三角形，如图 6-14(b)，按正弦定理：

$$E=G\sin(\theta-\varphi)/\sin(\theta-\varphi+\psi)$$

式中 $$\psi=90^\circ-\alpha-\delta$$

土楔自重 $$G=\gamma\cdot\triangle ABC=\gamma\cdot BC\cdot AD/2$$

$$BC=AB\cdot\sin(90^\circ-\alpha+\beta)/\sin(\theta-\beta)$$

因为 $$AB=H/\cos\alpha$$

故 $$BC=H\cdot\cos(\alpha-\beta)/\cos\alpha\cdot\sin(\theta-\beta)$$

由 $\triangle ADB$ 可得：

$$AD=AB\cdot\cos(\theta-\alpha)=H\cdot\cos(\theta-\alpha)/\cos\alpha$$

于是有

$$G=\frac{\gamma H^2}{2}\cdot\frac{\cos(\alpha-\beta)\cdot\cos(\theta-\alpha)}{\cos^2\alpha\cdot\sin(\theta-\beta)}$$

代入前式可得，E 的表达式：

$$E=\frac{\gamma H^2}{2}\cdot\frac{\cos(\alpha-\beta)\cdot\cos(\theta-\alpha)\cdot\sin(\theta-\varphi)}{\cos^2\alpha\cdot\sin(\theta-\beta)\cdot\sin(\theta-\varphi+\psi)}$$

在上式中，只有滑动面 BC 与水平面的夹角 θ 是未知的，其余参数都是已知的，也就是说，E 是 θ 的函数。E 的最大值 E_{max} 即为墙背的主动土压力，其所对应的滑动面即是土楔最危险的滑动面。为此可令 $dE/d\theta=0$，从而解得填土的最大破裂角 θ_{cr}，并将 θ_{cr} 代入上式可得库仑主动土压力的一般表达式：

$$E_a=\frac{1}{2}\gamma H^2\cdot\frac{\cos^2(\varphi-\alpha)}{\cos^2\alpha\cdot\cos(\alpha+\delta)\left[1+\sqrt{\dfrac{\sin(\varphi+\delta)\cdot\sin(\varphi-\beta)}{\cos(\alpha+\delta)\cdot\cos(\alpha-\beta)}}\right]^2}$$

简化表示为

$$E_a=\frac{1}{2}\gamma H^2\cdot K_a$$

式中：K_a——库仑主动土压力系数，可查表求得；

φ——墙后填土的摩擦角；

α——墙背的倾斜角；

β——填土面的倾斜角；

δ——土对挡土墙背的摩擦角，查表 6-1 确定。

表 6-1　土对挡土墙背的摩擦角 δ

挡土墙情况	外摩擦角 δ	挡土墙情况	外摩擦角 δ
墙背平滑，排水不良	$(0\sim0.33)\varphi$	墙背很粗糙，排水良好	$(0.5\sim0.67)\varphi$
墙背粗糙，排水良好	$(0.33\sim0.5)\varphi$	墙背与填土间不能滑动	$(0.67\sim1.0)\varphi$

当墙背垂直 $(\alpha=0)$、光滑 $(\delta=0)$，填土面水平 $(\beta=0)$ 时，库仑主动土压力公式为：

$$E_a=\frac{1}{2}\gamma H^2\tan^2\left(45^\circ-\frac{\varphi}{2}\right)$$

可见，在上述情况下，其与朗肯公式完全相同。

6.4.3　库仑被动土压力计算

当墙受外力作用推向填土，直至土体沿某一破坏面 BC 滑动破坏时，土楔 ABC 向上滑动，并处于被动极限平衡状态[图 6-15(a)]。此时，按上述求主动土压力的原理可求得库仑被动土压力为：

$$E_r=\frac{1}{2}\gamma H^2\cdot\frac{\cos^2(\varphi+\alpha)}{\cos^2\alpha\cdot\cos(\alpha-\delta)\left[1-\sqrt{\dfrac{\sin(\varphi+\delta)\cdot\sin(\varphi+\beta)}{\cos(\alpha-\delta)\cdot\cos(\alpha-\beta)}}\right]^2}$$

或

$$E_p=\frac{1}{2}\gamma H^2\cdot K_p$$

式中：K_p——库仑被动土压力系数。

其余符号同前。

当墙背垂直 $(\alpha=0)$、光滑 $(\delta=0)$，填土面水平 $(\beta=0)$ 时，库仑被动土压力公式为：

$$E_p=\frac{1}{2}\gamma H^2\tan^2\left(45^\circ+\frac{\varphi}{2}\right)$$

可见，在上述情况下，其与朗肯公式完全相同。

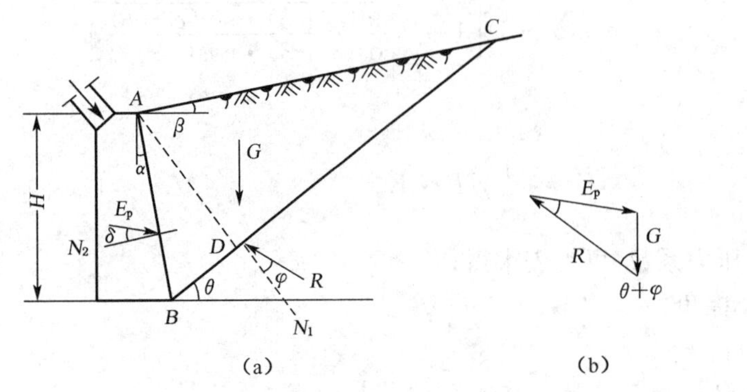

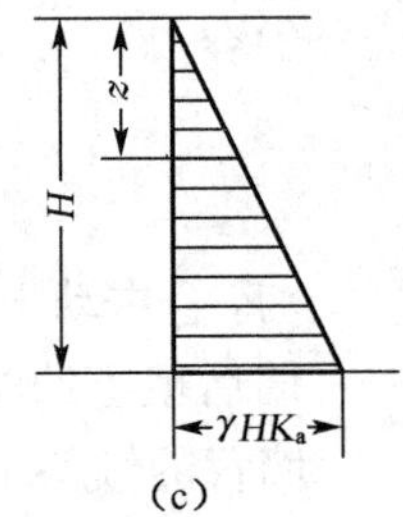

(c)

图 6-15　按库仑理论计算被动土压力

6.4.4　黏性土和粉土的主动土压力

库仑土压力理论假定墙后填土是理想的散粒体，因此从理论上说，只适用于无黏性土。但实际工程中常不得不采用黏性土。为了考虑黏性土和粉土的黏聚力对土压力的影响，在应用库仑土压力公式时，曾有将内摩擦角增大，采用“等代内摩擦角”来综合考虑黏聚力对土压力的效应，但误差较大。在这种情况下，可用以下方法确定：

1）图解法（楔体试算法）

如果挡土墙的位移很大，足以使黏性土的抗剪强度全部发挥，在填土顶面 z_u 深度处将出现张拉裂缝，引用朗肯土压力理论的临界深度 $z_c=\frac{2c\sqrt{K_a}}{\gamma K_a}=\frac{2c}{\gamma\sqrt{K_a}}$。先假设一滑动面 BD'，如图 6-16 所示，作用于土楔体 $A'BD'$ 上的力有：

（1）土楔体自重 G。

（2）滑动面 BD' 的反力，与 BD' 面的法线成 φ 角。

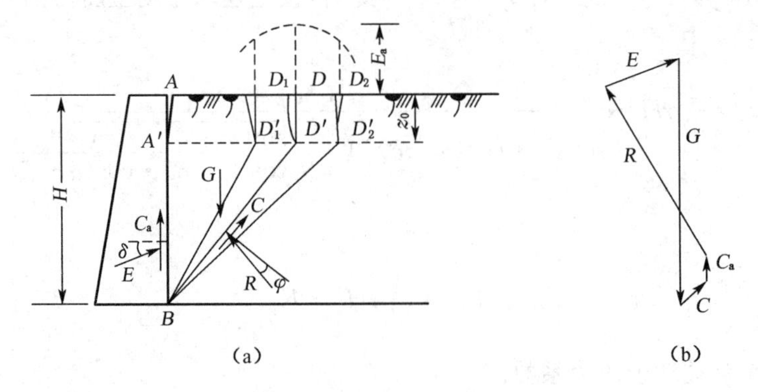

图 6-16　黏性填土的土压力图解法

(3) BD'面上的总黏聚力 $C = c \cdot BD'$，为填土的黏聚力。

(4) 墙背接触面 $A'B$ 上的总黏聚力 $C_a = c_a \cdot A'B$。

(5) 墙背对滑动土体的反力 E，大小等于主动土压力，方向相反。

在上述各力中，G、C、C_a 的大小和方向已知，R 和 E 的方向已知，但大小未知，考虑到力系的平衡，由力矢多边形可以确定 E 的数值。假定若干滑动面按以上方法试算，其中最大值即为主动土压力 E_a。

2) 规范推荐公式

《建筑地基基础设计规范》(GB 50007—2002) 推荐的公式，采用楔体试算法相似的滑裂面假定，如图 6-17 所示，得到黏性土和粉土的主动土压力为：

$$E_a = \psi_c \frac{1}{2} \gamma H^2 \cdot K_a$$

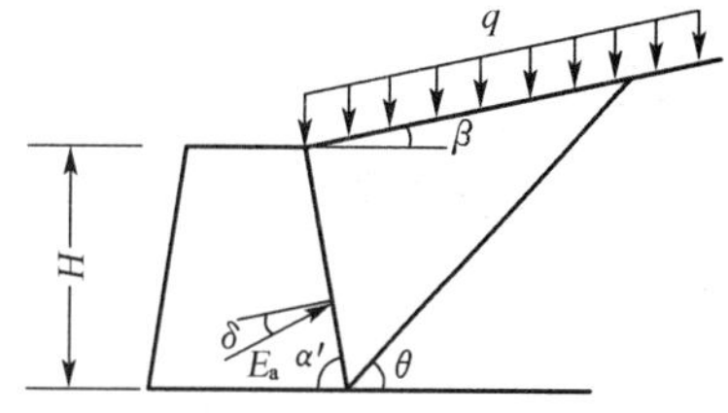

图 6-17　计算简图

式中：ψ_c ——主动土压力增大系数。土坡高度 $H < 5$ m 时取 1.0；H 为 5 ~ 8 m 时取 1.1；$H > 8$ m 时取 1.2。

K_a——规范主动土压力系数，按下式确定：

$$K_a = \frac{\sin(\alpha' + \beta)}{\sin^2\alpha' \sin^2(\alpha' + \beta - \varphi - \delta)} \times \{k_q[\sin(\alpha' + \beta)\sin(\alpha' - \delta) + \sin(\varphi + \delta)\sin(\varphi - \beta)] + 2\eta\sin\alpha'\cos\varphi \times \cos(\alpha' + \beta - \varphi - \delta) - 2[(k_q\sin(\alpha' + \beta)\sin(\varphi - \beta) + \eta\sin\alpha'\cos\varphi) \times (k_q\sin(\alpha' - \delta)\sin(\varphi + \delta) + \eta\sin\alpha'\cos\varphi)]^{\frac{1}{2}}\}$$

式中：$k_q = 1 + \dfrac{2q\sin\alpha'\cos\beta}{\gamma H\sin(\alpha' + \beta)}$，$\eta = \dfrac{2c}{\gamma H}$，

q——地表均布荷载（以单位水平投影面上的荷载强度计）；

φ、c——填土的内摩擦角和黏聚力。

6.4.5　朗肯理论和库仑理论比较

朗肯理论和库仑理论分别根据不同的假定，以不同的分析方法计算土压力。只有当墙背垂直 ($\alpha = 0$)、光滑 ($\delta = 0$)，填土面水平 ($\beta = 0$) 时，两种理论计算的结果才相同，否则将得出不同的结果。

朗肯土压力理论应用半空间体中的应力状态和极限平衡条件的概念比较清楚，公式简单，便于记忆；对黏性土和无黏性土都可以直接计算，故在工程中得到广泛的应用。但为了符合半空间的应力状态，必须假定墙背垂直 ($\alpha = 0$)、光滑 ($\delta = 0$) 和填土面水平 ($\beta = 0$)，因而其他情况时计算复杂，并由于忽略了墙背与填土的摩擦力，使计算的主动土压力偏大，而计算的被动土压力偏小。

库仑土压力理论根据墙后土楔体的静力平衡条件推导出土压力的计算公式，考虑了墙背与填土的摩擦力，并可用于墙背倾斜和填土面倾斜的情况。但由于该理论假定填土为无黏性土，因此不能用库仑理论的原始公式直接计算黏性土和粉土的土压力。另外，库仑理论假定墙后填土破坏面为一平面，实际上多是曲面，计算结果与按曲线滑动面计算有一定的误差。在通常

情况下,计算的主动土压力与实际相差约2%～10%,但被动土压力相差约2～3倍,甚至更大。

思考题

1. 土压力有哪几种?影响土压力的各种因素中最重要的因素是什么?
2. 试阐述主动、静止、被动土压力的定义和产生的条件,并比较三者的数值大小。
3. 比较朗肯土压力理论和库仑土压力理论的基本假定及适用条件。
4. 挡土墙背的粗糙程度、填土排水条件的好坏对主动土压力有何影响?

习题

1. 试计算图6-18所示地下室外墙的土压力分布图、合力大小及其作用点位置。

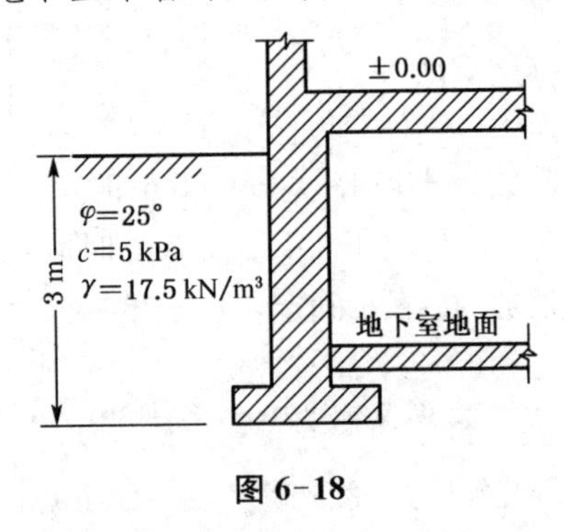

图6-18

2. 某挡土墙高5 m,墙背竖直光滑,填土面水平,$\gamma=18.0\,kN/m^3$,$\varphi=22°$,$c=15\,kPa$。试计算:

(1) 该挡土墙的主动土压力分布、合力大小及其作用点位置。

(2) 若该挡土墙在外力作用下,朝填土方向产生较大位移时,作用在墙背的土压力分布、合力大小及其作用点位置又为多少?

3. 某挡土墙后填土为中密粗砂,$\gamma_0=16.8\,kN/m^3$,$w=10\%$,$\varphi=36°$,$\delta=18°$,$\beta=15°$。墙高4.5 m,墙背与竖直线的夹角$\alpha=-8°$。试计算该挡土墙主动土压力E_a值。

4. 某挡土墙高7 m,墙背竖直光滑,填土面水平,并作用有连续的均布荷载$q=15.0\,kPa$,墙后填土分两层,其物理力学性质指标如图6-19所示,试计算墙背所受土压力分布、合力及其作用点位置。

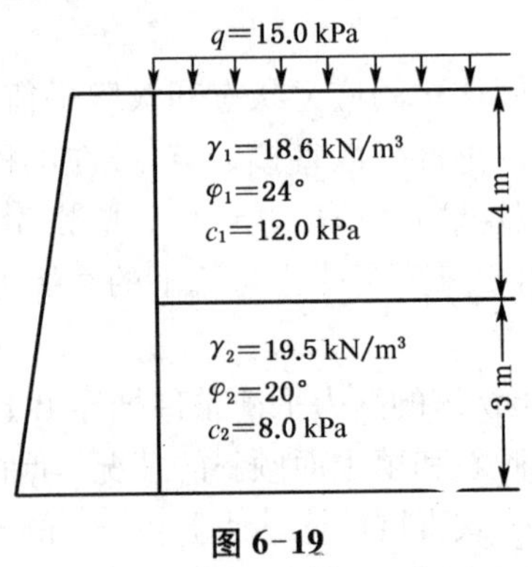

图6-19

7 地基承载力

7.1 概述

地基承载力是指地基所具有的承受荷载的能力。地基在建筑物荷载作用下，可能产生的破坏类型一般分为两大类：一种是地基在建筑物荷载作用下产生过大的变形或不均匀沉降，从而导致建筑物严重下沉、倾斜或挠曲；另一种是建筑物的荷重过大，使得地基土体内出现剪切破坏（塑性变形）区域，当剪切破坏区域不断扩大，发展成连续的滑移面时，基础下面部分土体将沿着滑移面而滑动，地基将丧失稳定性，导致建筑物产生倾倒、塌陷等灾难性的破坏。

因此，地基承受荷载的能力与地基的变形条件和稳定状态是密切相关的。也就是说在不同的外荷载作用下，地基土体的变形性质和剪切破坏区域的发展范围是有差别的。在荷载作用下，地基要产生变形。随着荷载的增大，地基的变形逐渐增大，初始阶段地基土中应力处在弹性平衡状态，具有安全承载能力。当荷载增大到地基中开始出现某点或小区域内各点在其某一方向平面上的剪应力达到土的抗剪强度时，该点或小区域内各点就发生剪切破坏而处于极限平衡状态，土中应力将发生重分布。这种小范围的剪切破坏区，称为塑性区。地基小范围的极限平衡状态大都可以恢复到弹性平衡状态，地基尚能趋于稳定，仍具有安全的承载能力，但此时地基变形稍大，必须验算变形的计算值不超过允许值。当荷载继续增大，地基出现较大范围的塑性区时，将显示地基承载力不足而失去稳定，此时地基达到极限承载能力。地基承载力是地基土抗剪强度的一种宏观表现，影响地基土抗剪强度的因素对地基承载力也产生类似影响。

地基承载力问题是土力学中的一个重要的研究课题，其目的是为了掌握地基的承载规律，充分发挥地基的承载能力，合理确定地基承载力，确保地基不会因承载作用而发生剪切破坏，产生变形过大而影响建筑物或土工建筑物的正常使用。

本章先介绍地基变形过程和失稳破坏模式，然后讨论地基承载力的理论及其分析方法、计算公式和影响因素。地基承载力理论以土体应力极限平衡理论为基础，依据地基土体塑性区（即极限平衡区域）发展的不同阶段，提出了临塑荷载、临界荷载和极限荷载（极限承载力）的概念及相应的理论计算公式。

本章还将介绍工程实践中经常应用的地基承载力的经验公式法。该方法所确定的地基承载力是指地基保持稳定并有一定的安全度，而且变形控制在建筑物允许范围内的基底压力。如何合理地确定地基承载力是进行地基基础设计的关键，也是工程实践中迫切需要解决的基本问题。

7.2 地基的变形过程和失稳破坏模式

7.2.1 地基的变形过程

现场荷载试验根据各级荷载及其相应的相对稳定沉降值，可得荷载与沉降的关系曲线，即 $p-s$ 曲线。由地基变形过程中的荷载沉降 $p-s$ 曲线可知，地基变形过程一般经历三个阶段，即压密阶段、塑性变形阶段和破坏阶段，如图 7-1 所示。

1）压密阶段

$p-s$ 曲线上的 Oa 段，因其接近于直线，亦称为线性变形阶段。在这一阶段里，土中各点的剪应力均小于土的抗剪强度，土体处于弹性平衡状态，基础的沉降主要由于土体压密变形引起[图 7-1(a)]。此时将 $p-s$ 曲线上对应于直线段结束点 a 的荷载称为临塑荷载 p_{cr}[图 7-1(d)]。

2）塑性变形阶段

$p-s$ 曲线上的 ab 段称为塑性变形阶段。当荷载超过临塑荷载 p_{cr} 后 $p-s$ 曲线不再保持线性关系，沉降速率($\Delta s/\Delta p$)随荷载的增大而增大。在塑性变形阶段，地基中的塑性变形区从基底侧边逐步扩大，塑性区以外仍然是弹性平衡状态区[图 7-1(b)]。就整体而言，地基处于弹性应力状态区域与塑性应力状态区域并存。随着荷载的继续增加，地基中塑性区的范围不断扩大，直到土中形成连续的滑移面[图 7-1(c)]。这时基础向下滑动边界范围内的土体全部处于塑性变形状态，地基即将丧失稳定。对应于 $p-s$ 曲线上 b 点(曲线段的拐点)的荷载称为极限荷载 p_u。

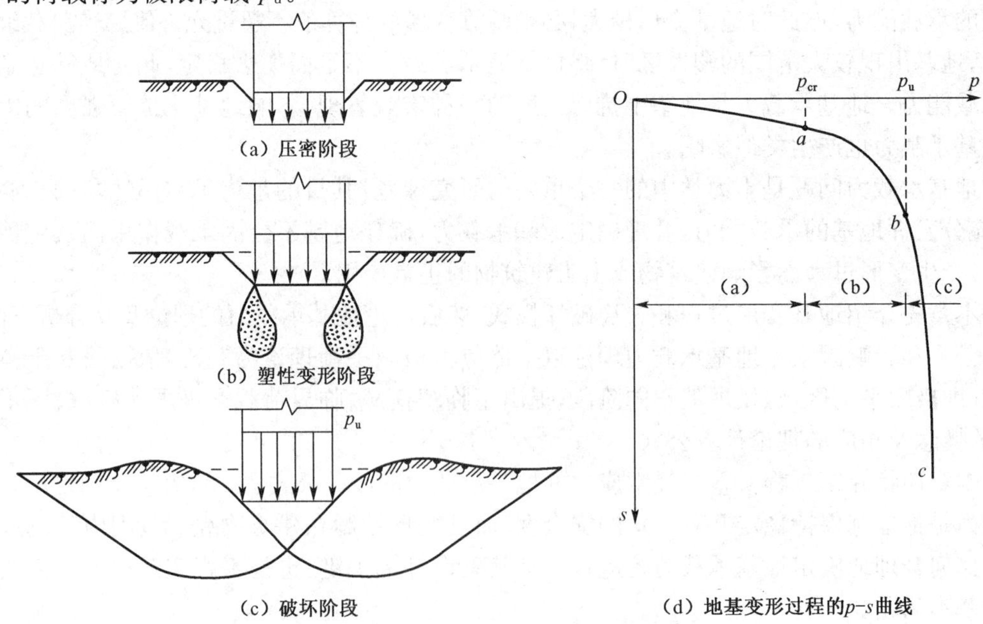

图 7-1 地基的变形过程

3）破坏阶段

$p-s$ 曲线上超过 b 点的曲线段称为破坏阶段。当荷载超过极限荷载 p_u后，将会发生基础急剧下沉或地基土体从基础四周大量挤出隆起现象，此时地基土产生失稳破坏。

从以上叙述可知，地基的三个变形阶段完整地描述了地基的变形过程，同时也说明了随着基础荷载的不断增加，地基土体强度（承载能力）的发挥程度。其中提及的两个界限荷载，即临塑荷载 p_{cr}和极限荷载 p_u对研究地基的承载力具有很重要的意义，详细的分析和公式推导见后续章节。

7.2.2 地基的破坏模式

地基失稳破坏是由于地基土体的剪应力达到了抗剪强度，形成了连续的滑移面而使地基失去稳定。研究成果表明，浅基础地基破坏的模式分为整体剪切破坏、局部剪切破坏和冲切剪切破坏三种主要形式，如图 7-2 所示。

1）整体剪切破坏

当基底总压力 p 比较小时，沉降 s 也比较小，基础下形成一个三角压密区，随同基础压入土中，$p-s$ 曲线基本保持直线关系。随着荷载增加，塑性变形区先在基础底面边缘处产生，然后逐渐向侧面向下扩展。这时基础的沉降速率较前一阶段增大，故 $p-s$ 曲线表现为明显的曲线特征，如图 7-2(a)中的 a 曲线。

最后当 $p-s$ 曲线出现明显的陡降段（转折点 p_u后阶段）时，地基土中形成连续的滑动面，并延伸到地表面，如图 7-2(b)所示。土从基础两侧挤出，并造成基础侧面地面隆起，基础沉降速率急剧增加，整个地基产生失稳破坏。

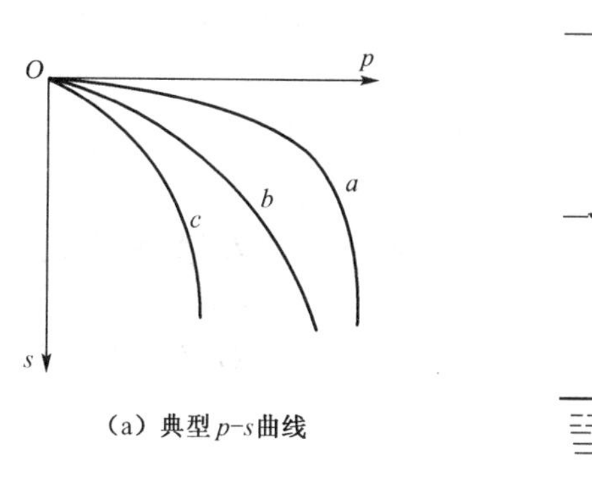

（a）典型p-s曲线

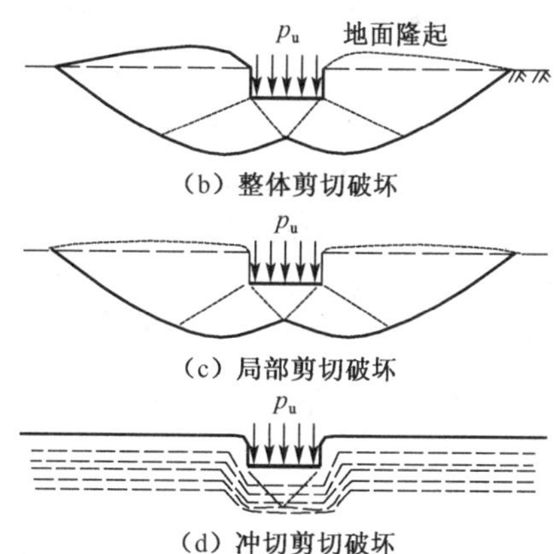

（b）整体剪切破坏

（c）局部剪切破坏

（d）冲切剪切破坏

图 7-2 竖直荷载下地基的破坏形式

因此，整体剪切破坏的主要特征可归纳为：

（1）$p-s$ 曲线有明显的三阶段，即直线段、曲线段与陡降段。

（2）对条形基础，破坏一般从基础边缘开始，滑动面贯穿到地表。

（3）基础两侧或一侧的土体有明显的隆起。

（4）破坏时，基础急剧下降或向一边倾倒。

对于压缩性较小的地基土(如密实的砂类土和较坚硬的黏性土),当基础埋置较浅时,常常会出现整体剪切破坏。

2) *局部剪切破坏*

随着荷载的增加,塑性变形区同样从基础底面边缘处开始发展,但仅仅局限于地基一定范围内,土体中形成一定的滑动面,但并不延伸至地表面,如图 7-2(c)中虚线所示。地基失稳时,基础两侧地面微微隆起,没有出现明显的裂缝。其在相应的 $p-s$ 曲线中,直线拐点不像整体剪切破坏那么明显,曲线转折点后的沉降速率虽然较前一阶段为大,但不如整体剪切破坏那样急剧增加。

局部剪切破坏是介于整体剪切破坏与冲切剪切破坏之间的一种破坏模式。其破坏过程与整体剪切破坏有类似之处,基础下也产生压密区及塑性区,但塑性区仅发展到地基中,滑动面不延伸到地表。$p-s$ 曲线无明显的三阶段,当荷载 p 不是很大时,$p-s$ 曲线就不是直线,如图 7-2(a)中的 b 曲线。

因此,局部剪切破坏的主要特征可归纳为:

(1) $p-s$ 曲线从一开始就呈非线性关系。

(2) 地基破坏也是从基础边缘开始,但是滑动面未延伸到地面,而是终止在地基土内部某一位置。

(3) 地基两侧的土体有微微隆起,不如整体剪切破坏时明显。

(4) 基础一般不会发生倒塌或倾斜破坏。

对于压缩性中等的地基土(如具有一定压缩性的砂土或一般黏性土),当基础有一定埋深时,地基可能会出现局部剪切破坏。

3) *冲切剪切破坏*

冲切剪切破坏也称为刺入破坏。在荷载的作用下,基础发生破坏时的形态往往是沿基础边缘的垂直剪切破坏,好像基础"切入"土中,如图 7-2(d)。相应的 $p-s$ 曲线无明显的直线拐点,也没有明显的转折点,如图 7-2(a)中的 c 曲线。

冲切剪切破坏是一种典型的以变形为特征的破坏模式,主要特征归纳为:

(1) 基础发生垂直剪切破坏,地基内部不形成连续的滑动面。

(2) 基础两侧的土体不但没有隆起现象,还往往随基础的"切入"微微下沉。

(3) 基础破坏时只伴随过大的沉降,没有倾斜的发生。

对于压缩性较大的地基土(如松散砂土、粉土或软土)或基础埋深较大时,地基容易发生冲切剪切破坏。

7.2.3 地基破坏模式的影响因素和判别

地基出现哪种破坏模式的影响因素是很复杂的,除了与地基土的性质(如种类、密度、含水量、压缩性、抗剪强度等)、基础条件(埋深、形状和尺寸等)有关外,还与加载方式和速率、应力水平等因素有关。其中土的压缩性是影响破坏模式的主要因素。如果土的压缩性低,土体相对比较密实,一般容易发生整体剪切破坏;反之,如果土比较疏松,压缩性高,则会发生冲切剪切破坏。

地基压缩性对破坏模式的影响也会随着其他因素的变化而变化。建在密实土层中的基础，如果埋深大或受到瞬时冲击荷载，也会发生冲切剪切破坏；如果在密实砂层下有可压缩的软弱下卧层，也可能发生冲切剪切破坏。建在软黏土地基上的基础，如果加荷速度很快时，由于土体不能及时产生压缩变形(即地基土在加载时不发生体积变化)，就可能发生整体剪切破坏；如果加荷速度很慢，使地基土固结，发生体积变化，则有可能发生刺入破坏。对于具体工程可能会发生何种破坏，需要考虑各方面的因素后综合确定。

在此需要说明的是，通常采用的地基承载力计算公式都是在整体剪切破坏条件下得到的。对于局部剪切破坏或冲切剪切破坏的情况，目前尚无完整的理论公式可循。有些学者建议将整体剪切破坏的计算公式加以适当修正，即可用于其他破坏形式的地基承载力计算。

7.3　地基的临塑荷载和临界荷载

7.3.1　地基的临塑荷载 p_{cr}

地基土体从压密阶段过渡到塑性变形阶段，即将出现塑性破坏区时所对应的基底压力称为临塑荷载 p_{cr}。按塑性区开展深度确定地基的临塑荷载是一个弹塑性混合课题，目前尚无精确的解答。本节以浅埋条形基础为例，介绍在竖向均布荷载作用下 p_{cr} 的计算方法。

图 7-3 所示为一宽度为 b、埋置深度为 d 的条形基础，由建筑物荷载引起的基底压力为 p。假设基础底面上土的加权平均重度为 γ_0，则基底附加压力 $p_0=p-\gamma_0 d$，亦为均布荷载。p_0 在地基中任一点 M 处引起的附加应力(主应力)，由密歇尔(Michell)在 1902 年给出了弹性力学的解答，即：

$$\begin{matrix}\Delta\sigma_1\\ \Delta\sigma_3\end{matrix}=\frac{p-\gamma_0 d}{\pi}(2\beta\pm\sin 2\beta) \tag{7-1}$$

式中：$\Delta\sigma_1$、$\Delta\sigma_3$——附加大主应力、小主应力($\Delta\sigma_1$ 的方向沿着 2β 的角平分线方向)；

2β——计算点 M 至均布条形荷载两边缘点的视角(以弧度表示)；

γ_0——基础底面以上地基土的加权平均重度，地下水位以下取有效重度 γ_0'。

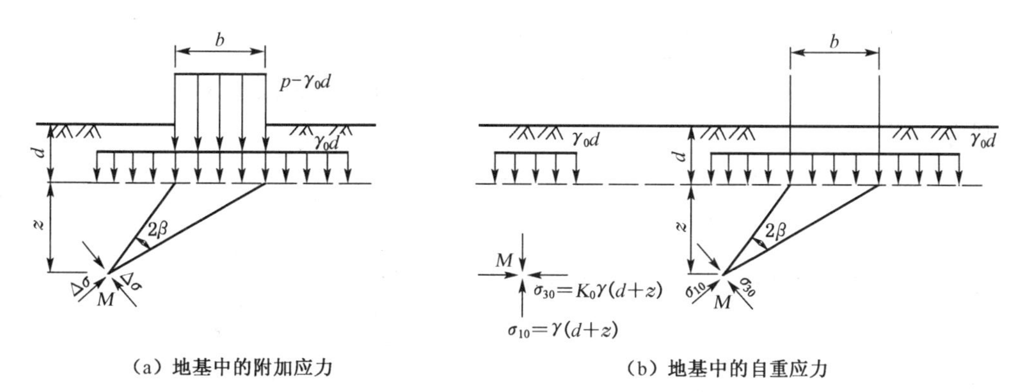

(a) 地基中的附加应力　　(b) 地基中的自重应力

图 7-3　均布条形荷载作用下地基中的应力

实际上，地基中M点的总应力除了由基底附加压力引起的附加应力以外，还有地基土的自重应力。设地基土的重度为γ，则M点的自重应力$\sigma_{cz}=\gamma_0 d+\gamma z$。严格地说，$M$点上土的自重应力在各个方向是不等的。因此，$M$点的附加应力和自重应力在数值上是不能叠加的。为简化起见，假设在极限平衡区土的侧压力系数$K_0=1.0$，则土的自重应力在各方向相等。于是，M点处的总应力（主应力）为：

$$\begin{matrix}\sigma_1\\ \sigma_3\end{matrix}=\frac{p-\gamma_0 d}{\pi}(2\beta\pm\sin 2\beta)+\gamma_0 d+\gamma z \tag{7-2}$$

式中：γ——基础底面以下至M点地基土的加权平均重度，地下水位以下取有效重度γ'；

z——M点至基础底面的竖直距离。

当M点达到极限平衡时，其大、小主应力应满足下列关系：

$$\sigma_1=\sigma_3\tan^2\left(45^\circ+\frac{\varphi}{2}\right)+2c\tan\left(45^\circ+\frac{\varphi}{2}\right)$$

将式(7-2)中的大、小主应力代入上式并经整理后，得到：

$$z=\frac{(p-\gamma_0 d)}{\gamma\pi}\left(\frac{\sin 2\beta}{\sin\varphi}-2\beta\right)-\frac{c}{\gamma\tan\varphi}-\frac{\gamma_0}{\gamma}d \tag{7-3}$$

式(7-3)即为土中塑性区的边界（轮廓线）方程。若已知条形基础的尺寸b和d、基底压力p以及土性指标时，假定不同的视角2β值代入式(7-3)求出相应的塑性区深度z值。把这一系列由$(2\beta, z)$值决定的位置的点连接起来，就得到条形均布荷载作用下土中塑性区的边界线，如图7-4中阴影部分的外包轮廓线。边界线所包起的区域（图中阴影部分）即土中塑性区的开展范围。

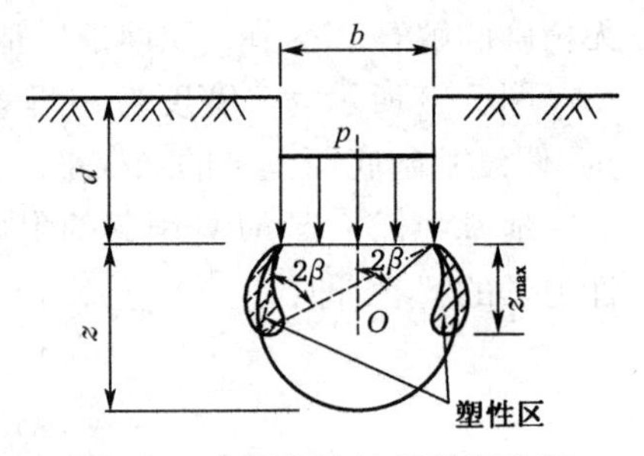

图7-4　条形基底边缘的塑性区

在实际应用中，不是一定需要知道整个塑性区的边界，而只需了解在某一基底压力下塑性区开展的最大深度z_{max}是多少。z_{max}可由$\frac{dz}{d\beta}=0$求得，即：

$$\frac{dz}{d\beta}=\frac{p-\gamma_0 d}{\gamma\pi}\left(\frac{2\cos 2\beta}{\sin\varphi}-2\right)=0$$

则有

$$2\beta=\frac{\pi}{2}-\varphi \tag{7-4}$$

将式(7-4)代入到式(7-3)中，则得到塑性区最大开展深度：

$$z_{max}=\frac{p-\gamma_0 d}{\gamma\pi}\left(\cot\varphi-\frac{\pi}{2}+\varphi\right)-\frac{c\cot\varphi}{\gamma}-\frac{\gamma_0}{\gamma}d \tag{7-5}$$

由式(7-5)可知，在其他条件不变的情况下，当基底压力p增大时，z_{max}也相应增大，即塑性区发展越深。根据临塑荷载的定义，塑性区开展的最大深度$z_{max}=0$时所对应的基底

压力 p 就是临塑荷载 p_{cr}。即：

$$p_{cr}=\frac{\pi(\gamma_0 d+c\cdot\cot\varphi)}{\cot\varphi-\frac{\pi}{2}+\varphi}+\gamma_0 d=cN_c+\gamma_0 dN_q \tag{7-6}$$

式中：N_c，N_q——承载力系数，内摩擦角 φ 的函数。

$$N_c=\frac{\pi\cot\varphi}{\cot\varphi-\frac{\pi}{2}+\varphi}$$

$$N_q=\frac{\cot\varphi+\frac{\pi}{2}+\varphi}{\cot\varphi-\frac{\pi}{2}+\varphi}$$

由式(7-6)可知，临塑荷载 p_{cr} 由两部分组成，第一部分是地基土的黏聚力 c，第二部分为基础两侧超载 $q=\gamma_0 d$ 或基础埋深 d 的影响，p_{cr} 随 c、φ、q 的增大而增大。

7.3.2 地基的临界荷载 $p_{\frac{1}{4}}$、$p_{\frac{1}{3}}$

在工程实际中，可以根据建筑物的不同要求确定临界荷载。工程实践表明，采用不允许地基产生塑性变形区的临塑荷载 p_{cr} 作为地基承载力的话，往往不能充分发挥地基的承载能力，取值偏于保守。对于中等强度以上的地基土，将控制地基中塑性变形区在一定深度范围内的临界荷载作为地基承载力，使地基既有足够的安全度，保证稳定性，又能比较充分地发挥地基的承载能力，从而达到优化设计。允许塑性变形区开展深度的大小与建筑物的重要性、荷载性质和大小、基础型式和特性及地基土的物理力学性质等有关。

根据工程实践经验，在中心荷载作用下，可允许塑性区最大开展深度 $z_{max}=\frac{b}{4}$ (b 为基础宽度)；在偏心荷载下可允许 $z_{max}=\frac{b}{3}$。$p_{\frac{1}{4}}$、$p_{\frac{1}{3}}$ 分别是允许地基塑性区开展的最大深度 $z_{max}=\frac{b}{4}$ 和 $\frac{b}{3}$ 所对应的临界荷载。此时，地基变形会有所增加，必须验算地基的变形值是否超过允许值。

将 $z_{max}=\frac{b}{4}$ 和 $z_{max}=\frac{b}{3}$ 分别代入式(7-5)，得：

$$p_{\frac{1}{4}}=\frac{\pi\left(c\cdot\cot\varphi+\gamma_0 d+\frac{1}{4}\gamma b\right)}{\cot\varphi-\frac{\pi}{2}+\varphi}+\gamma_0 d=cN_c+\gamma_0 dN_q+\gamma bN_{\frac{1}{4}} \tag{7-7}$$

$$p_{\frac{1}{4}}=\frac{\pi\left(c\cdot\cot\varphi+\gamma_0 d+\frac{1}{3}\gamma b\right)}{\cot\varphi-\frac{\pi}{2}+\varphi}+\gamma_0 d=cN_c+\gamma_0 dN_q+\gamma bN_{\frac{1}{3}} \tag{7-8}$$

式中：N_c，N_q——承载力系数，均为内摩擦角 φ 的函数。

$$N_{\frac{1}{4}} = \frac{\pi}{4\left(\cot\varphi - \frac{\pi}{2} + \varphi\right)} = \frac{1}{4}N_c\tan\varphi$$

$$N_{\frac{1}{3}} = \frac{\pi}{3\left(\cot\varphi - \frac{\pi}{2} + \varphi\right)} = \frac{1}{3}N_c\tan\varphi$$

由式(7-7)和式(7-8)可知，临界荷载 $p_{\frac{1}{4}}$、$p_{\frac{1}{3}}$ 由三部分组成，第一部分是地基土的黏聚力 c，第二部分为基础两侧超载 $q=\gamma_0 d$ 或基础埋深 d 的影响，这两部分组成了临塑荷载。第三部分表现为基础宽度和地基土重度的影响，实际上受塑性区开展深度的影响。临界荷载随 c、φ、q、γ、b 的增大而增大。

式(7-6)、式(7-7)和式(7-8)可以写成如下统一的形式：

$$p = cN_c + \gamma_0 dN_q + \gamma bN_\gamma \tag{7-9}$$

式中：γ_0——基底以上土的加权(平均)重度；

γ——基底以下主要持力层土的加权(平均)重度；

N_γ、N_q 和 N_c——承载力系数，可查表 7-1。

表 7-1 承载力系数 N_γ、N_q 和 N_c 值与 φ 的关系

φ(°)	$N_{\gamma1/4}$	$N_{\gamma1/3}$	N_q	N_c	φ(°)	$N_{\gamma1/4}$	$N_{\gamma1/3}$	N_q	N_c
0	0.00	0.00	1.00	3.14	22	0.61	0.81	3.44	6.04
2	0.03	0.04	1.12	3.32	24	0.72	0.96	3.87	6.45
4	0.06	0.08	1.25	3.51	26	0.84	1.12	4.37	6.90
6	0.10	0.13	1.39	3.71	28	0.98	1.31	4.93	7.40
8	0.14	0.18	1.55	3.93	30	1.15	1.53	5.59	7.94
10	0.18	0.24	1.73	4.17	32	1.33	1.78	6.34	8.55
12	0.23	0.31	1.94	4.42	34	1.55	2.07	7.22	9.27
14	0.29	0.39	2.17	4.69	36	1.81	2.41	8.24	9.96
16	0.36	0.48	2.43	4.99	38	2.11	2.81	9.43	10.80
18	0.43	0.58	2.73	5.31	40	2.46	3.28	10.84	11.73
20	0.51	0.69	3.06	5.66					

7.3.3 关于地基临塑荷载和临界荷载的讨论

前述表明，地基的临塑荷载和临界荷载是将地基中土体塑性区的开展深度限制在某一范围内的承载力。因此，它们在整体上的特点如下：

(1) 地基即将产生或已产生局部剪切破坏，但尚未发展成整体失稳，距离丧失稳定尚有足够的安全储备，在工程中采用它们作为地基承载力是可行的。

(2) 虽然按塑性区开展深度确定地基承载力的方法是一个弹塑性混合课题，但考虑到塑性区(极限平衡区)的范围有限，因此仍然可以近似地将整个地基看成弹性半无限体，近似采用弹性理论计算地基中的应力。

然而，在临塑荷载和临界荷载公式推导过程中，为了简化计算，做了一些不切合实际的假定和特殊的条件规定。故在实际工程应用中应注意以下问题：

(1) 公式是在条形荷载情况下(平面应变问题)导出的，对于矩形或圆形基础(空间问题)，用此公式计算，其结果偏于安全。

(2) 对应于临界荷载，地基中已出现塑性变形区，而临界荷载的推导仍采用弹性力学解答，所引起的误差，随塑性区的扩大而增大。

(3) 公式中的荷载形式是中心垂直荷载，即均布荷载。如果工程实际中为偏心或倾斜荷载，则应进行一定的修正。特别是当荷载偏心较大时，上述公式不能采用。

(4) 在公式推导过程中，地基中任意一点 M(如图 7-3 所示)的附加主应力 σ_1、σ_3 为一特殊方向，而自重主应力方向应为竖直和水平的，因此两者在数值上是不能叠加的。为简化计算，假定在极限平衡区土的自重应力侧压力系数 $k_0=1.0$(类似静水压力)，在四周各方向等值传递，这与实际情况相比也有一定误差。

(5) 在公式推导过程中，认为地基为均质土体，而实际工程中的地基土体不一定是均匀的。尤其在竖直方向上，随着距离地面的深度的不同，土层的性质会出现一些差异。若采用式(7-6)、式(7-7)和式(7-8)计算地基承载力，一定要注意土层重度的取值：γ_0 应为基础地面以上各层土有效重度的加权平均值，而 γ 则为基底下持力层的有效重度。

【例 7-1】 有一条形基础，宽度 $b=3\ \text{m}$，埋置深度 $d=1\ \text{m}$，地基土的天然重度 $\gamma=19\ \text{kN/m}^3$，饱和重度 $\gamma_{sat}=20\ \text{kN/m}^3$，土的抗剪强度指标 $c=10\ \text{kPa}$，$\varphi=10°$。试求：

(1) 地基的承载力 $p_{1/4}$、$p_{1/3}$ 和 p_{cr}。

(2) 若地下水位上升至基础底面，承载力有何变化？

【解】 (1) 由 $\varphi=10°$ 查表 7-1 得承载力系数为：$N_{\gamma 1/4}=0.18$，$N_{\gamma 1/3}=0.24$，$N_{\gamma cr}=0$，$N_q=1.73$，$N_c=4.17$。代入式(7-7)得到：

$$
\begin{aligned}
p_{1/4} &= \gamma b N_{\gamma 1/4}+\gamma_0 d N_q+c N_c \\
&= 19\times 3\times 0.18+19\times 1\times 1.73+10\times 4.17=84.83\ \text{kPa}
\end{aligned}
$$

同理：$p_{1/3}=88.25\ \text{kPa}$；$p_{cr}=74.57\ \text{kPa}$

(2) 当地下水位上升至基础底面时，若假定土的强度指标 c、φ 不变，因而承载力系数同上。地下水位以下土的重度采用有效重度 $\gamma'=\gamma_{sat}-\gamma_w=20-9.8=10.2\ \text{kN/m}^3$。将 γ' 及 $N_{\gamma 1/4}$、$N_{\gamma 1/3}$、$N_{\gamma cr}$ 代入式(7-7)中，即可得到地下水位上升时的承载力为：

$$
\begin{aligned}
p_{1/4} &= \gamma b N_{\gamma 1/4}+\gamma_0 d N_q+c N_c \\
&= 10.2\times 3\times 0.18+19\times 1\times 1.73+10\times 4.17=80.1\ \text{kPa}
\end{aligned}
$$

同理：$p_{1/3}=81.9\ \text{kPa}$；$p_{cr}=74.57\ \text{kPa}$

根据计算结果可知，当地下水位上升时，地基的承载力 $p_{1/4}$、$p_{1/3}$ 将降低，而 p_{cr} 没有变化，这是因为 p_{cr} 计算公式中 $N_{\gamma cr}=0$。

【例 7-2】 黏性土地基上条形基础的宽度 $b=2\,\text{m}$，埋深 $d=1.5\,\text{m}$，地下水位在基础底面处。地基土的比重 $G_s=2.70$，孔隙比 $e=0.70$，水位以上饱和度 $S_r=0.80$，土的抗剪强度指标 $c=10\ \text{kPa}$，$\varphi=20°$。求地基的承载力 $p_{1/4}$、$p_{1/3}$ 和 p_{cr}。

【解】 (1) 求地基土的重度

基底以上土的天然重度：

$$\gamma_0=\frac{G_s+S_r e}{1+e}\gamma_w=\frac{2.70+0.80\times0.70}{1+0.70}\times9.80=18.79\ \text{kN/m}^3$$

基底以下土的有效重度：

$$\gamma'=\left(\frac{G_s+e}{1+e}-1\right)\gamma_w=\left(\frac{2.70+0.70}{1+0.70}-1\right)\times9.80=9.80\ \text{kN/m}^3$$

(2) 求承载力系数

$$N_c=\frac{\pi\cot\varphi}{\cot\varphi-\frac{\pi}{2}+\varphi}=\frac{3.14\times\cot20°}{\cot20°-\frac{\pi}{2}+\frac{20}{360}\times2\pi}=5.65$$

$$N_q=1+N_c\tan\varphi=1+5.65\times\tan20°=3.05$$

$$N_{\gamma1/3}=\frac{1}{3}N_c\tan\varphi=\frac{1}{3}\times5.65\times\tan20°=0.69$$

$$N_{\gamma1/4}=\frac{1}{4}N_c\tan\varphi=\frac{1}{4}\times5.65\times\tan20°=0.51$$

(3) 求承载力 $p_{1/4}$、$p_{1/3}$ 和 p_{cr}

$$p_{cr}=cN_c+\gamma_0 dN_q=10\times5.65+18.79\times1.5\times3.05=142.46\ \text{kPa}$$

$$p_{1/4}=p_{cr}+\gamma' bN_{\gamma1/4}=142.46+9.80\times2.0\times0.51=152.46\ \text{kPa}$$

$$p_{1/3}=p_{cr}+\gamma' bN_{\gamma1/3}=142.46+9.80\times2.0\times0.69=155.98\ \text{kPa}$$

7.4 地基的极限承载力

地基的极限荷载 p_u 指的是地基土体中的塑性变形区充分发展并形成连续贯通的滑移面时，地基所能承受的最大荷载，也称为地基极限承载力。当建筑物基础的基底压力增长至极限荷载时，地基即将失稳破坏。与临塑荷载和临界荷载相比，极限荷载几乎不存在安全储备。因此，在地基基础设计中必须将地基极限承载力除以一定的安全系数，才能作为设计时的地基承载力，以保证地基及修建于其上的建筑物的安全与稳定。安全系数的取值与建筑物的重要性、荷载类型等有关，没有严格的统一规定，一般取 2～3。

目前，有很多求解地基极限承载力的理论公式。但归纳起来，求解方法主要有两种：一种方法是根据土体的极限平衡理论，计算土中各点达到极限平衡状态时的应力和滑动面方向，并建立微分方程，根据边界条件求出地基整体达到极限平衡时各点的精确解。采用这种方法求解时在数学上遇到的困难太大，目前尚无严格的一般解析解，只能对某些边界条件比较简单的情况求解，其他情况则求解困难，故不常用。另一种方法为假定滑动面法，通过基础模型的试验，研究地基的滑动面形状，并简化为假定滑动面，然后以滑动面所包围的土体作为隔离体，根据静力平衡条件求解。按这种方法得到的极限承载力计算公式比较简便，在工程实践中得到了广泛应用。本章主要介绍几个常用的极限承载力公式。

7.4.1　按极限平衡理论求地基极限承载力

1）极限平衡理论的基本原理

极限平衡理论是研究土体处于理想塑性状态时的应力分布和滑裂面轨迹的理论。它不仅用来求解地基的极限承载力和地基的滑裂面轨迹，也可以求挡土墙土压力、边坡的滑面轨迹等有关土体失稳所涉及的问题。但是由于这种理论分析方法解题复杂，所以工程计算土压力和分析边坡稳定时，通常采用前两章所讲述的方法，很少采用极限平衡理论法。而对于求解地基极限承载力，这种方法则是主要的理论基础。

在理想弹-塑性模型中，当土体中的应力小于屈服应力时，应力和变形用弹性理论求解，这时土体中每一点都应满足静力平衡条件和变形协调条件。当土体处于塑性状态时，力的平衡条件须满足。但是由于塑性变形的结果，土体发生滑裂，不再保持其连续性，不能满足变形协调条件，但应满足极限平衡条件。极限平衡理论就是根据静力平衡条件和极限平衡条件所建立起来的理论。

在弹性力学中，如图 7-5 所示的平面问题，考虑微分体的重力时，得到微分体的静力平衡微分方程为：

$$\left.\begin{aligned}\frac{\partial \sigma_x}{\partial x}+\frac{\partial \tau_{zx}}{\partial z}&=0\\ \frac{\partial \sigma_z}{\partial z}+\frac{\partial \tau_{xz}}{\partial x}&=\gamma\end{aligned}\right\} \tag{7-10}$$

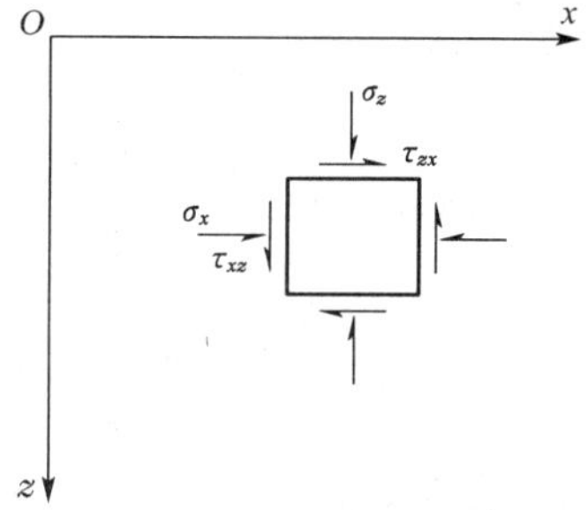

图 7-5　平面问题土中一点的应力状态

若地基土中某点位于塑性区范围内，则该点就处于极限平衡状态。该点的大、小主应力满足下述关系：

$$\sin\varphi=\frac{\sigma_1-\sigma_3}{\sigma_1+\sigma_3+2c\cot\varphi} \tag{7-11}$$

同时，土中塑性区内任一点的应力分量也可以用两个变量 σ 及 θ 确定，其中 σ 是土中某点处于极限平衡状态时应力圆的圆心坐标与 $c\cot\varphi$ 之和，如图 7-6 所示，即：

$$\sigma=\frac{1}{2}(\sigma_1+\sigma_3)+c\cot\varphi$$

而 θ 角是大主应力 σ_1 的作用方向与 x 轴间的夹角，如图 7-7 所示。利用图 7-6 可以求出应力分量的表达式如下：

$$\sigma_x=\sigma(1-\sin\varphi\cos 2\theta)-c\cot\varphi \tag{7-12a}$$

$$\sigma_z=\sigma(1+\sin\varphi\cos 2\theta)-c\cot\varphi \tag{7-12b}$$

$$\tau_{xz} = \sigma \sin \varphi \sin 2\theta \tag{7-12c}$$

将式(7-12)代入式(7-10)得到偏微分方程组，根据实际边界条件即可解得 σ 及 θ 值。

通常，直接求解上述偏微分方程组尚存在许多困难，仅在比较简单的边界条件下才能求得其解析解。普朗特尔(L. Prandtl)解就是其中一例。

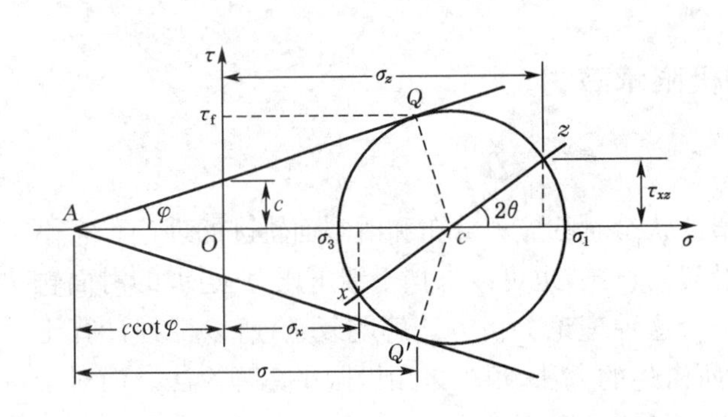

图 7-6 土中一点破坏时用 σ 和 φ 表示的应力分量

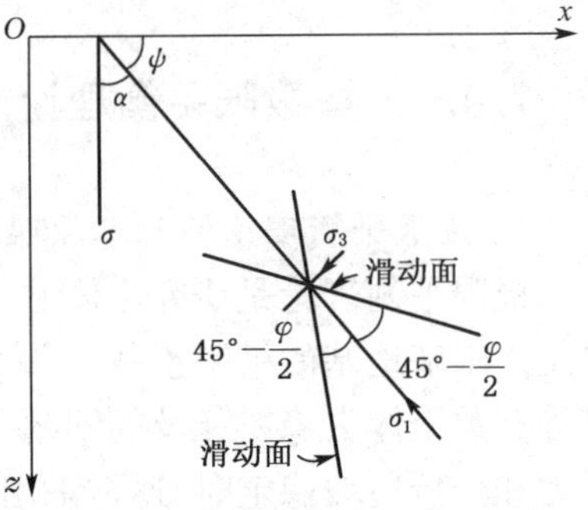

图 7-7 土中一点的主应力及滑动面方向

2) 普朗特尔极限承载力公式

1920 年普朗特尔(L. Prandtl)根据塑性理论研究了刚性体压入介质中，当介质达到破坏时滑动面的形状及极限压应力的公式。普朗特尔-赖斯诺(Reissner，1924)在推导公式时作了三个假设：

(1) 介质是无重量的。就是假设基础底面以下土的重度 $\gamma = 0$。

(2) 基础底面是完全光滑面。因为没有摩擦力，所以基底的应力垂直于地面。

(3) 对于埋置深度 d 小于基础宽度 b，可以把基底平面当成地基表面，滑裂面只延伸到这一假定的地基表面。在这个平面以上基础两侧的土体，当成作用在基础两侧的均布荷载 $q = \gamma_0 d$，d 表示基础的埋置深度。经过这样简化后，地基表面的荷载如图 7-8 所示。

根据弹塑性极限平衡理论，及由上述假定所确定的边界条件，得出滑动面的形状如图 7-8 所示。滑动面所包围的区域分 5 个区，1 个Ⅰ区，2 个Ⅱ区，2 个Ⅲ区。由于假设荷载板底面是光滑的，因此，Ⅰ区中的竖向应力即为大主应力，成为朗肯主动区，滑动面与水平面成$\left(45° + \dfrac{\varphi}{2}\right)$。由于Ⅰ区的土楔 $aa'd$ 向下位移，把附近的土体挤向两侧，使Ⅲ区中的土体 aef 和 $a'e'f'$ 达到被动朗肯状态，成为朗肯被动区，滑动面与水平面成 $45° - \dfrac{\varphi}{2}$。在主动区与被动区之间是由一组对数螺线和一组辐射线组成的过渡区。对数螺线方程为 $r = r_0 \exp(\theta \tan \varphi)$，若以 a(或 a')为极点，ad(或 $a'd$)为 r_0，则可证明两条对数螺线分别与主、被动区的滑动面相切。

当基底作用的荷载达到 p_u 时，地基中形成三个滑动区如图 7-8(a)，把图中所示的滑动土体的一部分 $odeg$ 视为刚体，然后考察 $odeg$ 上的平衡条件，推求地基的极限承载力 p_u，如图 7-8(c)所示。在 $odeg$ 上作用着下列诸力：

(1) oa 面(即基底面)上的极限承载力的合力 $\dfrac{b}{2} \cdot p_u$，它对 a 点的力矩为：

$$M_1 = \frac{b}{2} p_u \cdot \frac{b}{4} = \frac{1}{8} b^2 p_u$$

(2) od 面上的主动土压力，其合力 $E_a=(p_u\tan^2\alpha-2c\tan\alpha)\cdot\dfrac{b}{2}\cdot\cot\alpha$，它对 a 点力矩为：

$$M_2=E_a\cdot\frac{b}{4}\cdot\cot\alpha=\frac{1}{8}b^2p_u-\frac{1}{4}b^2c\cdot\cot\alpha$$

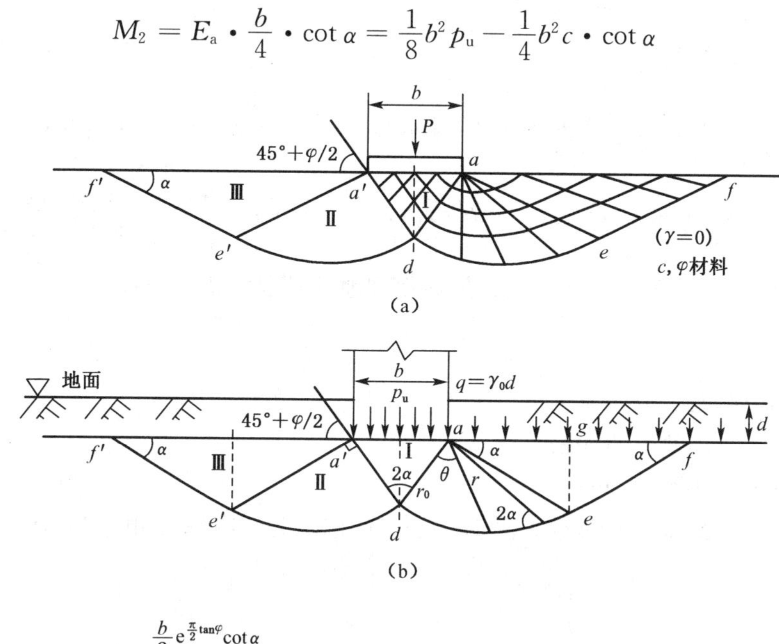

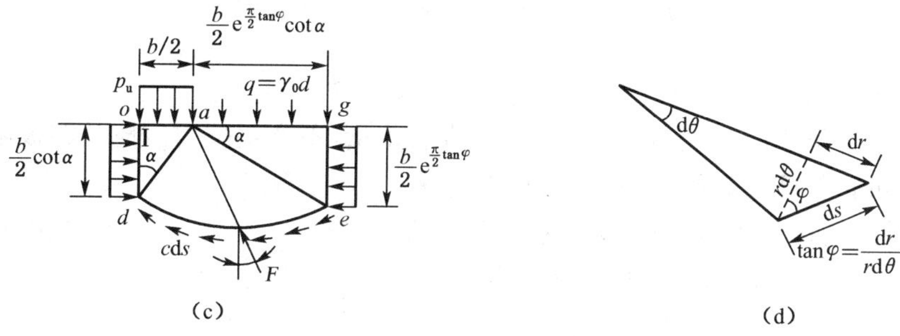

图 7-8 普朗特尔-赖斯诺极限承载力课题

(3) ag 面上超载的合力为 $q\,\dfrac{b}{2}\cdot\exp(\dfrac{\pi}{2}\cdot\tan\varphi)$，对 a 点的力矩为：

$$M_3=q\left[\frac{b}{2}\exp(\frac{\pi}{2}\cdot\tan\varphi)\cot\alpha\right]\left[\frac{b}{4}\exp(\frac{\pi}{2}\cdot\tan\varphi)\cot\alpha\right]=\frac{1}{8}b^2\gamma_0 d\exp(\pi\tan\varphi)\cot^2\alpha$$

(4) eg 面上的被动土压力，其合力为 $E_p=(\gamma_0 d\cot^2\alpha+2c\cdot\cot\alpha)\cdot\dfrac{b}{2}\cdot\exp(\dfrac{\pi}{2}\cdot\tan\varphi)$，对 a 点的力矩为：

$$M_4=E_p\cdot\frac{b}{4}\exp\left(\frac{\pi}{2}\tan\varphi\right)=\frac{1}{8}b^2\gamma_0 d\exp(\pi\tan\varphi)\cot^2\alpha+\frac{1}{4}cb^2\exp(\pi\tan\varphi)\cot\alpha$$

(5) de 面上黏聚力的合力，a 点的力矩为：

$$M_5=\int_0^l c\cdot \mathrm{d}s\cdot(r\cos\varphi)=\int_0^{\frac{\pi}{2}}cr^2\mathrm{d}\theta=\frac{1}{2}cb^2\cdot\frac{\exp(\pi\tan\varphi)-1}{\sin^2\alpha\cdot\tan\varphi}$$

(6) de 面上反力的合力 F，其作用线通过对数螺旋曲线的中心点 a，其力矩为零。根据力矩的平衡条件，应有：

$$\sum M = M_1 + M_2 - M_3 - M_4 - M_5 = 0$$

将上列各式代入可得：

$$\frac{1}{8}b^2 p_u + \frac{1}{8}b^2 p_u - \frac{1}{4}b^2 c \cdot \cot\alpha - \frac{1}{8}b^2 \gamma_0 d\exp(\pi\tan\varphi)\cot^2\alpha$$

$$-\frac{1}{8}b^2\gamma_0 d\exp(\pi\tan\varphi)\cot^2\alpha - \frac{1}{4}cb^2\exp(\pi\tan\varphi)\cot\alpha - \frac{1}{2}cb^2\frac{\exp(\pi\tan\varphi)-1}{\sin^2\alpha\cdot\tan\varphi} = 0$$

整理上式并将 $\alpha = (45° - \varphi/2)$ 代入，最后得到地基极限承载力公式为：

$$p_u = qN_q + cN_c \tag{7-13}$$

式中：q——边侧超载，$q = \gamma_0 d$；

γ_0——基础两侧土的加权重度；

d——基础的埋置深度；

N_q、N_c——地基极限承载力系数，它们是地基土的内摩擦角 φ 的函数，按下列公式计算：

$$N_q = \exp(\pi\tan\varphi)\tan^2(45° + \varphi/2) \tag{7-14a}$$

$$N_c = (N_q - 1)\cot\varphi \tag{7-14b}$$

式(7-13)表明，对于无重地基，滑动土体没有重量，不产生抗力。地基的极限承载力由边侧荷载 q 和滑动面上黏聚力 c 产生的抗力构成。

对于黏性大、排水条件差的饱和黏性土地基，可按 $\varphi = 0$ 求 p_u。此时由式(7-14)得 $N_q = 1$，对 N_c 需按式(7-14)求极限来确定：

$$\lim_{\varphi\to 0} N_c = \lim_{\varphi\to 0}\frac{\frac{d}{d\varphi}\left[\exp(\pi\tan\varphi)\tan^2(45° + \frac{\varphi}{2}) - 1\right]}{\frac{d}{d\varphi}\tan\varphi} = \pi + 2 \approx 5.14 \tag{7-15}$$

此时，地基的极限荷载为：

$$p_u = q + 5.14c \tag{7-16}$$

式(7-13)表明，当基础置于无黏性土($c = 0$)的表面($d = 0$)时，地基的承载力将等于零，这显然是不合理的。其原因主要是将土当作无重量介质所造成的。为了弥补这一缺陷，许多学者在普朗特尔的基础上作了修正并加以发展，使极限承载力公式逐步得到完善。

7.4.2 按假定滑动面确定极限荷载

1) 太沙基极限承载力公式

1943 年太沙基(K. Terzaghi)在推导均质地基上的条形基础受中心荷载作用下的极限

承载力时，对普朗特尔理论进行了修正。把土作为有重力的介质，并作了如下一些假设：

(1) 基础底面完全粗糙，即它与土之间有摩擦力存在。

(2) 基土是有重力的 ($\gamma \neq 0$)，但忽略地基土重度对滑移线形状的影响。因为，根据极限平衡理论，如果考虑土的重度，塑性区内的两组滑移线形状就不一定是直线。

(3) 当基础埋置深度为 d 时，则基底以上两侧的土体用当量均布超载 $q = \gamma_0 d$ 来代替，不考虑两侧土体抗剪强度的影响。

根据以上假定，滑动面的形状如图 7-9(a)所示，也可以分成三个区：

Ⅰ区——在基础底面下的土楔 $aa'd$，由于假定基底是粗糙的，具有很大的摩擦力，因此 aa' 面不会发生剪切位移，该区的土体处于弹性压密状态，它与基础底面一起移动，该部分土体称为弹性楔体。太沙基假定完全粗糙基底时滑动面 ad(或 $a'd$)与水平面夹角 $\psi=\varphi$。

Ⅱ区——假定与普朗特尔假定一样，滑动面一组是通过 a、a' 点的辐射线，另一组是对数螺旋曲线 de、de'，同时忽略土的重力对滑移线形状的影响。

Ⅲ区——仍是朗肯被动状态区，滑动面 ae 及 $a'e'$ 与水平面成 $(45° - \varphi/2)$ 角。

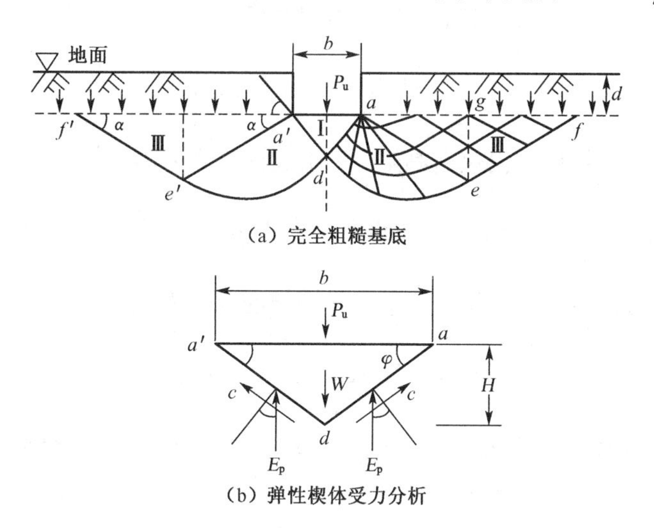

图 7-9　太沙基(K. Terzaghi)极限承载力课题

当作用在基底的压力为极限承载力 p_u 时，发生整体剪切破坏，弹性压密区(Ⅰ区)$aa'd$ 将贯入土中，向两侧挤压土体 $adef$ 及 $a'de'f'$ 达到被动破坏。因此，在 ad 及 $a'd$ 面上将作用被动力 E_p，与作用面的法线方向成 φ 角，见图 7-9(b)。取Ⅰ区弹性楔体 $aa'd$ 作为脱离体，考虑单位长基础，分析其力的平衡条件来推求地基的极限承载力。在弹性楔体上受到下列诸力的作用：

(1) 弹性楔体的自重，竖直向下，其值为：

$$W = \frac{1}{4}\gamma b^2 \tan\varphi$$

(2) aa' 面(即基底面)上的极限荷载 P_u，竖直向下，它等于地基极限承载力 p_u 与基础宽度 b 的乘积，即：

$$P_u = p_u b$$

(3) 弹性楔体两斜面 ad、$a'd$ 上总的黏聚力 C，与斜面平行、方向向上，它等于土的黏聚力 c 与$\overline{ad}$的乘积，即

$$C = c\,\overline{ad} = c\frac{b}{2\cos\varphi}$$

(4) 作用在弹性楔体两斜面上的反力 E_p，它与 ad、$a'd$ 面的法线成 φ 角。

现将上述各力，在竖直方向建立平衡方程，即可得到：

$$P_u = 2E_p + cb\tan\varphi - \frac{1}{4}\gamma b^2\tan\varphi \tag{7-17}$$

若反力 E_p 为已知，就可按上式求得极限荷载 P_u。反力 E_p 是由土的黏聚力 c、基础两侧超载 q 和土的重度 γ 所引起的。对于完全粗糙的基底，太沙基把弹性楔体边界 ad 视作挡土墙，分三步求反力 E_p(下列公式中 K_q、K_c、K_γ 分别为超载 q、黏聚力 c、土重度 γ 引起的被动土压力系数)，即：

① 当 γ 与 c 均为零时，求出仅由超载 q 引起的反力 E_{pq}：

$$E_{pq} = qHK_q = \frac{1}{2}qb\tan\varphi K_q$$

② 当 γ 与 q 均为零时，求出仅由黏聚力 c 引起的反力 E_{pc}：

$$E_{pc} = cHK_c = \frac{1}{2}cb\tan\varphi K_c$$

③ 当 q 与 c 均为零时，求出仅由土重度 γ 引起的反力 $E_{p\gamma}$：

$$E_{p\gamma} = \frac{1}{2}\gamma H^2K_\gamma = \frac{1}{8}\gamma b^2\tan\varphi K_\gamma$$

然后利用叠加原理得反力 $E_p = E_{pq} + E_{pc} + E_{p\gamma}$，代入式(7-17)，经整理后得到地基的极限荷载 P_u 为：

$$P_u = \frac{1}{2}\gamma b^2N_\gamma + qbN_q + cbN_c \tag{7-18}$$

上式两边除以基础宽度 b，即得地基的极限承载力 p_u：

$$p_u = \frac{1}{2}\gamma bN_\gamma + qN_q + cN_c \tag{7-19}$$

式中 N_γ、N_q、N_c 为无量纲的承载力系数，它们是土的内摩擦角 φ 的函数。其中：

$$N_q = \frac{\exp\left[\left(\frac{3\pi}{2} - \varphi\right)\tan\varphi\right]}{2\cos^2\left(45° + \frac{\varphi}{2}\right)} \tag{7-20a}$$

$$N_c = (N_q - 1)\cot\varphi \tag{7-20b}$$

但对 N_γ，太沙基没有给出显式。各系数与 φ 的关系可查表 7-2。

表 7-2 太沙基极限承载力系数 N_γ、N_q 和 N_c

φ°	N_γ	N_q	N_c	φ°	N_γ	N_q	N_c
0	0.00	1.00	5.71	25	11.0	12.7	25.1
5	0.51	1.64	7.32	30	21.8	22.5	37.2
10	1.20	2.69	9.58	35	45.4	41.4	57.7
15	1.80	4.45	12.9	40	125	81.3	95.7
20	4.00	7.42	17.6	45	326	173.3	172.2

【例 7-3】 已知某条形基础,宽度 $b = 1.8\,\text{m}$,埋深 $d = 1.5\,\text{m}$。地基为干硬黏土,其天然重度 $\gamma = 18.9\,\text{kN/m}^3$,土的黏聚力 $c = 22\,\text{kPa}$,内摩擦角 $\varphi = 15°$。试用太沙基地基极限承载力公式计算 p_u。

【解】 (1) 求地基极限承载力系数 N_γ、N_q、N_c

由基础宽度 $b = 1.8\,\text{m}$ 大于埋深 $d = 1.5\,\text{m}$,且地基土处于干硬状态可知,地基的破坏形式为整体破坏。故由 $\varphi = 15°$,查表 7-2 可得:

$$N_\gamma = 1.80 \qquad N_q = 4.45 \qquad N_c = 12.90$$

(2) 求太沙基地基极限承载力

$$\begin{aligned} p_u &= \frac{1}{2}\gamma b N_\gamma + qN_q + cN_c \\ &= \frac{1}{2} \times 18.9 \times 1.8 \times 1.80 + 18.9 \times 1.5 \times 4.45 + 22 \times 12.90 \\ &= 30.62 + 126.16 + 283.80 = 440.58\,\text{kPa} \end{aligned}$$

2) 梅耶霍夫极限承载力公式

1951 年梅耶霍夫(G. G. Meyerhof)认为太沙基理论一方面忽略了覆土的抗剪强度,另一方面滑动面被假定与基础底面水平线相交为止,没有伸延到地表面上去,这是不符合实际的。为了克服这些局限性,梅耶霍夫提出应该考虑到地基土的塑性平衡区随着基础埋深的不同而扩展到最大可能的程度,并且应计及基础两侧土的抗剪强度对承载力的影响。但是,这个课题存在数学上的困难而无法得到严格的解答,最后,他用简化的方法导出条形基础受中心荷载作用时均质地基的极限承载力公式。梅耶霍夫公式既可用于浅基础,也可用于深基础,是目前各国常用的公式之一。

基础底面 AB 可以看成是最大主应力面,因此,滑动面 BC 与最大主应力面成 $45° + \varphi/2$。由图 7-10 可以看出两组滑动面的形状。对于浅基础,滑动面 $ACDE$ 交于地表面点 E;对于深基础,则滑动面 $ACDE$ 交于基础的侧面,其中 CD 为对数螺线。对于浅基础,作用在基础侧面 BF 上的合力及附近土块 BEF 的重力 W,可由平面 BE 上的等代应力 σ_0、τ_0 来代替,如图 7-10(a)所示。于是,平面 BE 可看作是"等代自由面",这个面与水平面所成的角度为 β,角度 β 随基础的埋深而增加,因此,σ_0、τ_0、β 可看作是与基础埋深有关的参数。等代应力 σ_0、τ_0 按下列公式计算:

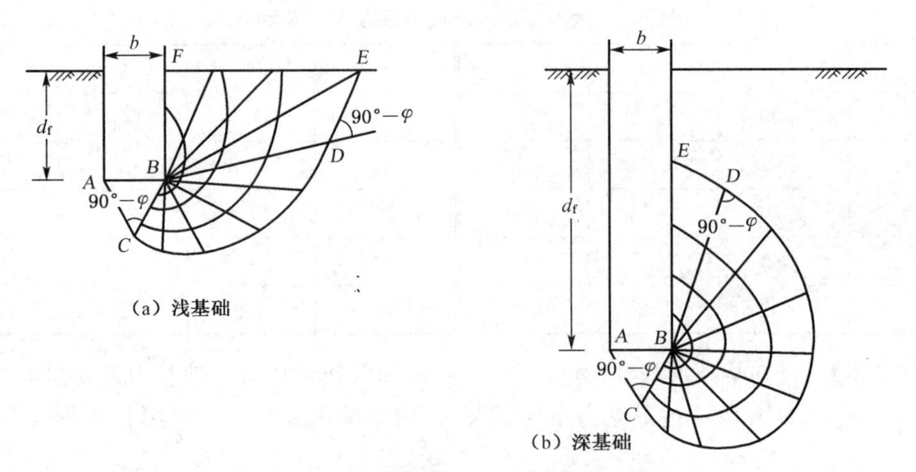

图 7-10　梅耶霍夫课题地基滑动面形状

$$\sigma_0 = \frac{1}{2}\gamma d_f (K_0 \sin^2\beta + \frac{K_0}{2}\tan\delta \sin 2\beta + \cos^2\beta) \tag{7-21}$$

$$\tau_0 = \frac{1}{2}\gamma d_f \left[\frac{1-K_0}{2}\sin^2\beta + K_0 \tan\delta \sin^2\beta\right] \tag{7-22}$$

式中：K_0——静止土压力系数；

δ——地基土与基础侧面之间的摩擦角。

梅耶霍夫推导得到的均质地基极限承载力公式与太沙基的公式具有相似的形式：

$$p_u = cN_c + \sigma_0 N_q + \frac{1}{2}\gamma b N_\gamma \tag{7-23}$$

其中

$$N_q = \frac{(1+\sin\varphi)\exp(2\theta\tan\varphi)}{1-\sin\varphi\sin(2\eta+\varphi)} \tag{7-24a}$$

$$N_c = (N_q - 1)\cot\varphi \tag{7-24b}$$

$$N_\gamma = \frac{4P_p \sin(45° + \frac{\varphi}{2})}{\gamma b^2} - \frac{1}{2}\tan(45° + \frac{\varphi}{2}) \tag{7-24c}$$

式中：N_γ、N_q、N_c——梅耶霍夫承载力系数；

β——“等代自由面”与水平面所成的夹角；

θ——对数螺线的中心角，满足下列关系：

$$\theta = \frac{3\pi}{4} + \beta - \eta - \frac{\varphi}{2} \tag{7-25}$$

η——图 7-11(a)中对数螺线 CD 上的 D 点与 A 点的连线 AD 与“等代自由面”AE 的夹角，可根据等代应力 σ_0 和 τ_0，由莫尔圆[图 7-11(b)]求得；

P_p——作用在 AC 面上的被动土压力，作用点离点 A 的距离为$\frac{2}{3}\overline{AC}$。

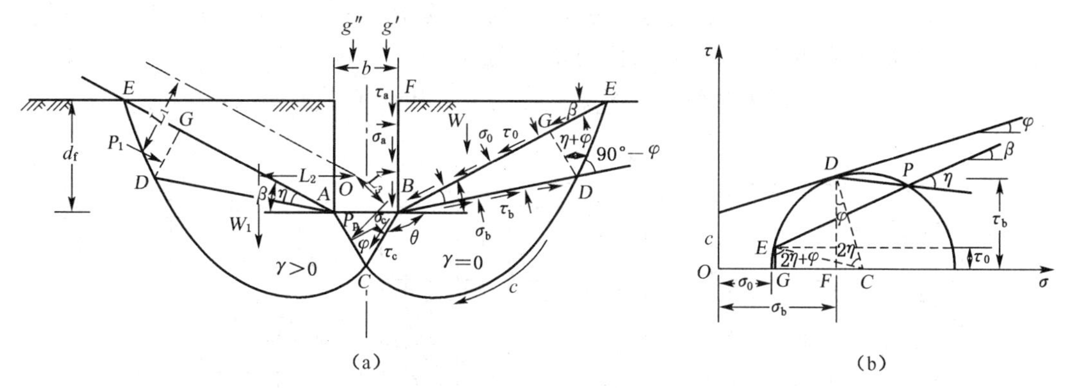

图 7-11 梅耶霍夫课题的推导

由于被动土压力 P_p 是在任意假定的对数螺线中心及相应滑动面的情况下得到的，为了求得最危险的滑动面及其相应的被动土压力最小值，必须假定多个对数螺线中心及相应滑动面进行试算。

由对数螺线的性质和图 7-11(a)中 ADE 的几何关系，可得到 η 与 β、θ、φ、d_f、b 之间的关系如下：

$$d_f = \frac{\sin\beta\cos\varphi\exp(\theta\tan\varphi)}{2\sin(45^\circ - \frac{\varphi}{2})\cos(\eta+\varphi)} \cdot b \tag{7-26}$$

这样，可先假定一个“等代自由面”并确定相应的 β，计算等代应力 σ_0 和 τ_0，由此而求得 η 值，再根据式(7-25)和式(7-26)验证 β 值，直至假定值与反算值两者相符为止。

如果“等代自由面”BE 面的抗剪强度动用系数为 m，$0 \leqslant m \leqslant 1.0$，则 BE 面上的 σ_0 和 τ_0 的关系为：

$$\tau_0 = m(c + \sigma_0\tan\varphi) \tag{7-27}$$

由于 BD 面处于极限平衡状态，因此，法向应力 σ_b 和切向应力 τ_b 的关系为：

$$\tau_b = c + \sigma_b\tan\varphi \tag{7-28}$$

由图 7-11(b)中的几何关系，可得：

$$\sigma_b = \sigma_0 + \frac{\tau_b}{\cos\varphi}[\sin(2\eta+\varphi) - \sin\varphi] \tag{7-29}$$

由式(7-28)和式(7-29)可得：

$$\sigma_b = \frac{\sigma_0 + \dfrac{c}{\cos\varphi}[\sin(2\eta+\varphi) - \sin\varphi]}{1 - \dfrac{\sin\varphi}{\cos^2\varphi}[\sin(2\eta+\varphi) - \sin\varphi]} \tag{7-30}$$

由图 7-11(b)中的几何关系，可以得到角度 η 与抗剪强度动用系数 m 的关系为：

$$\cos(2\eta+\varphi) = \frac{\tau_0}{\tau_b/\cos\varphi} = \frac{m(c+\sigma_0\tan\varphi)\cos\varphi}{c+\sigma_b\tan\varphi} \tag{7-31}$$

可见，若 $m = 0$，即“等代自由面”BE 上的切向应力 $\tau_0 = 0$，该面上的抗剪强度没有被动用，则有 $\cos(2\eta+\varphi)=0$，因此，$\eta=\pi/4-\varphi/2$，以及 $\theta=\pi/2+\beta$；若 $m=1$，即“等代自由面”BE 上的抗剪强度全部被动用，则有 $\cos(2\eta+\varphi)=\cos\varphi$，因此，$\eta=0$，以及 $\theta=3\pi/4+\beta-\varphi/2$。因此，承载力系数 N_γ、N_q、N_c 是与 φ、β 和 m 有关的函数，其关系见图 7-12，可供查用。

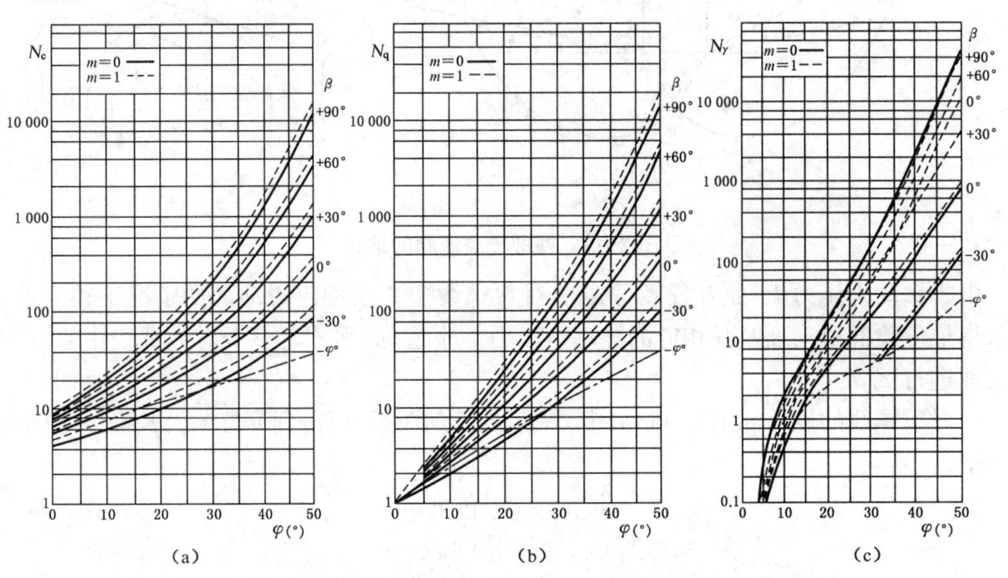

图 7-12　梅耶霍夫承载力系数 N_γ、N_q、N_c 与 φ、β 和 m 的关系曲线

此外，在图 7-11(a)中，若 $m=0$ 和 $\beta=0$，意味着 BE 线变成水平线，这时应有 $\sigma_0=\gamma d_f$，$\tau_0=0$，图 7-11(b)中的 E 点落到水平轴上，$2\eta+\varphi=\pi/2$，相应的 $\theta=\pi/2$，则式(7-24a)的表达式与式(7-14a)完全相同，即普朗特尔课题是梅耶霍夫课题的特例；而承载力系数 N_γ，梅耶霍夫(1963)建议按下式计算：

$$N_\gamma=(N_q-1)\tan 1.4\varphi \tag{7-32}$$

如果基础埋置在距地表 FE 下深度 d_f 处，如图 7-10(a)所示，则还要考虑基础侧面与地基土之间的摩擦力 τ_a 对地基极限承载力的贡献。因此，均质地基极限承载力梅耶霍夫公式的最终形式为：

$$p_u=cN_c+\sigma_0 N_q+\frac{1}{2}\gamma bN_\gamma+2\tau_a d_f/b \tag{7-33}$$

其中

$$\tau_a=\sigma_a\tan\delta=\frac{1}{2}K_0\gamma d_f\tan\delta \tag{7-34}$$

式中：σ_a——作用在 BE 面上的压力，其大小等于静止土压力。

对于图 7-10(b)所示的深基础情况，对数螺线 CDE 的起始向径 $\overline{BC}$ 为：

$$\overline{BC}=\frac{b}{2\sin(\pi/4-\varphi/2)}$$

$\angle CBE$ 为：

$$\theta = \frac{3}{2}\pi - \left(\frac{\pi}{4} + \frac{\varphi}{2}\right) = \frac{5\pi}{4} - \frac{\varphi}{2} \tag{7-35}$$

因此有：

$$\overline{BE} = \overline{BC}\exp(\theta\tan\varphi) = \frac{b}{2\sin(\pi/4 - \varphi/2)}\exp\left[\left(\frac{5\pi}{4} - \frac{\varphi}{2}\right)\tan\varphi\right] \tag{7-36}$$

令$\overline{BE} = d_{fmin}$，并计算 d_{fmin}/b 之值，如表 7-3 所示。

表 7-3　d_{fmin}/b 之值

φ(°)	0	10	20	30	40	45
d_{fmin}/b	0.707	1.53	3.42	8.35	23.8	44.4

d_{fmin}的意义是：如果基础的埋置深度（图 7-10b）

$$d_f \geqslant d_{fmin} = \overline{BE} \tag{7-37}$$

时，就可以作为“深基础”来考虑了。从表 7-3 可以看出，d_{fmin}/b 是随着土的内摩擦角 φ 的增加而增加的。

为了推导深基础的地基极限承载力公式，可比较一下图 7-10(b)与图 7-11(a)。在图 7-11(a)中，令 $\beta = \pi/2$，$\eta = 0$，即得 $\theta = 5\pi/4 - \varphi/2$，这与上述情况完全符合。这就是说，对数螺线的向径 BD 与 BE 重合，且与基础的侧面 BF 重合。这时，由式(7-24a)，梅耶霍夫承载力系数 N_q 可以改写为：

$$N_q = \frac{1 + \sin\varphi}{\cos^2\varphi}\exp\left[\left(\frac{5\pi}{2} - \varphi\right)\tan\varphi\right] \tag{7-38}$$

而根据式(7-21)，当 $\beta = \pi/2$ 时，等代应力 σ_0 为：

$$\sigma_0 = \frac{1}{2}\gamma d_f K_0 = \sigma_a \tag{7-39}$$

也即此时等代应力 σ_0 就是作用在基础侧面的压力 σ_a。

3）汉森极限承载力公式

太沙基之后，不少学者对极限承载力理论进行了进一步的研究。魏西克（Vesic A. S.）、卡柯（Caquot A.）、汉森（Hansen J. B.）等人在普朗特尔理论的基础上，考虑了基础形状、埋置深度、倾斜荷载、地面倾斜及基础底面倾斜等因素的影响（图 7-13）。

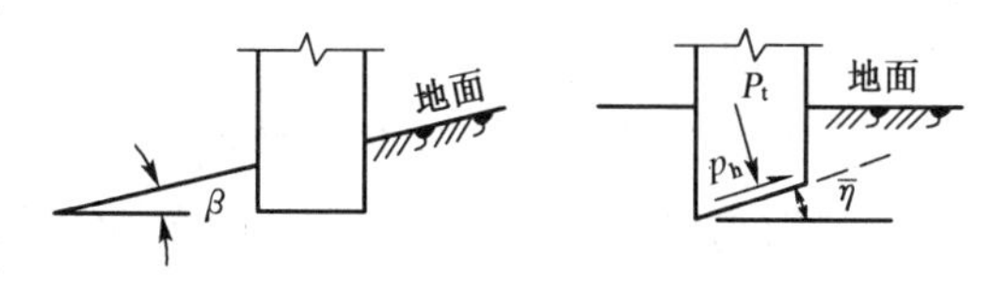

图 7-13　地面倾斜与基础倾斜

每种修正均需在承载力系数 N_γ、N_q、N_c 上乘以相应的修正系数，修正后的汉森极限承载力公式为：

$$q_u = \frac{1}{2}\gamma b N_\gamma s_\gamma d_\gamma i_\gamma g_\gamma b_\gamma + \gamma_0 d N_q s_q d_q i_q g_q b_q + c N_c s_c d_c i_c g_c b_c \tag{7-40}$$

式中：N_γ、N_q、N_c——地基承载力系数，且 $N_q = \tan^2\left(45° + \frac{\varphi}{2}\right)\exp(\pi\tan\varphi)$，$N_c = (N_q -$

$1)\cot\varphi, N_\gamma = 1.8(N_q - 1)\cot\varphi$;

s_γ、s_q、s_c——基础形状修正系数；

d_γ、d_q、d_c——考虑埋深范围内土强度的深度修正系数；

i_γ、i_q、i_c——荷载倾斜修正系数；

g_γ、g_q、g_c——地面倾斜修正系数；

b_γ、b_q、b_c—基础底面倾斜修正系数。

这些系数的计算公式见表 7-4。

表 7-4 汉森承载力公式中的修正系数

形状修正系数	深度修正系数	荷载倾斜修正系数	地面倾斜修正系数	基底倾斜修正系数
$s_c = 1 + \dfrac{N_q b}{N_c l}$	$d_c = 1 + 0.4\dfrac{d}{b}$	$i_c = i_q = \dfrac{1 - i_q}{N_q - 1}$	$g_c = 1 - \beta/14.7°$	$b_c = 1 - \bar{\eta}/14.7°$
$s_q = 1 + \dfrac{b}{l}\tan\varphi$	$d_q = 1 + 2\tan\varphi(1 - \sin\varphi)^2\dfrac{d}{b}$	$i_q = \left(1 - \dfrac{0.5P_h}{p_v + A_f c\cot\varphi}\right)^5$	$g_q = (1 - 0.5\tan\beta)^5$	$b_q = \exp(-2\bar{\eta}\tan\varphi)$
$s_\gamma = 1 - 0.4\dfrac{b}{l}$	$d_\gamma = 1.0$	$i_\gamma = \left(1 - \dfrac{0.7P_h}{p_v + A_f c\cot\varphi}\right)^5$	$q_\gamma = (1 - 0.5\tan\beta)^5$	$b_\gamma = \exp(-2\bar{\eta}\tan\varphi$

表中符号：

A_f——基础的有效接触面积 $A_f = b' \cdot l'$

l'——基础的有效长度 $l' = l - 2e_l$

e_b、e_l——相对于基础面积中心的荷载偏心距

l——基础的长度

φ——地基土的内摩擦角

p_v——垂直于基底的荷载分量

$\bar{\eta}$——基底倾角

b'——基础的有效宽度 $b' = b - 2e_b$

d——基础的埋置深度

b——基础的宽度

c——地基土的黏聚力

p_h——平行于基底的荷载分量

β——地面倾角

说明：此表综合 Hansen(1970)，De Beer(1970)及 Vesic，A. S.(1973)的资料。

7.4.3 影响极限承载力的因素

影响地基极限荷载的因素很多，主要有地基土的物理力学性质、基础的尺寸和埋置深度以及荷载的作用方式。

1) 地下水位的影响

地下水位的位置对浅基础的地基承载力的影响很大。地下水位以下的土体，不仅土的重度会因水的浮力而减小，而且土浸水会导致其黏聚力的降低。目前黏聚力降低值难以确定，而由于重度降低对承载力的影响则可根据下面的方法计算。

对于任何地基破坏模式，都存在这样一个影响深度 z_{max}，若地下水埋深 $z > z_{max}$，则地下水对地基承载力不产生影响，在此将 z_{max} 称为地下水对承载力的影响深度。据此可将地下水对地基承载力的影响分成四种情形分析。根据极限荷载公式，凡与基础埋深 d 有关的土的重度取基底以上的土层重度 γ；凡是与基础宽度 b 有关的土的重度取基底以下的土层 γ。①地下水埋深在基底以上，则与 b 有关的土层重度取 γ'，与 d 有关的重度应取 d 深度范围的加权平均重度；②地下水埋深与基底平齐，则与 b 有关的土层重度取 γ'，与 d 有关的土层重度取 γ；③地下水埋深在基底以下，且 $z < z_{max}$，则与 d 有关的土层重度取 γ，与 b 有关的重

度应取 z_{max} 深度范围内的加权平均重度 $\gamma = \gamma z + \gamma'(z_{max} - z)/z_{max}$；地下水位埋深在基底以下，且 $z \geqslant z_{max}$，则与 d 有关的重度应取 γ，与 b 有关的土层重度取 γ。

有关地下水最大影响深度通常近似取 $z_{max} = b$。

2）地基土的物理力学指标的影响

直接影响地基极限荷载的主要物理力学指标有土的强度指标 c、φ 和重度 γ。显然，地基土的 c、φ 和 γ 越大，则 p_u 值越大。

3）基础尺寸和埋深的影响

由极限荷载基本公式可见，为提高地基承载力而增大基础埋深可以收到好的效果。同样，增加基础宽度 b 也会提高地基承载力。但是要特别注意的是对于 φ 很小的饱和软黏土地基，增加基础宽度 b，承载力增加较少，还可能由于增大了压缩层的范围而使地基沉降相应地增大。

思考题

1. 地基的破坏型式有几种？影响地基破坏的因素有哪些？

2. 何谓塑性荷载、临界荷载和极限荷载？

3. 何谓地基塑性变形区（简称地基塑性区）？如何按地基塑性区开展深度确定 p_{cr} 和 $p_{1/4}$？

习题

1. 某条形基础宽 1.5 m，埋深 1.2 m，地基为黏性土。密度为 1.84 g/cm^3，饱和密度 1.88 g/cm^3，土的黏聚力 8 kPa，内摩擦角 15°，试按太沙基理论计算。问：

（1）整体破坏时地基极限承载力为多少？取安全度为 2.5，地基容许承载力为多少？

（2）若加大基础埋深至 1.6 m、2.0 m，承载力有何变化？

（3）若加大基础宽度至 1.8 m、2.1 m，承载力有何变化？

（4）若地基土内摩擦角为 20°，黏聚力为 12 kPa，承载力有何变化？

（5）根据以上的计算比较，可得出哪些规律？

2. 某楼用条形基础，宽 3 m，埋深 2.0 m，地基土为砂土，饱和重度为 $\gamma_{sat} = 21$ kN/m^3，内摩擦角为 30°，地下水位与地面持平。求：

（1）地基的极限荷载。

（2）埋深不变，基础宽度变为 6.0 m 时的极限荷载。

（3）基础宽度仍为 3.0 m，埋深变为 4.0 m 时的极限荷载。

8 土坡稳定分析

8.1 概述

8.1.1 基本概念

土坡是指具有倾斜坡面的土体，按其成因可分为天然土坡和人工土坡。由于地质作用在自然条件下形成的土坡称为天然土坡，如山坡、江河的边坡或岸坡等；由于人工填筑或开挖而形成的土坡称为人工土坡，如土坝、路堤、基坑、路堑、渠道等的边坡。

简单土坡指坡度不变、顶面和底面水平、土质均匀且无地下水等因素影响的土坡。简单土坡的外形和各部位名称如图 8-1 所示。

土坡表面倾斜使得土坡在其自重或者其他外力作用下，有从高处向低处滑动的趋势。土坡滑动又称为滑坡或土坡失稳，是指土坡丧失其原有稳定性，一部分土体相对另一部分土体滑动的现象。土坡的滑动可能会以任意的方式发生，它既可能是缓慢的，也可能是很突然的；既可能是有明显的扰动而触发的，也可能是没有明显的扰动而触发的。

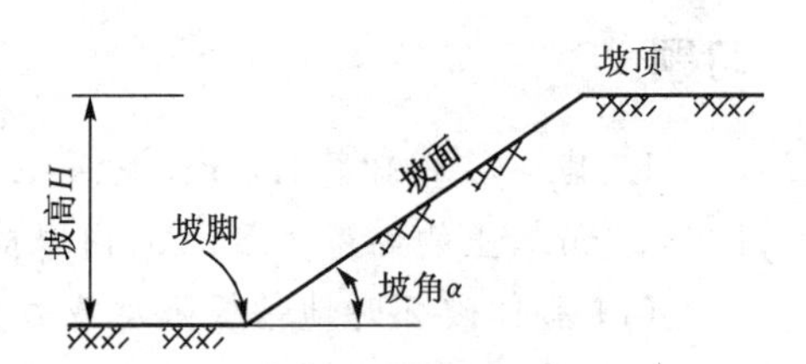

图 8-1 简单土坡的外形和各部位名称

8.1.2 土坡失稳原因分析

土体重量及水的渗透力等各种因素会在坡体内引起剪应力。如果剪应力大于其作用方向上的抗剪强度，土体就要产生剪切破坏。所以，土坡稳定性分析是土的抗剪强度理论在实际工程中运用的一个范例。土坡发生滑动的根本原因在于土坡体内部某个面上的剪应力达到了该面上的抗剪强度，土体的稳定性遭到破坏。土坡在发生滑动之前，一般在坡顶首先开始明显下降并出现裂缝，坡脚附近的地面则有较大的侧向的位移并微微隆起。随着坡顶裂缝的开展和坡脚侧向位移的增加，部分土体突然沿着某一个滑动面而急剧下滑，造成滑坡。土坡失稳具体表现如下：

（1）坡体中剪应力的增加。在坡顶堆载或修筑建筑物使坡顶荷载增加，降水使土体的重量增加，渗透引起的渗透力及土裂缝中的静水压力等，地下水位面大幅度下降导致土体内有效应力增大或因打桩、地震、爆破等振动引起的动力荷载都会导致坡体内部剪应力增大。

（2）坡体中抗剪强度的降低。自然界气候变化引起土体干裂或冻融，黏土夹层因雨水的浸入而软化，膨胀土反复胀缩及黏性土的蠕变效应或因振动使土的结构破坏或孔隙水压力升高等都会导致土的抗剪强度降低。

土坡稳定在工程上具有很重要的意义，影响土坡稳定的因素很多，包括土坡的边界条件、土质条件和外界条件。具体因素如下：

(1) 土坡坡度

土坡坡度有两种表示方法：一种以高度与水平尺度之比来表示，例如，1∶2 表示高度 1 m，水平长度为 2 m 的缓坡；另一种以坡角 α 的大小来表示。由图 8-1 可见，坡角 α 越小就越稳定，但不经济。

(2) 土坡高度

土坡高度 H 是指坡脚至坡顶之间的垂直距离。试验研究表明，对于黏性土坡，在其他条件相同时，坡高 H 越小，土坡越稳定。

(3) 土的性质

土的性质越好，土坡越稳定。例如，土的抗剪强度指标 c、φ 值大的土坡，比 c、φ 值小的土坡更安全。

(4) 地下水的渗透力

当土坡中存在与滑动方向一致的渗透力时，对土坡稳定不利。例如，水库土坝下游土坡就可能发生这种情况。

(5) 地震或振动作用

强烈地震、工程爆破和车辆振动等会产生振动荷载，降低土坡的稳定性。同时，振动荷载还可能使土体中的孔隙水压力升高，降低土体的抗剪强度，对土坡稳定性产生不利影响。

(6) 气象条件

若天气晴朗，土坡处于干燥状态，土的强度高，土坡稳定性好。若在雨季，尤其是连续大暴雨，大量雨水入渗，使土的强度降低，可能导致土坡滑动。例如，香港宝城大厦滑坡和江南水泥厂大滑坡都是在当地大暴雨后发生的。

(7) 施工情况

对坡角的不合理开挖或超挖，将使坡体的被动抗力减小，这在平整场地过程中经常遇到。不适当的工程措施引起古滑坡的复活等，均需预先对坡体的稳定性做出分析。

土坡稳定性分析具有以下目的：验算所拟定的土坡是否稳定、合理或根据给定的土坡高度、土的性质等已知条件设计出合理的土坡断面（主要是安全的坡角）；对一旦滑坡会对人类生命财产造成危害或造成重大经济损失的天然土坡进行稳定性分析，研究其潜在滑动面的位置，给出安全性评价及相应的加固措施；对人工土坡还应采取必要的工程措施，加强工程管理，以消除某些可能导致滑坡的不利因素，确保土坡的安全。

8.1.3 防止土坡滑动的措施

土坡失稳，将会影响工程的顺利进行和施工安全，对相邻建筑物构成威胁，甚至危及人民的生命安全。因此，在工程建设中，必须根据场地的工程地质和水文地质条件进行调查与评价，排除潜在的威胁以及直接有危害的整体不稳定土坡地带，并对周围环境以及施工影响等因素进行分析，判断其是否存在失稳的可能性，采取相应的预防措施。

(1) 加强岩土工程勘察，查明边坡地区工程地质、水文地质条件，尽量避开滑坡区或古滑坡区，掩埋的古河道、冲沟口等不良地质。

(2) 根据当地经验，参照同类土体的稳定情况，选择适宜的坡型和坡角。

(3) 土坡开挖时采取适宜的排水措施。

(4) 开挖土石方时，宜从上到下依次进行，并防止超挖；挖、填土宜求平衡，尽量分散处理弃土，如必须在坡顶或山腰大量弃土时，应进行坡体稳定性验算。

(5) 若土坡稳定性不足时，可采取放缓坡角、设置减载平台、分级加载及设置相应的支挡结构等措施。

(6) 对软土，特别是灵敏度较高的软土，应注意防止对土的扰动，控制加载速率。

(7) 为防止振动等对土坡的影响，桩基施工宜采取压桩、人工挖孔或重锤低击、低频锤击等施工方式。

由于滑动土体在土坡长度方向的范围理论上还难以正确确定，通常在土坡稳定性分析中不考虑滑动土体两端阻力的影响，将土坡的稳定分析简化为平面应变问题，忽略两端稳定土体对滑动土体的阻力是偏于安全的。平面应变问题中，土坡滑动面的形状可简化为三种：直线形、圆弧形和复合形(图 8-2)。由砂、卵石、风化砾石等组成的无黏性土土坡，或无黏性土覆盖层中，滑动面可简化为直线。对均质黏性土土坡来说，滑动面通常是一光滑的曲线，顶部曲率半径较小，常垂直于坡顶出现张拉裂缝，底部则比较平缓，可近似简化为圆弧。非均质的黏性土坡，如土石坝坝身或坝基中存在有软弱夹层时，土坡往往沿着软弱夹层的层面发生滑动，滑动面常常是直线和曲线组成的复合滑动面。

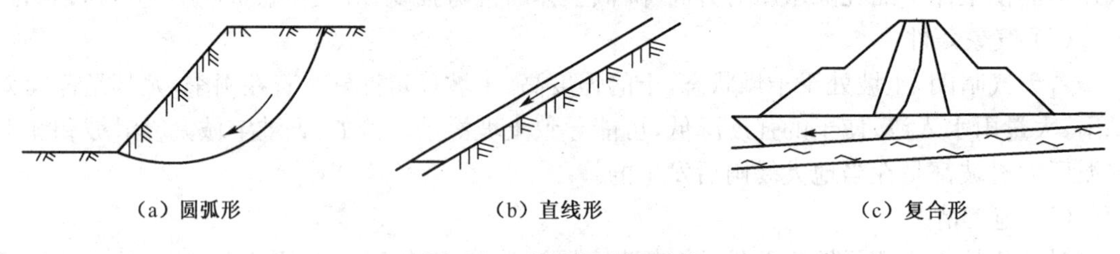

(a) 圆弧形　　(b) 直线形　　(c) 复合形

图 8-2　土坡滑动面形状

土力学中一般采用极限平衡法分析土坡稳定性，假定滑动土体是理想塑性材料，可以把每一土条或土块作为一个刚体，按极限平衡的原则进行力的分析，不考虑土体本身的应力及变形条件。本章主要介绍简单土坡的各种稳定分析方法，并对复杂条件下的土坡稳定分析作进一步讨论。

8.2　无黏性土坡稳定性分析

大量的实际调查表明，由砂、卵石、风化砾石等组成的无黏性土土坡，其滑动面可以近似为一平面，故常用直线滑动法分析其稳定。

8.2.1 无渗流作用时的无黏性土坡

无渗流作用时的无黏性土坡指的是均质干坡和水下土坡。均质干坡是指由一种土组成,完全在水位以上的无黏性土坡。水下土坡亦是由一种土组成,但完全在水位以下,没有渗流作用的无黏性土坡。在上述两种情况下,由于无黏性土土粒间无黏聚力,只有摩擦力,因此只要土坡坡面上的土单元能保持稳定,那么整个土坡便是稳定的。

图 8-3(a)是坡角为 α 的均质干坡。自坡面上取一单元土体,设单元体重量为 W,无黏性土坡的内摩擦角为 φ,则使单元体下滑的滑动力就是 W 沿坡面的分力 F,即

$$F = W\sin\alpha$$

阻止单元体下滑的力是该单元体与它下面土体之间的摩擦力,也称抗滑力。它的大小与法向分力 F_N 有关,抗滑力的极限值即最大静摩擦力,即

$$F_f = F_N\tan\varphi = W\cos\alpha\tan\varphi$$

抗滑力与下滑力的比值称为土坡稳定安全系数,用 K 表示,即

$$K = \frac{F_f}{F} = \frac{W\cos\alpha\tan\varphi}{W\sin\alpha} = \frac{\tan\varphi}{\tan\alpha} \tag{8-1}$$

由式(8-1)可知,对于均质无黏性土土坡,土坡的稳定性与土坡的高度 H 无关,与土体重度 γ 无关,仅仅取决于坡角 α,理论上只要坡角 $\alpha<\varphi$,则 $K>1$,土体就是稳定的。为了保证土坡有足够的安全储备,可取 $K=1.1\sim1.5$。当坡角 $\alpha=\varphi$,有 $K=1.0$,土体处于极限平衡状态,称为无黏性土土坡的休止角。

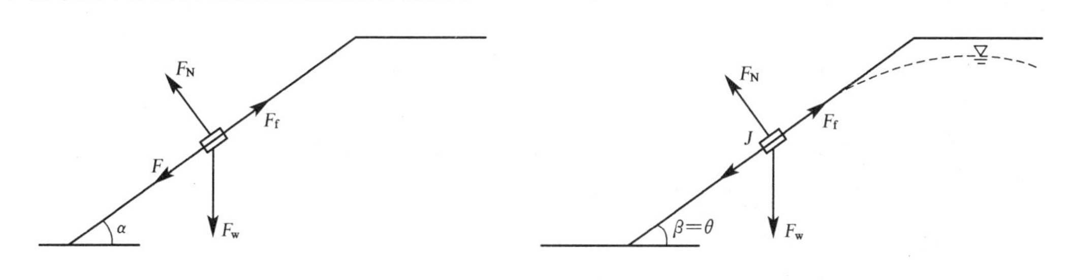

(a) 无渗透力作用的无黏性土土坡　　(b) 有顺坡渗流力作用的无黏性土土坡

图 8-3 无黏性土坡稳定分析

8.2.2 有渗流作用时的无黏性土坡

如图 8-3(b)所示,土坡(或土石坝)在很多情况下,会受到由于水位差的改变所引起的水力坡降或水头梯度,从而在土坡(或土石坝)内形成渗流场,对土坡稳定性带来不利影响。假设水流方向与水平面夹角为 θ,则沿水流方向作用在单位体积土骨架上的渗透力为 $j=i\gamma_w$。在下游坡面上取体积为 V 的土骨架为隔离体,其实际重量 $W=\gamma'V$,作用在土骨架上的渗透力为 $J=jV=i\gamma_wV$,则沿坡面上的下滑力为

$$F = \gamma' V \sin\alpha + i\gamma_w V \cos(\alpha - \theta)$$

坡面上的正压力由 $\gamma' V$ 和 J 共同引起，将 $\gamma' V$ 和 J 分解，可得

$$F_N = \gamma' V \cos\alpha - i\gamma_w V \sin(\alpha - \theta)$$

抗滑力 F_f 来自摩擦力，为

$$F_f = F_N \tan\varphi$$

那么，土体沿坡面滑动的稳定安全系数为

$$K = \frac{F_f}{F} = \frac{F_N \tan\varphi}{F} = \frac{[\gamma' V \cos\alpha - i\gamma_w V \sin(\alpha - \theta)]\tan\varphi}{\gamma' V \sin\alpha + i\gamma_w V \cos(\alpha - \theta)}$$

$$K = \frac{[\gamma' \cos\alpha - i\gamma_w \sin(\alpha - \theta)]\tan\varphi}{\gamma' \sin\alpha + i\gamma_w \cos(\alpha - \theta)} \tag{8-2a}$$

式中：i——计算点处渗透水力坡降；

γ'——土的有效重度(kN/m³)；

γ_w——水的重度；

φ——土的内摩擦角(°)

当 $\theta = \alpha$ 时，水流顺坡溢出。这时，顺坡流经路径 d_s 的水头损失为 d_h，则必有

$$i = \frac{d_s}{d_h} = \sin\alpha$$

则当有顺坡渗流时无黏性土坡的稳定安全系数为

$$K = \frac{\gamma' \cos\alpha \tan\varphi}{\gamma' \sin\alpha + \gamma_w \sin\alpha} = \frac{\gamma' \cos\alpha \tan\varphi}{\gamma_{sat} \sin\alpha} = \frac{\gamma' \tan\varphi}{\gamma_{sat} \tan\alpha} \tag{8-2b}$$

对比式(8-2a)和式(8-1)，当溢出段为顺坡渗流时，安全系数降低了 γ'/γ_{sat}。通常，γ'/γ_{sat} 约为 0.5，可见有顺坡渗流时，土坡的安全系数降为无渗流时的一半。

【例 8-1】 一均质的无黏性土坡。土的重度为 19 kN/m³，饱和重度为 20.4 kN/m³；土的内摩擦角为 30°。求安全系数 $K = 1.2$ 时，干坡及有顺坡渗流时的最大坡角。

【解】 (1)根据式(8-1)得

$$K = \frac{\tan\varphi}{\tan\alpha} = \frac{\tan 30^\circ}{\tan\alpha} = 1.2$$

从而可得干坡的最大坡角为 25.7°。

(2) 根据式(8-2)得

$$K = \frac{\gamma'}{\gamma} \cdot \frac{\tan\varphi}{\tan\alpha} = \frac{(20.4 - 9.8)\tan 30^\circ}{20.4\tan\alpha} = 1.2$$

从而可得有顺坡渗流时的最大坡角为 14°。

计算结果表明，有顺坡渗流时稳定坡角要比干坡时小得多。

8.3 黏性土坡稳定性分析——整体圆弧滑动法

黏性土坡的失稳形态和当地的工程地质条件有关。在非均质土层中,如果土坡下面有软弱层,则滑动面很大部分将通过软弱层形成曲折的复合滑动面,如图 8-4(a)所示;如果土坡位于倾斜的岩层面上,则滑动面往往沿岩层面产生,如图 8-4(b)所示。均质黏性土的土坡失稳破坏时,其滑动面常常是曲面,通常可近似地看成为圆弧滑动面。

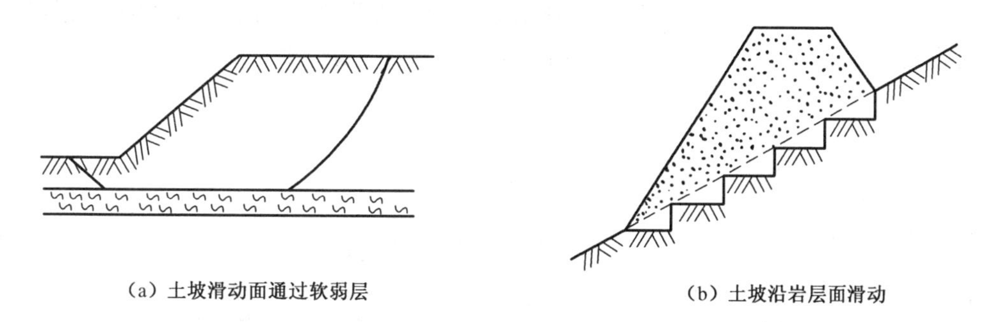

(a) 土坡滑动面通过软弱层　　(b) 土坡沿岩层面滑动

图 8-4　非均质土中的滑动面

圆弧滑动面的形式一般有以下三种:

(1) 圆弧滑动面通过坡脚 B 点(见图 8-5(a)),称为坡脚圆。

(2) 圆弧滑动面通过坡面上 E 点(见图 8-5(b)),称为坡面圆。

(3) 圆弧滑动面通过坡脚以外的 A 点(见图 8-5(c)),称为中点圆。

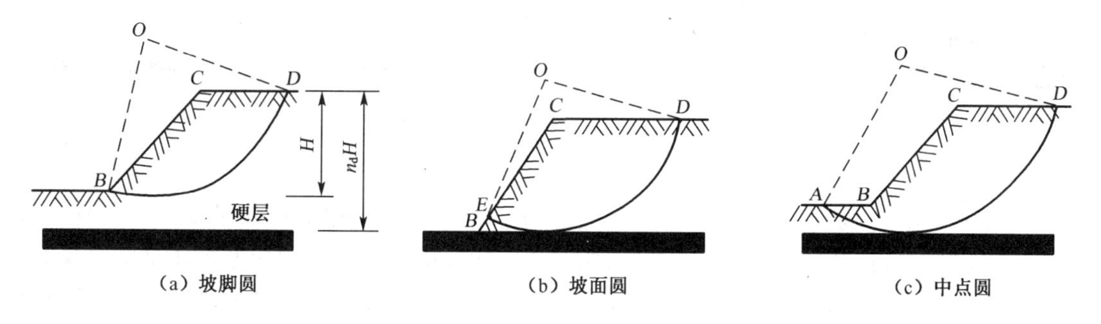

(a) 坡脚圆　　(b) 坡面圆　　(c) 中点圆

图 8-5　均质黏性土土坡的三种圆弧滑动面

上述三种圆弧滑动面的产生,与土坡的坡角大小、填土的强度指标以及土中硬层的位置等有关。总的来说,黏性土由于颗粒之间存在黏聚力,发生滑坡时是整块土体向下滑动的,坡面上任一单元土体的稳定条件不能用来代表整个土坡的稳定条件。若按平面应变问题考虑,可将滑动面以上土体看作刚体,并以它为脱离体,分析在极限平衡条件下其上各种作用力。

土坡稳定分析时采用圆弧滑动面首先由彼得森(K. E. Petterson, 1916)提出,此后费伦纽斯(W. Fellenius, 1927)和泰勒(D. W. Taylor, 1948)做了研究和改进,他们提出的分析方法可以分为两种：

(1) 土坡圆弧滑动按照整体稳定分析法，主要适用于均质简单土坡。

(2) 用条分法分析土坡稳定，条分法对非均质土坡、土坡外形复杂、土坡部分在水下时均适用。

8.3.1 整体圆弧滑动法

分析图 8-6 所示均质土坡，当土坡沿弧 AC 滑动，弧 AC 的圆心为 O 点，弧 AC 长为 L，半径为 R。取滑弧上面的滑动土体为脱离体，并视为刚体分析其受力。使土体产生滑动的力矩由滑动土体的重量 W 产生，阻止土体滑动的力矩由沿滑动面上分布的抗剪强度 τ_f 产生。可定义滑动土体的稳定安全系数为抗滑力矩与滑动力矩之比：

$$K = \frac{M_r}{M_s} \tag{8-3}$$

其中，抗滑力矩： $M_r = \tau_f LR$

滑动力矩： $M_s = Wx$

式中：τ_f——土的抗剪强度(kPa)；

L——滑动面滑弧长(m)；

R——滑动面圆弧半径(m)；

W——滑动土体的重力(kN/m)；

x——滑动土体重心至圆心 O 的力臂(m)。

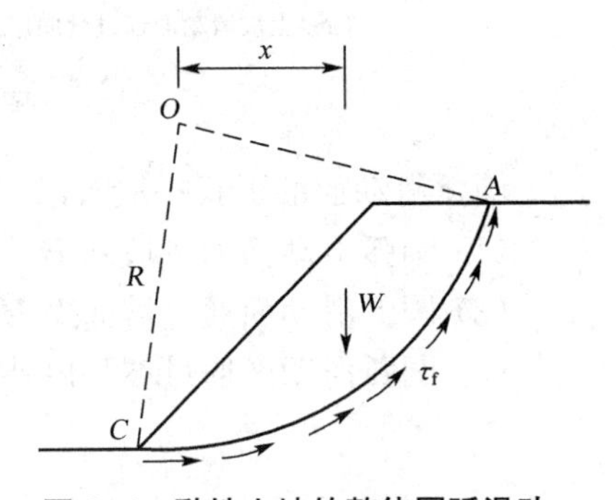

图 8-6 黏性土坡的整体圆弧滑动

式(8-3)中的 $\tau_f = c + \sigma\tan\varphi$，而滑动面上各点的法向应力 σ 是变化的，使得该式难以应用。但对饱和黏性土，在不排水条件下，$\varphi_u = 0$，抗剪强度 $\tau_f = c_u$，与法向应力 σ 无关，则式(8-3)可改为

$$K = \frac{c_u LR}{Wx} \tag{8-4}$$

式(8-4)用于分析饱和黏性土坡形成过程和刚竣工时的稳定分析，称为 $\varphi_u = 0$ 分析法，在 $\varphi = 0$ 时的分析是完全精确的，对于圆弧滑动面的总应力分析可得出基本正确的结果。

由于计算上述安全系数时滑动面是任意假定的，并不是最危险滑动面。因此，所求结果并非最小安全系数。通常在计算时需假定一系列的滑动面，进行多次试算，计算工作量颇大。为此，费伦纽斯通过大量计算分析，提出了确定最危险滑动面圆心的经验方法，一直沿用至今。

费伦纽斯发现，均质黏性土土坡，其最危险滑动面常通过坡脚，$\varphi = 0$ 时，圆心位置可由图 8-7 中 AO 与 BO 两线的交点确定，AO 与 BO 的方向由 β_1 和 β_2 确定，β_1 和 β_2 的值与坡角或坡比有关，如表 8-1 所示。对 $\varphi > 0$ 的土坡，最危险滑动面可能在图 8-7(b)中 EO 的延长线上。在 EO 延长线上选 3～5 点作为圆心 O_1、O_2，…，计算各自的土坡稳定安全系数 K_1，K_2，…。按一定的比例尺，将 K 的数值画在圆心 O 与 EO 正交的线上，并连成曲线。曲线下凹处的最低点所对应的圆心 O_m 即为最危险滑动面的圆心位置，相应的 K 即为最小安全系

数 K_{min}。当土坡非均质或坡面形状及荷载情况比较复杂时，还需自 O_m 作 OE 的垂直线，并在垂直线上再取若干点作为圆心进行计算比较，才能找到最危险滑动面的圆心和土坡稳定安全系数。

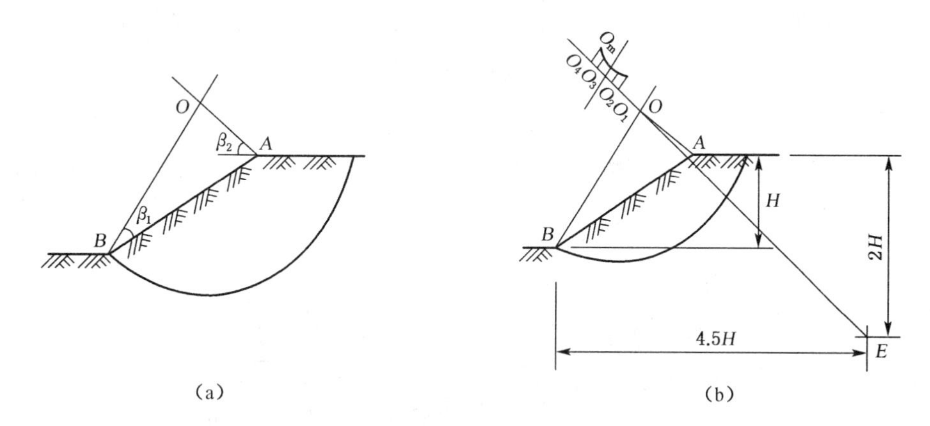

图 8-7 最危险滑动面圆心位置的确定

表 8-1 β_1 和 β_2 角的数值

坡比 1∶n	坡角(°)	β_1(°)	β_2(°)
1∶0.5	63.43	29.5	40
1∶0.75	53.13	29	39
1∶1.0	45	28	37
1∶1.5	33.68	26	35
1∶1.75	29.75	25	35
1∶2.0	26.57	25	35
1∶2.5	21.8	25	35
1∶3.0	18.43	25	35
1∶4.0	14.05	25	36
1∶5.0	11.32	25	37

上述计算可利用程序，通过计算机进行。大量的计算结果表明：对基于极限平衡理论的各种稳定分析法，若滑动面采用圆弧面时，尽管求出的 K 值不同，但最危险滑弧的位置却很接近；而且在最危险滑弧附近，K 值的变化很不灵敏。因此，可利用瑞典条分法确定出最危险滑弧的位置。然后，对最危险滑弧，或其附近的少量的滑弧，用比较精确的稳定分析方法来确定它的安全系数以减少计算工作量。

8.3.2 泰勒稳定图解法

如上所述，土坡的稳定分析大都需要经过试算，计算工作量颇大。因此，不少学者提出简化的图表计算法。泰勒和其后的研究者为简化最危险滑动面的试算工作，首先研究饱和黏土土坡（$\varphi_u = 0$），在坡底以下一定深度 ηH 有硬质土层的情况，其后发展到 $\varphi \neq 0$ 的土坡。根据几何相似原理，选取影响土坡稳定的 5 个参数，即土的重度 γ、土坡高度 H、坡角 α 以及土的抗剪强度指标 c、φ，并将 γ、c 和 H 之间的关系定义为稳定因数 N_s，即

$$N_s = \frac{c}{\gamma H_c} \tag{8-5}$$

稳定数 N_s 为无量纲数，泰勒给出了均质土坡在极限平衡状态下（$K = 1$）和 φ、α 的关系，给出了稳定图，如图 8-8 所示。

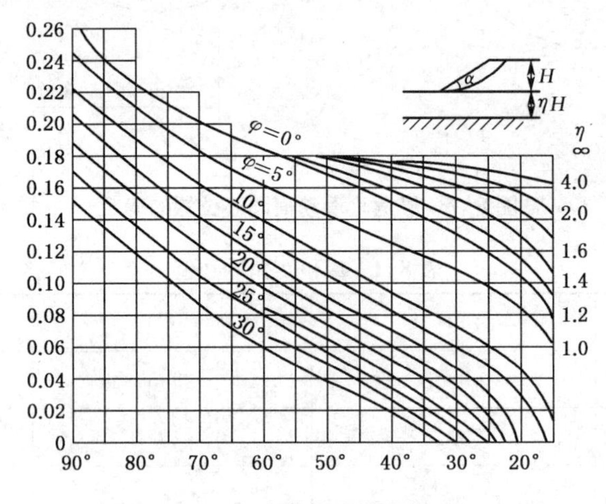

图 8-8　泰勒稳定数图解法

应用稳定数图，可以比较方便地求解以下问题：(1)已知黏性土坡角 α 和土体指标 γ、c 和 φ，根据图 8-8 横坐标 α 值与 φ 值曲线的交点，得到相应纵坐标 N_s 值，即可得到土坡极限坡高 H；(2)已知土坡高度 H 和土体指标 γ、c 和 φ，计算得到稳定数 N_s，根据稳定数图 8-8 也可求得土坡极限坡角 α；(3)在 5 个参数均已知时，可由 φ 和 α 从图中查得 N_s，求土坡最小安全系数 $K = c/(\gamma H N_s)$。稳定数法一般适用于坡高 $H \leqslant 10$ m 的均质土坡的设计，或用于土坡稳定的初步设计。

【例 8-2】 某开挖基坑，深 4 m，地基土的重度为 18 kN/m³，有效黏聚力为 10 kPa，有效内摩擦角为 15°。如要求基坑边坡的抗滑稳定安全系数 K 为 1.20。试问：边坡的坡度设计成多少最为合适？

【解】 要使抗滑稳定安全系数 $K = 1.20$，则基坑边坡的临界高度应为

$$H_c = KH = 1.20 \times 4 = 4.80 \text{ m}$$

因而

$$N_s = \frac{c}{\gamma H_c} = \frac{10}{18 \times 4.80} = 0.116$$

由 $N_s = 0.116$ 和 $\varphi = 15°$ 查图 8-8 可得坡角 $\alpha = 59°$ 最为合适。

8.4 黏性土坡稳定性分析——条分法

8.4.1 瑞典条分法

由于瑞典圆弧滑动法假设整个滑动土体为刚性处于极限平衡状态，对于土坡受渗透力、地震力等外力作用时，整个滑动土体上力的分析就较复杂；此外，滑动面上各点的抗剪强度又与该点的法向应力有关，并非均匀分布，使得瑞典圆弧滑动法的应用受到限制。

费伦纽斯在瑞典圆弧滑动法的基础上，将滑动土体划分成一系列铅直土体，假定各土条两侧分界面上作用力的合力大小相等、方向相反，且作用线重合，即不计土条间相互作用力对平衡条件的影响，计算每一滑动土条上的滑动力矩和土的抗剪强度，然后根据整个滑动土体的力矩平衡条件，求得稳定安全系数。该法古老且简单，又称为瑞典条分法。

图 8-9(a)所示土坡和滑弧，将滑坡体分成 n 个土条，其中第 i 个条宽度为 b_i，条底弧线可简化为直线，长为 l_i，重力为 W_i，土条底的抗剪强度参数为 c_i、φ_i，该土条的受力如图 8-9(b)所示，根据费伦纽斯的假定有 $E_i = E_{i+1}$。根据第 i 条上各力对 O 点力矩的平衡条件，考虑 N_i 通过圆心，不出现在平衡方程中，假设土坡的整体安全系数与土条的安全系数相等，然后根据 n 个土条的力矩平衡方程求和得

$$K = \frac{\sum T_i R}{\sum W_i R \sin \alpha_i} \tag{8-6}$$

式中：K——土坡抗滑动安全系数。

T_i 和 N_i 之间满足：

$$T_i = c_i l_i + N_i \tan \varphi_i \tag{8-7}$$

式中：T_i——第 i 土条底部的抗滑力；

N_i——第 i 土条底部的法向力。

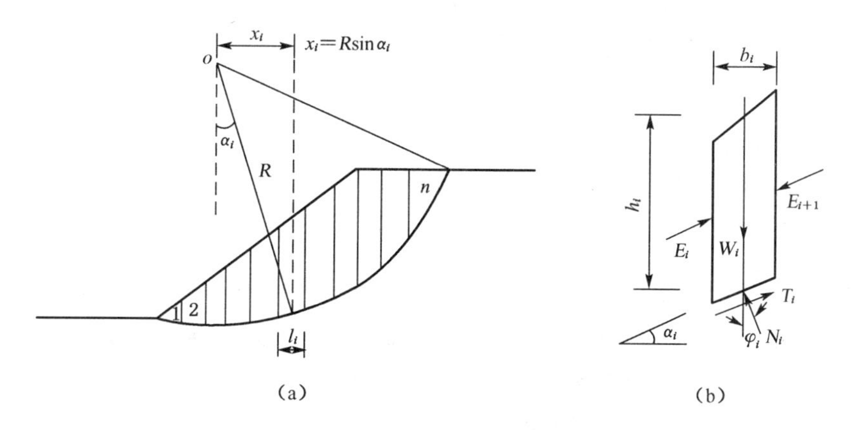

图 8-9 瑞典条分法土坡稳定分析

根据条底法线方向力的平衡条件，考虑到 $E_i = E_{i+1}$，得

$$N_i = W_i \cos\alpha_i \tag{8-8}$$

则

$$K = \frac{\sum(c_i l_i + W_i \cos\alpha_i \tan\varphi_i)}{\sum W_i \sin\alpha_i} \tag{8-9}$$

其中

$$\sin\alpha_i = \frac{x_i}{R}$$

式中，α_i存在正负问题。当土条自重沿滑动面产生下滑力时，α_i为正；当产生抗滑力时，α_i为负。

式(8-9)为圆弧条分法采用总应力分析法求得的土坡稳定安全系数，当采用有效应力分析法时，抗剪强度指标应取c'和φ'。在计算土条重力W_i时，土条在浸润线以下部分应取饱和重度计算，考虑到条底孔隙水压力u_i的作用，$N_i' = N_i - u_i l_i$，式(8-9)改写为

$$K = \frac{\sum[c_i' l_i + (W_i \cos\alpha_i - u_i l_i)\tan\varphi_i']}{\sum W_i \sin\alpha_i} \tag{8-10}$$

【例 8-3】 一均质黏性土坡，高 20 m，边坡为 1∶2，土体黏聚力 $c = 10$ kPa，内摩擦角 $\varphi = 20°$，重度 $\gamma = 18$ kN/m^3。试用瑞典条分法计算土坡的稳定安全系数。

【解】 (1)选择滑弧圆心，作出相应的滑动圆弧。按一定比例画出土坡剖面，如图 8-10 所示。因为是均质土坡，可由表 8-1 查得 $\beta_1 = 25°$，$\beta_2 = 35°$，作线 BO 及 CO 得交点 O。再如图 8-10 所示求出 E 点，作置 EO 之延长线，在 EO 延长线上任取一点 O_1 作为第一次试算的滑弧圆心，通过坡脚作相应的滑动圆弧，量得其半径 $R = 40$ m。

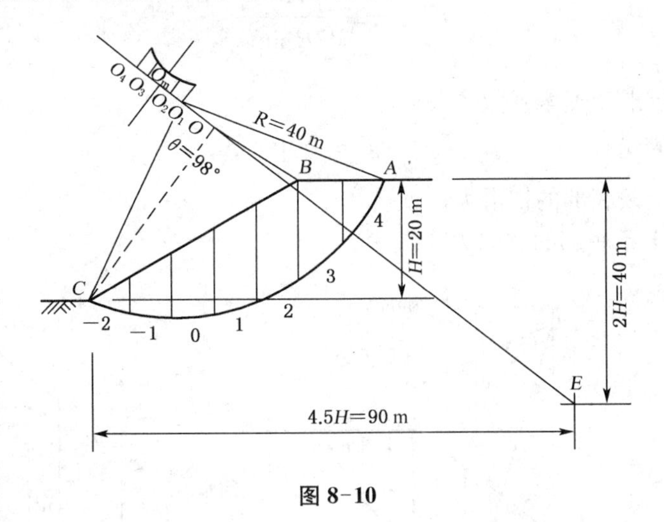

图 8-10

(2) 将滑动土体分成若干土条，并对土条进行编号。为了计算方便，土条宽度取等宽 $b = 0.2R = 8$ m。土条编号一般从滑弧圆心的垂线开始作为 0，逆滑动方向的土条依次为 1、2、3、…，顺滑动方向的土条依次为−1、−2、−3、…。

(3) 量出各土条中心高度 h_i，并列表计算 $\sin\alpha_i$、$\cos\alpha_i$ 以及 $\sum W_i \sin\alpha_i$、$\sum W_i \cos\alpha_i$ 等值，如表 8-2 所示。

注意：当取等宽时，土体两端土条的宽度不一定恰好等于 b，此时需将土条的实际高度

折算成相应于 b 时的高度，对 $\sin\alpha_i$应按实际宽度计算，如表 8-2 备注栏所示。

(4) 量出滑动圆弧的中心角 $\alpha=98°$，计算滑弧弧长：

$$L=\frac{\pi}{180}\times 98\times 40=68.4\ \text{m}$$

(5) 计算安全系数，用式(8-9)：

$$K=\frac{cL+b\tan\varphi\sum\gamma h_i\cos\alpha_i}{b\sum\gamma h_i\sin\alpha_i}=\frac{10\times 68.4+18\times 8\times 0.346\times 80.51}{18\times 8\times 25.34}=1.34$$

(6) 在 EO 延长线上重新选择滑弧圆心 O_1、O_2、O_3、…。重复上述计算，直至求出最小的安全系数，即为该土坡的稳定安全系数。

表 8-2　瑞典条分法计算表

土条编号	H_i(m)	$\sin\alpha_i$	$\cos\alpha_i$	$W_i\sin\alpha_i$	$W_i\cos\alpha_i$	备　注
−2	3.3	−0.383	0.924	−22.68	54.9	1. 从图中量出“−2”土条实际宽度为 6.6 m，实际高为 4.0 m。折算后“−2”土条高为 $4.0\times\frac{6.6}{8.0}=3.3$ m 2. $\sin\alpha_{-2}=-\left(\frac{1.5b+0.5b_{-2}}{R}\right)=-\left(\frac{1.5\times 8+0.5\times 6.6}{40}\right)=-0.383$
−1	9.5	−0.2	0.980	−34.2	167.58	
0	14.6	0	1.00	0.00	262.8	
1	17.5	0.2	0.980	63.0	308.7	
2	19.0	0.4	0.916	136.8	313.2	
3	17.0	0.6	0.800	183.6	244.8	
4	9.0	0.8	0.600	129.6	97.2	
				$\sum=456.12$	$\sum=1\,449.18$	

瑞典条分法由于忽略了土条侧面的作用力，虽然满足滑动圆弧的整体力矩平衡条件和土条的力矩平衡条件，但却不能满足土条静力平衡条件，计算结果存在误差。这种误差随着滑弧圆心角和孔隙水压力的增大而增大，计算得到的稳定安全系数偏低 5%～20%，偏于安全。但 Duncan 指出，瑞典条分法对平缓边坡和高孔隙水压情况边坡进行有效应力分析是非常不准确的。

8.4.2　毕肖普条分法

1955 年毕肖普(Bishop)提出了考虑土条侧面作用力的稳定分析方法，称为毕肖普条分法。与瑞典圆弧条分法不同之处在于，条间力的假设和土坡稳定安全系数的定义。如图 8-11 所示，取土条 i 分析其受力。作用在土条 i 上有重力 W_i，滑动面上法向力 N_i和切向力 T_i，土条侧面分别有切向力 V_i、V_{i+1}和法向力 H_i、H_{i+1}。当土条 i 处于极限平衡状态时，由竖向力平衡条件，有

$$W_i+\Delta V_i=N_i\cos\alpha_i+T_i\sin\alpha_i \tag{8-11}$$

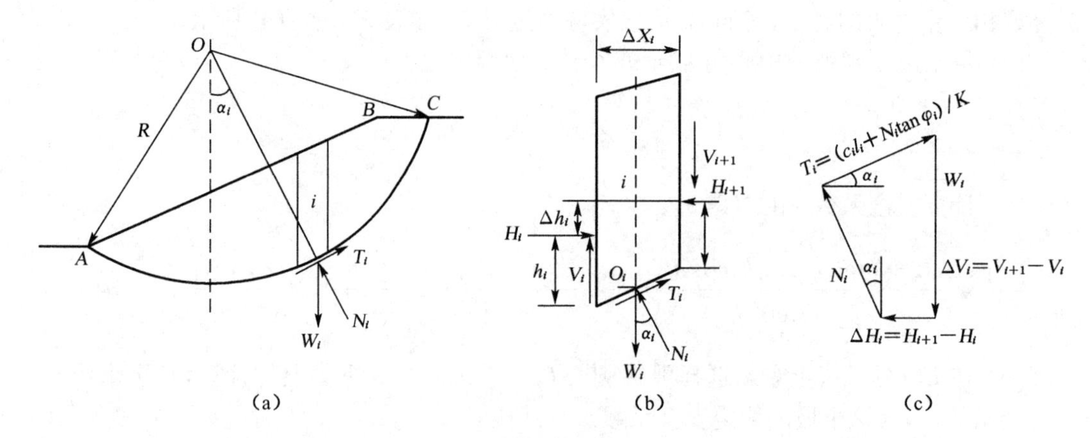

图 8-11 毕肖普条分法土条受力图

毕肖普将安全系数定义为土坡滑动面上的抗滑动力与滑动面上的实际剪力之比，并假定各土条底部滑动面的稳定安全系数是相同的，则土条 i 滑动面上 T_i 和 N_i 之间满足如下关系：

$$T_i = \frac{1}{K}(c_i l_i + N_i \tan \varphi_i) \tag{8-12}$$

将式(8-12)代入式(8-11)得

$$N_i = \frac{W_i + \Delta V_i - \dfrac{c_i l_i}{K}\sin \alpha}{\cos \alpha_i + \dfrac{\sin \alpha_i \tan \varphi_i}{K}} = \frac{1}{m_{ai}}(W_i + \Delta V_i - \frac{c_i l_i}{K}\sin \alpha_i) \tag{8-13}$$

其中 $$m_{ai} = \cos \alpha_i + \frac{\sin \alpha_i \tan \varphi_i}{K}$$

考虑整个滑动土体的整体力矩平衡条件，V_i 和 H_i 成对出现，大小相等，方向相反，相互抵消，各土条作用力对滑弧圆心的力矩之和为零，得

$$\sum T_i R = \sum W_i R \sin \alpha_i \tag{8-14}$$

将上述式(8-11)～式(8-13)代入式(8-14)中整理得($b_i = l_i \cos\alpha_i$)

$$K = \frac{\sum \dfrac{1}{m_{ai}}[c_i b_i + (W_i + \Delta V_i)\tan \varphi_i]}{\sum W_i \sin \alpha_i} \tag{8-15}$$

式(8-15)即毕肖普条分法稳定计算的一般公式。式中 $\Delta V_i = V_{i+1} - V_i$，需要进一步假设，式(8-15)才能求解。毕肖普假定 $\Delta V_i = 0$，即假设条间切向力的大小相等方向相反，则式(8-15)可简化为

$$K = \frac{\sum \dfrac{1}{m_{ai}}[c_i b_i + W_i \tan \varphi_i]}{\sum W_i \sin \alpha_i} \tag{8-16}$$

其中
$$m_{ai}=\cos\alpha_i+\frac{\sin\alpha_i\tan\varphi}{K}$$

式(8-16)称为毕肖普简化条分法计算公式。在式(8-15)和式(8-16)中,等式两端均有安全系数 K,安全系数的求解需要试算。计算时,可以先假定 $K=1$,然后求出 m_{ai},代入式(8-16)中求 K,如果计算得到的 K 不等于 1,可以利用计算得到的值再求出新的 m_{ai} 及 K。如此反复迭代,直至前后两次得到的 K 非常接近为止。计算经验表明,迭代通常都是收敛的,迭代 3~4 次即可满足工程精度要求。而要求出土坡的最小稳定安全系数,需继续假定不同的圆弧滑动面,计算相应的安全系数进行比较,直至寻求到安全系数的最小值。

同瑞典圆弧条分法类似,采用有效应力分析法时,抗剪强度指标应取 c' 和 φ'。Duncan 对土坡稳定分析方法作了分析和比较,指出毕肖普简化法在所有情况下都是精确的(除了遇到数值分析困难情况外),但仅适用于圆弧滑动面。陈祖煜认为,对于一般没有软弱土层和结构面的边坡,毕肖普简化法计算往往能得到足够的精度。如果毕肖普简化法得到的安全系数比瑞典条分法小,可以认为毕肖普简化法存在数值分析问题。在此情况下,瑞典条分法的结果比毕肖普简化法好。因此,可以同时利用瑞典条分法和毕肖普简化法,比较其计算结果。

【例 8-4】 有一黏性土坡,坡高 18 m,土的重度为 19.6 kN/m³,黏聚力为 28.6 kPa,内摩擦角为 15.5°,试用毕肖普条分法求解图 8-12 所示滑弧的稳定安全系数。

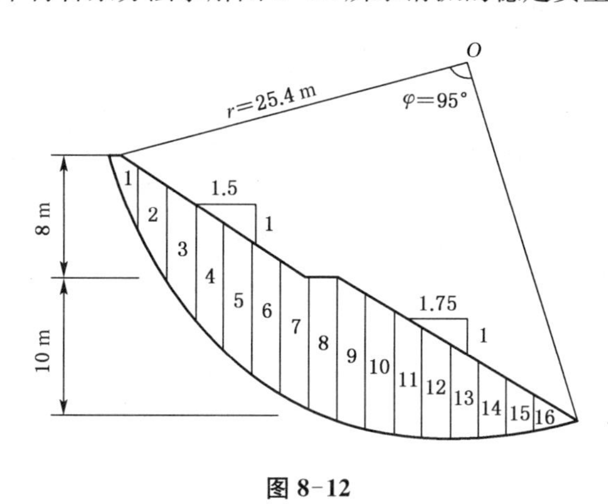

图 8-12

【解】 将滑坡体分成 16 个竖直土条,如图 8-12 所示。各分条中式(8-16)的各项计算结果如表 8-3、表 8-4 所示。

先假设 $K=1.37$,将下列表中的数据代入式(8-16)得

$$K=\frac{\sum\frac{1}{m_{ai}}[c_ib_i+W_i\tan\varphi_i]}{\sum W_i\sin\alpha_i}=\frac{2\,311.1}{1\,626.9}=1.421$$

表 8-3 例题 8-4 计算表 1

土条编号	条宽 b_i(m)	条高 h_i(m)	土条重 $W_i=\gamma b_i h_i$	x_i(m)	$\sin\alpha_i=x_i/r$	$\cos\alpha_i$	$W_i\sin\alpha_i$	c_ib_i	$W_i\tan\varphi_i$
1	1.12	2.0	43.9	24.0	0.945	0.327	41.5	32.03	12.16

续表 8-3

土条编号	条宽 b_i(m)	条高 h_i (m)	土条重 $W_i=\gamma b_i h_i$	x_i(m)	$\sin\alpha_i=x_i/r$	$\cos\alpha_i$	$W_i\sin\alpha_i$	c_ib_i	$W_i\tan\varphi_i$
2	2.0	4.8	188.2	22.5	0.886	0.464	166.7	57.2	52.13
3	2.0	7.0	274.4	20.5	0.807	0.591	221.4	57.2	76.01
4	2.0	8.0	313.6	18.5	0.728	0.686	228.3	57.2	86.87
5	2.0	8.4	329.3	16.5	0.650	0.760	214.0	57.2	91.22
6	2.0	8.8	345.0	14.5	0.571	0.821	197.0	57.2	95.57
7	2.0	8.8	345.0	12.5	0.492	0.871	169.7	57.2	95.57
8	2.0	9.0	352.8	10.5	0.413	0.911	145.7	57.2	97.73
9	2.0	9.4	368.5	8.5	0.335	0.942	123.4	57.2	102.1
10	2.0	8.8	345.0	6.5	0.256	0.967	88.3	57.2	95.57
11	2.0	8.0	313.6	4.5	0.177	0.984	55.5	57.2	86.87
12	2.0	7.4	290.1	2.5	0.098	0.995	28.4	57.2	80.36
13	2.0	6.0	235.2	0.5	0.010	1.000	2.35	57.2	65.15
14	2.0	4.8	188.2	−1.5	−0.059	0.998	−11.1	57.2	52.13
15	2.0	3.6	141.1	−3.5	−0.138	0.990	−19.5	57.2	39.09
16	3.5	1.6	109.8	−5.75	−0.226	0.974	−24.8	100.1	30.42

表 8-4 例题 8-4 计算表 2

$m_{ai}=\cos\alpha_i+\dfrac{\sin\alpha_i\tan\varphi}{K}$		$\dfrac{c_ib_i+W_i\tan\varphi_i}{m_{ai}}$	
$K=1.37$	$K=1.42$	$K=1.37$	$K=1.42$
0.518	0.511	85.31	86.48
0.643	0.637	170.0	171.6
0.754	0.748	176.7	178.1
0.833	0.828	173.0	174.0
0.891	0.887	166.6	167.3
0.936	0.932	163.2	163.9
0.970	0.967	157.8	158.0
0.995	0.992	155.7	156.2
1.010	1.010	157.7	158.3
1.020	1.020	151.9	151.9
1.020	1.020	141.2	141.2
1.020	1.010	136.2	136.2

续表 8-4

$m_{ai}=\cos\alpha_i+\dfrac{\sin\alpha_i\tan\varphi}{K}$		$\dfrac{c_ib_i+W_i\tan\varphi_i}{m_{ai}}$	
1.000	1.020	122.4	120.0
0.970	0.986	112.7	110.9
0.962	0.963	100.1	99.99
0.928	0.930	140.6	140.3
		$\sum=2\,311.6$	$\sum=2\,314.4$

再设 $K=1.42$，将上表中数据代入式(8-16)得

$$K=\frac{\sum\frac{1}{m_{ai}}[c_ib_i+W_i\tan\varphi_i]}{\sum W_i\sin\alpha_i}=\frac{2\,314.4}{1\,626.9}=1.423$$

计算值 $K=1.423$ 与假设值 $K=1.42$ 差别很小，故土坡安全系数为 1.42。

8.4.3 通用条分法

工程界很多土坡的外形复杂，不是简单土坡，土坡的土质不均匀，坡顶和坡面作用有荷载，因此滑动面不一定是圆弧形。严格而言，瑞典圆弧条分法和简化毕肖普法不适用于非圆弧破坏滑动面的土坡稳定分析。解决的办法是将滑坡体分成一系列竖直薄土条，例如 n 条，条宽为 Δx_i，见图 8-13(a)。因条宽较薄，条底滑动面上土的抗剪强度可视为常数，条顶外荷载、条底反力和土条的重力均可视为作用在条的中心线上。取其中第 i 条作为脱离体，见图 8-13(b)，分析其受力和平衡条件。已知量有外荷载 Q_{ih}、Q_{iv}，重力 W_i，土条底部的 c_i、φ_i；未知量及其数量有：

(1) 条间切向相互作用力 V_i，计 $n-1$ 个。

(2) 条间法向相互作用力 H_i，计 $n-1$ 个。

(3) H_i 的作用点 a_i，计 $n-1$ 个。

(4) 条底法向反力 N_i，计 n 个。

(5) 条底切向力 T_i，因存在固定关系 $T_i=(c_il_i+N_i\tan\varphi_i)/K$，故 n 个土条仅一个未知量 K。

综上，共有未知量 $4n-2$ 个。n 个土条的平衡方程只有 $3n$ 个，属 $n-2$ 次超静定问题，解决的办法是：① 假设条间相互作用力 V_i 或 H_i 的大小；② 假定条间力合力的作用方向；③ 假定条间力的作用点的位置。补充 $n-2$ 个方程。

瑞典法假定不考虑侧向条间力的影响，也就减少了 $3n-3$ 个未知量，尚有 $n+1$ 个未知量，然后利用 i 条底面法线方向力的平衡以及整个土体力矩平衡两个条件，求出所需的未知数 K。简化毕肖普法假定所有的 V_i 均等于零，减少了 $n-1$ 个未知量，又先后利用每一土条竖直方向力的平衡及整个土体力矩平衡条件，避开了 H_i 及其作用点的位置，求出一个未知量 K。但是，这两种方法实际上并不能满足所有的平衡条件。由此产生的误差，瑞典法约

为 10% ～ 20%，简化毕肖普法则在 2%～7%之间。

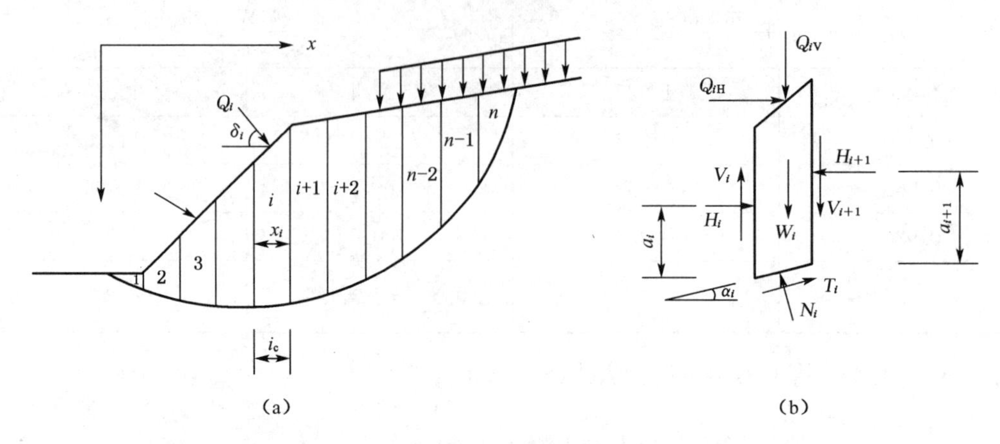

图 8-13 通用条分法

类似的工作还有简布(Janbu)所提出的普遍条分法，对土条侧面作用力的作用位置假定为土条高度的 1/3 处；斯宾塞(Spencer)提出的方法假定土条侧面作用力的倾角为常数。

摩根斯坦和普赖斯(Morgenstern and Price)假设条间力的合力作用方向与土条侧面法线的夹角 β 为某一已知函数，即

$$\tan\beta = \frac{V(x)}{H(x)} = \lambda f(x) \tag{8-17}$$

式中，λ 为任意选择的一个常数，待求；$f(x)$为某个假定的函数，对 $n-1$ 个分界面的 x 坐标，相当于增加了 $n-1$ 个方程，考虑到 λ 增加了一个未知量，补充的方程和超静定次数相同，λ 和 $f(x)$可借助计算机求得精确解。从式(8-17)可见，$\lambda f(x)$实际上定义了条间力的方向，其正确选择应考虑到条间力作用位置(a_i)，并保证条底切向反力不超过($c_i l_i + N_i \tan\varphi_i$)，这有赖于工程经验。陈祖煜和摩根斯坦后来又提出了条间力假设的改进：

$$\tan\beta = \frac{V(x)}{H(x)} = f_0(x) + \lambda f(x) \tag{8-18}$$

当取 $f_0(x)=0$，$f(x)=1$ 时，则土条侧面作用力的倾角 β 为常数，即为斯宾塞条分法。因为 $f(x)$选择的困难和求解的困难，目前还未得到广泛应用，但通用条分法较为合理，并为其他简化分析方法提供了比较的标准。

思考题

1. 土坡失稳破坏的原因有哪些？

2. 土坡稳定安全系数的意义是什么？在本章中有哪几种表达方式？

3. 砂性土土坡的稳定性只要坡角不超过其内摩擦角，坡高可不受限制，而黏性土土坡的稳定还同坡高有关，试分析其原因。

4. 简要说明条分法的基本原理及计算步骤。

5. 对瑞典条分法、毕肖普法的异同进行比较。

6. 从土力学观点，你认为土坡稳定计算的主要问题是什么？

7. 如何确定最危险的滑动圆心及滑动面？

习题

1. 一均质无黏性土坡，土的有效重度为 9.65 kN/m^3时，内摩擦角为 33°，设计稳定安全系数为 1.2。问：下列两种情况，坡角 α 应取多少度？①干坡；②当有顺坡向下的稳定渗流，且地下水位与坡面一致时。

2. 一深度为 8 m 的基坑，放坡开挖坡角为 45°，土的黏聚力 $c = 40$ kPa，$\varphi_u = 0°$，重度 $\gamma = 19$ kN/m^3，试用瑞典圆弧法求图 8-14 所示滑弧的稳定安全系数，并用泰勒图表法求土坡的最小稳定安全系数。

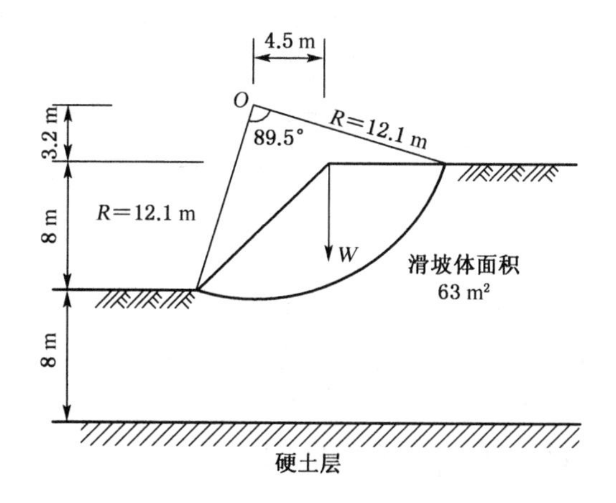

图 8-14

附录A 全国注册岩土工程师、结构工程师考试土力学部分试题精选

一、单项选择题

1. 下表为一土工试验颗粒分析成果表，表中数值为留筛质量，底盘内试样质量为20 g。现需要计算该试样的不均匀系数 C_u 和曲率系数 C_c，并依据《建筑地基基础设计规范》(GB 50007—2002)给该土样定名，下列正确的选项是(　　)。

筛孔直径(mm)	2.0	1.0	0.5	0.25	0.075
留筛质量(g)	50	150	150	100	30

A. $C_u = 4.0$；$C_c = 1.0$；粗砂　　B. $C_u = 4.0$；$C_c = 1.0$；中砂
C. $C_u = 9.3$；$C_c = 1.7$；粗砂　　D. $C_u = 9.3$；$C_c = 1.7$；中砂

2. 下图为砂土的颗粒级配曲线，试判断属于下列(　　)类。
A. a 线级配良好，b 线级配不良，c 线级配不连续
B. a 线级配不连续，b 线级配良好，c 线级配不良
C. a 线级配不连续，b 线级配不良，c 线级配良好
D. a 线级配不良，b 线级配良好，c 线级配不连续

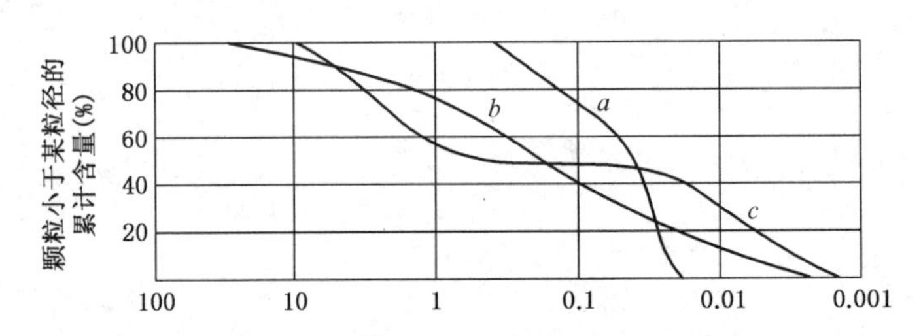

3. 现有甲、乙两土样的物性指标如下表，以下说法中正确的是(　　)。

土样	液限 ω_L	塑限 ω_P	含水量 ω(%)	比重 G_S	饱和度 S_r(%)
甲	39	22	30	2.74	100
乙	23	15	18	2.70	100

A. 甲比乙含有更多的黏粒　　B. 甲比乙具有更大的天然重度
C. 甲的干重度大于乙　　D. 甲的孔隙比小于乙

4. 按《建筑地基基础设计规范》(GB 50007—2002)，砂土(粉砂)和粉土的分类界限是(　　)。
A. 粒径大于0.075 mm的颗粒质量超过总质量50%的为粉砂，不足50%且塑性指数 $I_p \leqslant 10$ 的为粉土
B. 粒径大于0.075 mm的颗粒质量超过总质量50%的为粉砂，不足50%且塑性指数

$I_p>3$ 的为粉土

C. 粒径大于 0.1 mm 的颗粒质量少于总质量 75%的为粉砂，不足 75%且塑性指数 $I_p>3$ 的为粉土

D. 粒径大于 0.1 mm 的颗粒质量少于总质量 75%的为粉砂，不足 75%且塑性指数 $I_p>7$ 的为粉土

5. 右图为地下连续墙围护的基坑，坑内排水，抽降如图。图中 a 点与 d 点在同一水平上；b 点与 c 点在同一水平上，地层的透水性基本均匀，如果 a、b、c、d 分别表示相应各点的水头，下列（　　）条表达是正确的。

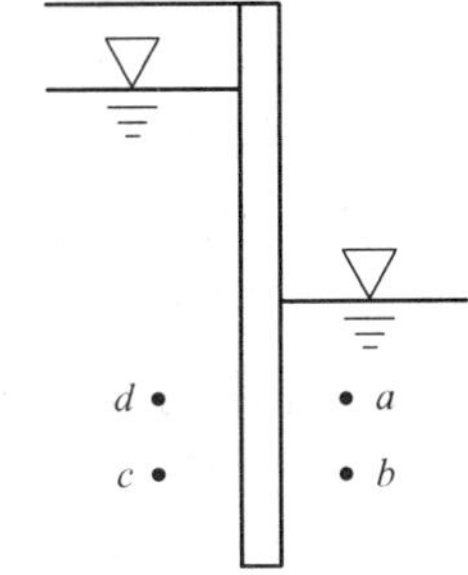

A. $a=d,b=c$，且 $a>b,d>c$

B. $a=d,b=c$，且 $a<b,d<c$

C. $a=b,c=d$，且 $a>d,b>c$

D. $a<b<c<d$

6. 在平面稳定流渗流问题的流网图中，以下（　　）是正确的。

A. 在渗流条件变化处，等势线可以不同的角度与流线相交

B. 不论何种情况下，等势线总与流线正交

C. 流线间的间距越小，表示该处的流速越小

D. 等势线间的间距越小，表示该处的水力坡度越小

7. 地下水绕过隔水帷幕渗流，试分析帷幕附近的流速，（　　）是正确的。

A. 沿流线流速不变　　　　B. 低水头侧沿流线流速逐渐增大

C. 高水头侧沿流线流速逐渐减小　　　　D. 帷幕底下流速最大

8. 地基反力分布如右图所示，荷载 N 的偏心距 e 应为（　　）。

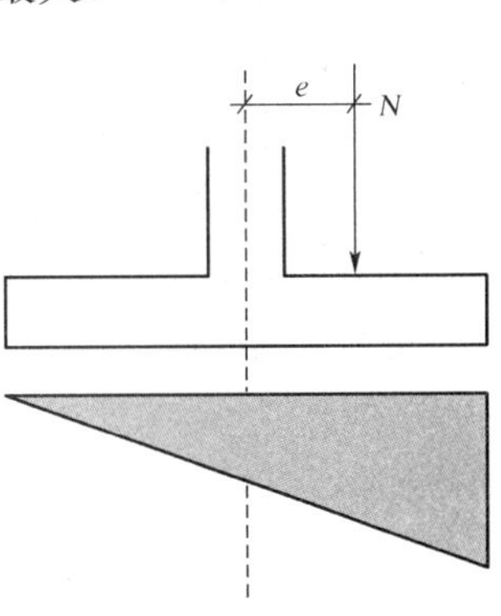

A. $e=B/10$　　　　B. $e=B/8$

C. $e=B/6$　　　　D. $e=B/4$

9. 矩形基础底面尺寸为 $l=3$ m，$b=2$ m，受偏心荷载作用，当偏心距 $e=0.3$ m 时，其基底压力分布图形为（　　）。

A. 一个三角形　　　　B. 矩形

C. 梯形　　　　D. 两个三角形

10. 当偏心距 $e>b/6$ 时，基础底面最大边缘应力的计算公式是按下列（　　）导出的。

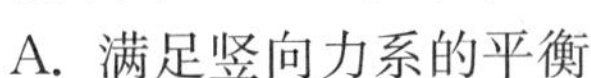

A. 满足竖向力系的平衡

B. 满足绕基础底面中心的力矩平衡

C. 满足绕基础底面边缘的力矩平衡

D. 同时满足竖向力系的平衡和绕基础底面中心的力矩平衡

11. 某小区场地自然地面标高为 5.50 m，室外设计地面标高为 3.5 m，建筑物基础底面标高为 1.50 m，室内地面标高为 4.2 m，正常压密均匀土层的天然重度为 18.0 kN/m³，地下水位在地面以下 5.0 m 处。在平整场地以后开挖基槽，由上部结构传至基础底面的总压力为120 kPa，计算沉降时基础底面附加压力应取用下列（　　）数值。

A. 36 kPa　　　B. 48 kPa　　　C. 84 kPa　　　D. 120 kPa

12. 某土样固结试验成果如下表所示，试样天然孔隙比 0.656，该试样在压力 100～200 kPa 的压缩系数及压缩模量为(　　)。

压力(kPa)	50	100	200
稳定校正后的变形量(mm)	0.155	0.263	0.565

A. $a_{1-2}=0.15\ \text{MPa}^{-1}$, $E_{s1-2}=11\ \text{MPa}$　B. $a_{1-2}=0.25\ \text{MPa}^{-1}$, $E_{s1-2}=6.6\ \text{MPa}$
C. $a_{1-2}=0.45\ \text{MPa}^{-1}$, $E_{s1-2}=3.7\ \text{MPa}$　D. $a_{1-2}=0.55\ \text{MPa}^{-1}$, $E_{s1-2}=3.0\ \text{MPa}$

13. 高压固结试验得到的压缩指数 C_c 的计量单位是(　　)。
A. kPa　B. MPa　C. MPa^{-1}　D. 无量纲

14. 某 6 层建筑物建造在饱和软土地基上，估算地基的最终平均沉降量为 180 mm，竣工时地基平均沉降量为 54 mm，竣工时地基土的平均固结度与下列(　　)最为接近。
A. 10%　B. 20%　C. 30%　D. 50%

15. 某正常固结土层厚 2.0 m，平均自重应力为 100 kPa，压缩试验数据见下表。建筑物平均附加应力为 200 kPa，则该土层最终沉降量最接近(　　)。
通过查表得到有关数据见附表。

z(m)	$\bar{a}_i z_i-\bar{a}_{i-1}z_{i-1}$	E_s(kPa)	$\Delta s'$(mm)	$s'=\sum\Delta s'$(mm)
0	0			
1	0.225	3 300	50.5	50.5
4	0.219	5 500	29.5	80.0
4.5	0.015	7 800	1.4	81.4

A. 10.5 cm　B. 12.9 cm　C. 14.2 cm　D. 17.8 cm

16. 矩形基础的底面尺寸为 2 m×2 m，基底附加压力 $p_0=185$ kPa，基础埋深 2.0 m，地质资料如图所示，地基承载力特征值 $f_{ak}=185$ kPa。按照《建筑地基基础设计规范》(GB 50007—2002)，地基变形计算深度 $Z_n=4.5$ m 内地基最终变形量最接近下列(　　)数值。

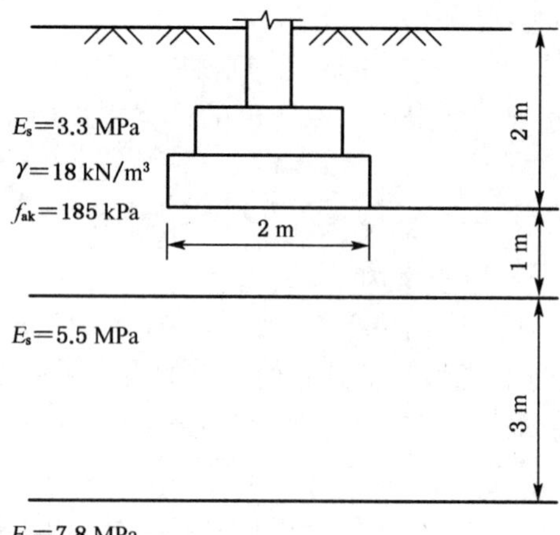

A. 110 mm　B. 104 mm　C. 85 mm　D. 94 mm

17. 下列(　　)项不是三轴剪切试验与直剪试验相比所具有的优点。

A. 应力条件明确　　B. 剪切面固定

C. 分析原理严密　　D. 可模拟各种排水条件和应力条件

18. 绘制土的三轴剪切试验成果莫尔—库仑强度包线时，莫尔圆的画法是(　　)。

A. 在 σ 轴上以 σ_3 为圆心，以 $(\sigma_1-\sigma_3)/2$ 为半径

B. 在 σ 轴上以 σ_1 为圆心，以 $(\sigma_1-\sigma_3)/2$ 为半径

C. 在 σ 轴上以 $(\sigma_1+\sigma_3)/2$ 为圆心，以 $(\sigma_1-\sigma_3)/2$ 为半径

D. 在 σ 轴上以 $(\sigma_1-\sigma_3)/2$ 为圆心，以 $(\sigma_1+\sigma_3)/2$ 为半径

19. 在下列关于库仑理论应用于挡土墙设计的说法中，(　　)说法是错误的。

A. 库仑理论虽然有不够严密完整之处，但概念简单明了，适用范围较广

B. 库仑理论较适用于黏性土，其主动土压力和被动土压力的计算值均接近于实际

C. 库仑理论较适用于墙背为平面或接近平面的挡土墙

D. 库仑理论较适用于刚性挡土墙

20. 用临塑荷载作为浅基础的地基承载力是(　　)。

A. 偏不安全的　　B. 偏保守的

C. 合理的　　D. 毫无理论根据的

21. 据太沙基一维固结理论，平均固结度 $U=90\%$ 时相应的时间因数 $T_v=0.848$。若某地基黏土层厚度为 10 m，固结系数为 0.001 cm^2/s，黏土层上、下均为透水砂层，则该黏土层平均固结度达到底 90%所需时间为(　　)。

A. 3.36 年　　B. 2.69 年　　C. 26.88 年　　D. 6.72 年

二、多项选择题

1. 土层的渗透系数 k 受(　　)的因素影响。

A. 土的孔隙比　　B. 渗透水头压力　　C. 渗透水的补给　　D. 渗透水的温度

2. 室内渗透试验分为常水头试验及变水头试验，下列(　　)说法是正确的。

A. 常水头试验适用于砂土及碎石类土

B. 变水头试验适用于粉土及黏性土

C. 常水头试验最适用于粉土

D. 变水头试验最适用于渗透性很低的软黏土

3. 根据土的层流渗透定律，其他条件相同时下列各选项中(　　)是正确的。

A. 渗透系数越大，流速越大

B. 不均匀系数越大，渗透性越好

C. 水力梯度越大，流速越大

D. 黏性土中的水力梯度小于临界水力梯度时，流速为零

4. 关于土的压缩试验过程，(　　)的叙述是正确的。

A. 在一般压力作用下，土的压缩可以看作土中孔隙体积减小

B. 饱和土在排水过程中始终是饱和的

C. 饱和土在压缩过程中含水量保持不变

D. 压缩过程中，土粒间的相对位置始终保持不变

5. 现行规范的地基变形计算方法中，土中附加应力的计算依据下列(　　)中的假定。

A. 假定应力应变关系是弹性非线性的　　B. 假定应力是可以叠加的

C. 假定基底压力是直线分布　　D. 假定附加压力按扩散角扩散

6. 下列(　　)选项是直接剪切试验的特点。

A. 剪切面上的应力分布简单　　B. 固定剪切面

C. 剪切过程中剪切面积有变化　　D. 易于控制排水

7. 通常围压下对砂土进行三轴试验,下列选项中(　　)是正确的。

A. 在排水试验中,密砂会发生剪胀,松砂会发生剪缩

B. 在排水试验中,密砂的应力应变曲线达到峰值后会有所下降

C. 固结不排水试验中,密砂中常会产生正孔压,松砂中常会产生负孔压

D. 对密砂和松砂,在相同围压时排水试验的应力应变曲线相似

8. 只有在符合下列(　　)特定条件时,用朗肯理论与库仑理论分别计算得出的挡土墙主动土压力才是相同的。

A. 墙高限制在一定范围内

B. 墙背直立,且不考虑墙与土之间的摩擦角

C. 墙后填土只能是黏聚力为零的黏土,填土表面水平

D. 墙身为刚性,并不能产生任何位移

9. 下列关于土压力的说法中,(　　)包含有不正确的内容。

A. 当墙背与土体间摩擦角增加时,主动土压力下降,被动土压力也下降

B. 当填土的重度增加时,主动土压力增加,被动土压力下降

C. 内摩擦角增加时,主动土压力增加,被动土压力减小

D. 当黏聚力增加时,主动土压力减小,被动土压力增加

10. 下面说法中,(　　)对地基承载力有影响。

A. 基础埋深、基础宽度　　B. 地基土抗剪强度

C. 地基土的密度　　D. 基础材料的强度

11. 用规范查表法确定土质边坡的坡度允许值时,应考虑下列(　　)因素。

A. 岩土类别　　B. 密实度或黏性土状态

C. 黏聚力和内摩擦角　　D. 坡高

12. 下述关于土坡稳定性的论述中(　　)是正确的。

A. 砂土($C=0$时)与坡高无关

B. 黏性土土坡稳定性与坡高有关

C. 所有土坡均可按圆弧滑动面整体稳定性分析方法计算

D. 简单条分法假定不考虑土条间的作用力

答案

一、单项选择题

1. A　2. D　3. A　4. A　5. D　6. B　7. D　8. C　9. C　10. D　11. C　12. B　13. D　14. C　15. B　16. B　17. B　18. C　19. B　20. B　21. B

二、多项选择题

1. AD　2. AB　3. ACD　4. AB　5. BC　6. BC　7. AB　8. BC　9. ABC　10. ABC　11. ABD　12. ABD

附录 B 土力学常用符号

A——基础底面积
a——压缩系数
b——基础底面宽度
C——滑动面上黏聚力的合力
c——土的黏聚力
C_a——次固结系数
C_c——压缩指数;曲率系数
C_s——回弹再压缩指数
C_v——竖直向固结系数
c_u——三轴不排水强度
c'——有效黏聚力
d——基础埋深;圆的直径
d_s——土粒相对密度
d_{10}——有效粒径
d_{60}——控制粒径
D_r——砂土相对密实度
E_0——静止土压力
E_a——主动土压力
E_p——被动土压力
e——孔隙比;荷载偏心距
E_s——压缩模量
E_0——变形模量
F——基础顶面竖向荷载
f——地基承载力设计值
f_a——修正后地基承载力特征值
f_{ak}——地基承载力特征值
H——水平向荷载;水头;高度
h——测压管水头;高度;土分层厚度
h_0——黏性土主动土压力拉力区高度
i——水头梯度
i_{cr}、i_0——临界水头梯度、起始水头梯度
I_p——塑性指数
I_L——液性指数

i_γ、i_q、i_c——荷载倾斜系数
j——渗透力
K——安全系数
k——渗透系数
k_v、k_h——竖向渗透系数、水平向渗透系数
K_0——侧压力系数、静止土压力系数
K_a——主动土压力系数
K_p——被动土压力系数
l——基础底面长度
L——渗径长度
M——力矩
m——质量
m_v——体积压缩系数
m_s、m_w——土粒质量、水的质量
N——标贯击数
N_γ、N_q、N_c——承载力系数
n——孔隙率;长宽比;土层数目;振次
G——基础自重
OCR——超固结比
p——基底平均压力
p_0——基底平均附加压力
p_c——前期固结压力
p_{cr}——临塑荷载
p_h——水平分布荷载
p_t——三角形分布荷载最大值
p_u——地基极限承载力
q——均布荷载,单位时间渗流量
q_u——无侧限抗压强度(原状土)
q'_u——无侧限抗压强度(重塑土)
Q——渗流量
r——圆的半径
R——滑动圆弧半径
S——沉降量
S_c——固结沉降
S_d——瞬时沉降
S_s——次固结沉降
s_γ、s_q、s_c——基础形状系数
S_r——饱和度
S_t——灵敏度;固结时间 t 后的基础沉降量

t——时间
T_v——时间因数
U——固结度
u——孔隙水应力
u_0——初始孔隙水应力
V——体积
ω——含水量
ω_p——塑限
ω_L——液限
ω_s——缩限
ω_{op}——最优含水量
H——最大排水距离；墙高；土层厚度
Z_n——压缩层厚度
φ——内摩擦角
φ_q、φ_{cq}、φ_s——快剪内摩擦角、固结快剪内摩擦角、慢剪内摩擦角
φ_u、φ_{cu}、φ_d——不排水剪内摩擦角、固结不排水剪内摩擦角、排水剪内摩擦角
φ'——有效内摩擦角
ψ_s——沉降计算经验系数
σ_{cz}、$\sigma_{cx}(\sigma_{cy})$——竖向自重应力、水平向自重应力
σ_0——静止土压力强度
σ_a——主动土压力强度
σ_p——被动土压力强度
α_c——矩形面积受均布荷载作用时角点下竖向附加应力系数
α_t——矩形面积受三角形分布荷载作用时角点下竖向附加应力系数
α_h——矩形面积受水平荷载作用时角点下竖向附加应力系数
α_r——圆形面积受均布荷载作用时中心点下竖向附加应力系数
α_s^z，α_s^x，α_s^τ——分别为条形基底均布荷载下相应的三个附加应力系数
α_t^z，α_t^x，α_t^τ——分别为条形基底三角形分布荷载下相应的三个附加应力系数
α_h^z，α_h^x，α_h^τ——分别为条形基底水平荷载下相应的三个附加应力系数
$\bar{\alpha}$——平均附加应力系数
τ_f——土的抗剪强度
τ_r——土的残余强度

参考文献

[1] 中华人民共和国国家标准. 建筑地基基础设计规范(GB 50007—2002). 北京:中国建筑工业出版社,2002

[2] 中华人民共和国国家标准. 土的工程类标准(GB/T 50145—2007). 北京:中国建筑工业出版社,2007

[3] 中华人民共和国国家标准. 土工试验方法标准(GB/T 50123—1999). 北京:中国建筑工业出版社,1999

[4] 陈希哲. 土力学地基基础(第 4 版). 北京:清华大学出版社,2004

[5] 李飞,高向阳. 土力学. 北京:中国水利水电出版社,2006

[6] 顾晓鲁,钱鸿缙,刘惠珊,等. 地基与基础(第 3 版). 北京:中国建筑工业出版社,2003

[7] 韩晓雷. 土力学与地基基础. 北京:冶金工业出版社,2004

[8] 董晓丽. 土力学与基础工程. 北京:清华大学出版社,2009

[9] 陈晓平. 土力学与基础工程. 北京:中国水利水电出版社,2008

[10] 张克恭,刘松玉. 土力学. 北京:中国建筑工业出版社,2005

[11] 赵明华. 土力学与基础工程. 武汉:武汉理工大学出版社,2003

[12] 南京水利科学研究院土工研究所. 土工试验技术手册. 北京:人民交通出版社,2003

[13] 袁聚云. 土工试验与原位测试. 上海:同济大学出版社,2004

[14] 钱家欢. 土力学. 南京:河海大学出版社,1994

[15] 卢廷浩. 土力学(第 2 版). 南京:河海大学出版社,2005

[16] 高大钊. 土力学与基础工程. 北京:中国建筑工业出版社,1998

[17] 史如平,韩选江. 土力学与地基工程. 上海:上海交通大学出版社,1990

[18] 杨平. 土力学. 北京:机械工业出版社,2005

[19] 黄文熙. 土的工程性质. 北京:水利电力出版社,1983

[20] 华南理工大学,东南大学,浙江大学,等编. 地基及基础(第 3 版). 北京:中国建筑工业出版社,1998

[21] 卢廷浩. 土力学. 南京:河海大学出版社,2001

[22] 东南大学,浙江大学,湖南大学,等编. 土力学(第 2 版). 北京:中国建筑工业出版社,2005

[23] 赵明华. 土力学与基础工程(第 3 版). 武汉:武汉理工大学出版社,2009

[24] 陈国兴. 土质学与土力学(第 2 版). 北京:中国水利水电出版社,2006

[25] 赵成刚,白冰,王运霞. 土力学原理. 北京:清华大学出版社,北京交通大学出版社,2004